Ihre Arbeitshilfen zum Download:

Die folgenden Arbeitshilfen stehen für Sie zum Download bereit:

Formulare und Checklisten

- Bedarfsanalyse: Räume und Raumgrößen
- Recherche zur Infrastruktur
- Checkliste: Wie soll Ihre Immobilie beschaffen sein?
- Checkliste: Gesamtkosten für den Immobilienkauf
- Checkliste: Datensammlung für die Energieberatung
- Checkliste: Wie sehen die finanziellen Gegebenheiten aus?

Gesetze und Verordnungen

- Baugesetzbuch (BauGB)
- Energieeinsparungsgesetz (EnEG)
- Energieeinsparverordnung (EnEV)
- und viele mehr.

Linkliste

- Links zu den Landesbauordnungen (LBO)

Den Link sowie Ihren Zugangscode finden Sie am Buchende.

Der Altbau

Eike Schulze/Anette Stein/Stefan Möller

Der Altbau

1. Auflage

Haufe Group
Freiburg · München · Stuttgart

Bibliografische Information der Deutschen Nationalbibliothek

Die Deutsche Nationalbibliothek verzeichnet diese Publikation in der Deutschen Nationalbibliografie; detaillierte bibliografische Daten sind im Internet über http://dnb.dnb.de abrufbar.

Print:	ISBN 978-3-648-13810-6	Bestell-Nr. 16670-0001
ePub:	ISBN 978-3-648-13811-3	Bestell-Nr. 16670-0100
ePDF:	ISBN 978-3-648-13812-0	Bestell-Nr. 16670-0150

Eike Schulze/Anette Stein/Stefan Möller
Der Altbau
1. Auflage, 2020

www.haufe.de
info@haufe.de

Bildnachweis (Cover): @ js-photo, Adobe Stock

Produktmanagement: Jasmin Jallad
Lektorat: Cornelia Rüping, München

Inhaltsverzeichnis

Vorwort

Liebe Leserin, lieber Leser,

Altbauten haben ihren Reiz. Eine großzügige Altbauwohnung mit hohen Stuckdecken, ein schönes Einfamilienhaus in angenehmer Lage zu einem günstigen Preis oder gar ein denkmalgeschütztes Fachwerkhaus, in das Sie sich verliebt haben – es gibt viele gute Gründe, sich für den Kauf eines Altbaus zu entscheiden.

Aber manche Altbauten haben so ihre Tücken, die Ihnen unangenehme, kostenintensive Folgen bescheren können. Marode Bausubstanz, ein schlechter energetischer Zustand mit daraus resultierenden hohen Energiekosten oder eine nicht mehr den Ansprüchen an modernes Wohnen genügende Raumaufteilung – es gibt viele Ursachen, die Ihre Freude am eigenen Heim trüben können.

Damit aus Ihrem Traum kein Albtraum wird, zeigen wir Ihnen in diesem Buch, worauf Sie beim Kauf eines Altbaus achten müssen. Angefangen von grundsätzlichen Überlegungen, welche Immobilie zu Ihnen passt, über die technischen Möglichkeiten und den Aufwand einer Sanierung bis hin zu Fördermitteln, die Sie beantragen können, und gesetzlichen Vorgaben, die Sie beachten müssen – dieses Buch hilft Ihnen dabei, die richtige Entscheidung zu treffen.

Stefan Möller, Anette Stein und Eike Schulze

Im November 2019

1 Schritt für Schritt zu den eigenen vier Wänden

Der Kauf einer Altbauwohnung oder eines Hauses will wohl überlegt sein. Denn schließlich geht es um viel Geld! Damit Sie beim Immobilienkauf eine sichere und gute Wahl treffen, erfahren Sie nun, worauf es dabei ankommt. Die richtige Immobilie auszuwählen und die Finanzierung zu planen braucht Zeit, im Hauruckverfahren ist das kaum möglich. Bedenken Sie: Eine Immobilie ist ein langfristiges Projekt. Befassen Sie sich daher aufmerksam und sorgfältig mit den Inhalten in diesem Buch.

Werden Sie sich darüber klar, wie Ihre Immobilie aussehen soll, beispielsweise auch darüber, welche Ausstattungsdetails Sie wünschen. Vergleichen Sie dann die angebotenen Immobilien mit Ihrer Wunschvorstellung, so können Sie auch leichter den zu erwartenden Sanierungs- und Modernisierungsaufwand abschätzen. Legen Sie auch den Hauptzweck des Immobilienerwerbs fest. Wollen Sie die Immobilie beispielsweise als ein schönes Zuhause für die Familie ausstatten, zum Generationenwohnen nutzen oder als Geldanlage erwerben?

1.1 Schritt eins: Wie sieht Ihr Traumhaus bzw. Ihre Traumwohnung aus?

Der erste Schritt auf dem Weg zum Kauf einer Immobilie ist, die eigenen Vorstellungen und Wünsche zu konkretisieren. Sammeln Sie dazu Artikel, Bilder und Informationen, legen Sie eine Liste an, in der Sie wichtige Ideen eintragen, usw.

- Sie finden beispielsweise Informationen in Tageszeitungen und Zeitschriften in der Rubrik »Bauen und Wohnen«.
- Im Internet können Sie ebenfalls ein breites Informationsangebot durchforsten.
- Fragen Sie Bekannte und Freunde nach deren Erfahrungen mit dem Haus- oder Wohnungskauf.

Schreiben Sie auf oder drucken Sie aus, was Sie interessiert. Vielleicht sammeln Sie die Informationen in einem Ordner und legen sich so eine kleine Datenbank an, auf die Sie immer wieder zurückgreifen können. Ordnen Sie das, was Sie sammeln, thematisch. Sie können sich dabei zum Beispiel an den zehn Schritten in diesem Kapitel orientieren.

Mit einer eigenen Datenbank lassen sich dann systematisch die Anforderungen, die sich aus dem Bedarf an Wohnraum, Ausstattung und Grundstück ergeben, definieren. So lässt sich ein »Idealplan« Ihrer Bedürfnisse erstellen. Je intensiver Sie sich mit dem Thema Immobiliensuche beschäftigen, desto eher können Sie Fehleinschätzungen vermeiden, Mängel aufdecken und wichtige Fragen formulieren, die Sie vor der Kaufentscheidung mit Fachleuten diskutieren.

!

Tipp

Treffen Sie zunächst eine Grundsatzentscheidung: Soll es eine Wohnung oder ein Haus sein? Bei einem Haus auch wichtig: Möchten Sie ein Einfamilien-, Zweifamilien- oder Mehrfamilienhaus kaufen?

Die gesammelten Unterlagen können sehr hilfreich sein, wenn es um die Entscheidungsfindung geht. Ihre Sammlung wird Ihnen helfen, die Vorzüge und Schwächen einzelner Angebote zu erkennen.

1.2 Schritt zwei: Welche Anforderungen soll die Immobilie erfüllen?

Legen Sie vor dem Kauf eines Hauses oder einer Wohnung genau fest, welche Wunschvorstellungen und welche Anforderungen Sie bezüglich einer Immobilie haben. Dabei geht es auch um die grundlegende Frage, ob Sie die Immobilie selbst bewohnen oder – als Geldanlage – kaufen und ganz oder teilweise vermieten wollen. Je nachdem, wie diese Entscheidung ausfällt, sollten Sie sich mit unterschiedlichen Fragen beschäftigen. Am besten schreiben Sie alles in Form eines Idealplans auf, beteiligen alle Familienangehörigen an der Vorbereitung und diskutieren anschließend gemeinsam.

Ich will bzw. wir wollen selbst in die Wohnung einziehen

Wer einen Altbau oder eine Wohnung zur eigenen Nutzung erstehen möchte, sollte zunächst die benötigte Wohnfläche ermitteln. Wenn Sie wissen, wie viele Personen in der Wohnung Platz haben sollen, können Sie die Wohnfläche anhand dieser Zahlen als Mindestgröße ermitteln:

- Für einen Zweipersonenhaushalt geht man normalerweise von einer Wohnfläche von mindestens 80 m^2 aus.
- Bei vier Personen sollte man ab 100 m^2 plus veranschlagen.

- Für jede weitere Person rechnen Sie rund 15 m^2 Wohnfläche hinzu.
- Weitere 15 m^2 kommen dazu, wenn ein Partner aus beruflichen Gründen ein eigenständiges Büro oder einen Raum benötigt, bei zwei Personen entsprechend mehr.

Tipp !

Bei einem Haus ist darüber hinaus die Grundstücksgröße wichtig und natürlich auch, ob Garagen benötigt werden. Entweder sind diese bereits vorhanden oder es muss genug Platz da sein, um sie zu bauen.

Wünschen Sie besonderen Komfort?
Selbstverständlich kommt es immer auch auf die persönlichen Ansprüche und Notwendigkeiten an. Bei hohen Anforderungen an besonderen Komfort und an die Ausstattung – beispielsweise Terrasse, großer Balkon, mehrere Bäder, Loft usw. – ergibt sich schnell ein umfangreicher Flächenbedarf.

Ist grundsätzlich eine Eigennutzung vorgesehen, lassen sich im Einzelfall schnell Kompromisse finden. Jedoch sollte man niemals Notlösungen akzeptieren – wenn beispielsweise die eigenen finanziellen Mittel nicht ausreichen und man deshalb Abstriche bei der Größe oder Ausstattung machen muss –, denn das führt auf Dauer zu Unzufriedenheit und Streit in der Familie.

Haben Sie einmal gekauft und die Finanzierung dafür abgeschlossen, ist ein Umtausch oder ein schneller Verkauf oft nur mit Einbußen möglich. Denken Sie bitte immer daran, dass die Kaufentscheidung, die Sie treffen, wenn vielleicht auch nicht für immer, so doch für sicherlich lange Zeit Ihr Leben prägen wird.

Berücksichtigen Sie bei der Finanzierung weitere Kosten zusätzlich zum Kaufpreis
Bei Eigennutzung ist in der Regel die Finanzierung einfacher zu bewerkstelligen als bei Nutzung einer Immobilie als Geldanlage. Neben dem notwendigen Eigenkapital gibt es Fördermittel, die beantragt werden können. Bedenken Sie aber, dass nicht allein der Kaufpreis zu finanzieren ist, sondern die kontinuierlich anfallenden Nebenkosten hinzukommen.

Immobilieneigentümer müssen zudem für alle Reparaturen und Sanierungsmaßnahmen selbst aufkommen. Deshalb ist es bei der Auswahl der Immobilie sehr wichtig, den kompletten Gebäudezustand sowie die Grundstücksausstattung zu prüfen.

Bei Altgebäuden wird Ihr Finanzierer vor allem wissen wollen, ob die Bausubstanz gut ist und nicht etwa durch nachträglich auftretende bauliche Schäden finanzielle Nachforderungen zu erwarten sind. Das müssen Sie auch belegen können.

Ich will bzw. wir wollen Geld anlegen und die Immobilie vermieten
Möchten Sie ein Haus oder eine Wohnung als Kapitalanlage erwerben und generell vermieten, muss der Gesamtzustand des Grundstücks und des Gebäudes sorgfältig überprüft und dokumentiert werden.

Gebäudeprüfung und Energieausweis
Seit dem 1.10.2009 gelten aufgrund der überarbeiteten Energieeinsparverordnung (EnEV) bestimmte verbindliche Anforderungen an den Gebäudezustand bei Bestandsimmobilien (Altgebäuden) und den Energieverbrauch für Heizung, Lüftung und Warmwasserbereitung. Somit ist eine Gebäudeprüfung unabdingbar. Zudem wurde mit der EnEV 2009 – mittlerweile gilt schon die Fassung EnEV 2014 – die Erstellung eines sogenannten Energieausweises verbindlich gefordert. Beim Kauf verlangen Sie also vom Verkäufer, dass er einen Energieausweis vorlegt, der auf Basis des Gebäudezustands erstellt wurde. Nur so erhalten Sie alle notwendigen Fakten über den baulichen Zustand und erforderliche Nachbesserungen.

! **Tipp**

Der von vielen Immobilienbesitzern erstellte Energieausweis nach Verbrauch gemäß der alten EnEV von 2007 sagt nichts über den eigentlichen Gebäudezustand aus. Bei dieser Variante kann sich der Aussteller auch immer auf die Angaben des für die Heiz- bzw. Energiekosten Zuständigen berufen und damit eine nachprüfbare Garantie unterlaufen.
Und: Der Energieausweis gemäß aktueller EnEV muss vom Aussteller selbst unterschrieben sein. Damit haftet er persönlich für die gemachten Angaben. Bestehen Sie also immer auf einem sogenannten Bedarfsausweis. Achten Sie auch darauf, wann der Energieausweis erstellt wurde, er gilt zehn Jahre ab Ausstellungsdatum.

Für Gemischtimmobilien, beispielsweise wenn sich in einem Wohngebäude auch ein Laden, ein Büro oder ein Gewerbeteil befindet, wird seit dem 1.10.2009 ebenfalls ein Energieausweis verlangt, in dem alle Teilbereiche einzeln aufgeführt sind.

Die neue Art der Berechnung, auf der ein Energieausweis beruht, ist sehr aufwendig. Deshalb darf ein Energieausweis generell nur noch von Personen ausgestellt werden, die eine entsprechende qualifizierende Ausbildung abgeschlossen haben.

Der Ausweis kann von der örtlich zuständigen Baubehörde und dem zukünftigen Mieter zur Einsichtnahme angefordert werden. Außerdem wird Ihr Finanzdienstleister einen solchen Beleg erwarten.

1.3 Schritt drei: Welche Räume werden benötigt und wie groß sollen sie sein?

Gehen Sie zunächst von den ganz naheliegenden Fragen aus: Wie viel Quadratmeter Wohnraum soll Ihr zukünftiges Domizil haben und welche Räume sind unabdingbar? Analysieren Sie Ihre gegenwärtige Wohnsituation und ermitteln Sie daraus den notwendigen Bedarf. Was wünschen Sie sich schon lange? Was fehlt Ihnen aktuell? Worauf können Sie gut verzichten? Auf dieser Basis suchen Sie dann Ihr Wunschhaus.

Hilfreich für die spätere Entscheidungsfindung kann auch sein, die verschiedenen Wünsche und Anforderungen zu gewichten:

- Was ist ein unbedingtes Muss?
- Welche Kriterien sollte die Wohnung erfüllen?
- Was wäre, wenn auch nicht notwendig, so doch wünschenswert?

Die in der folgenden Tabelle genannten Räume decken schon viele Bereiche ab. Passen Sie die Einträge für sich selbst je nach eigenem Bedarf an.

ARBEITSHILFE ONLINE

Raum	Größe
Esszimmer	
Wohnzimmer	
Küche	
Schlafzimmer (Eltern)	
Elternbad mit/ohne WC	
Separates Eltern-WC	
Ankleidezimmer, begehbare Garderobe	
Kinderzimmer (Anzahl …)	
Kinderbad	

Raum	**Größe**
Kinder-WC	
Spielzimmer	
Gästezimmer (Anzahl …)	
Windfang	
Diele, Garderobe, Abstellkammer	
Gäste-WC	
Treppen (geschlossen, offen)	
Arbeitszimmer, Büroraum	
Atelier	
Studio, Bibliothek	
Hausarbeitsraum	
Kellerraum (trockener Lagerraum)	
Vorratsraum	
Hobbyraum	
Fahrradkeller	
Dachstudio	
Loftbereich	
Terrasse	
Balkon	
Waschküche, Raum für Waschmaschine	
Trockenraum	
Sauna, Fitnessraum	
Heizanlage	
Einliegerwohnung	
Garage im Haus	
Garage frei stehend	

Raum	Größe
Carport	
Müllraum bzw. Mülltonnenabstellplatz	
Gartenlaube	

Tab. 1.1: Bedarfsanalyse: Räume und Raumgrößen

Die genaue Bedarfsanalyse steht am Beginn jeder Suche nach einer passenden Altimmobilie. Damit lässt sich während des eigentlichen Suchprozesses gezielt das passende Haus oder die Wohnung aus dem breiten Marktangebot auswählen.

Die Wohnflächenberechnung – steter Quell für Streit
Ein Thema, das häufig zu Streit führt, ist die Wohnflächenberechnung. Dabei spielt es keine Rolle, ob man Mieter oder Käufer einer Immobilie ist. Der Trost: Für Mieter von öffentlich gefördertem Wohnraum gibt es eine Regelung in der Wohnflächenverordnung (WoFlV), für Käufer allerdings nicht. Hier fehlt eine klare Vorgabe zur Berechnung. Dies ist erstaunlich, denn in Deutschland ist fast alles bis ins kleinste Detail geregelt. So gibt es Fälle, in denen die gemessene Wohnfläche um mehr als 10 % oder mehr als 20 m^2 von der tatsächlichen Wohnfläche abweicht. Nicht immer liegt böser Wille vor, es wurde einfach die Wohnfläche falsch eingeschätzt. Geringe Abweichungen in die eine oder andere Richtung sind zumindest beim Kauf einer Immobilie nichts Ungewöhnliches.

Grundfläche, Aufmaß, Wohnfläche – was ist entscheidend?
Dem Käufer steht als erste Informationsquelle das Exposé zur Verfügung. Möchte man eine Wohnung oder ein Haus erwerben, so ist die Wohnfläche meist der entscheidende Faktor neben dem Kaufpreis. Der Verkäufer zieht häufig, gerade beim Verkauf ohne Makler, seine Informationen aus der Bau- oder Hausakte. Hierin befinden sich der Bauplan und die Baubeschreibung, beide Bestandteile müssen nun genau studiert werden. Im Bauplan sind Quadratmeterangaben für die einzelnen Räume ersichtlich. Auch eine Gesamtquadratmeterzahl kann angegeben sein. Das Problem nun: Normalerweise ergibt sich hieraus nicht automatisch die Wohnfläche. Die Angaben beziehen sich auf die Grundfläche. Die Grundfläche ist nicht gleich die Wohnfläche, sondern die Quadratmeterangabe für den unverputzten Rohbau. Jetzt gilt es, in die Baubeschreibung zu gucken. Bei Immobilien, die ungefähr 30 Jahre oder etwas älter sind, gibt es häufig eine weitere Angabe: den pauschalen Abzug für

den Putz von 3 %. Das heißt, eine Wohnung von 100 m^2 wird mit einer Wohnfläche von 97 m^2 ausgewiesen.

! **Tipp**

Fragen Sie den Verkäufer, auf welcher Basis er die Wohnfläche ermittelt hat. So können Sie möglichen Fehlern bei der Berechnung schneller auf die Spur kommen.

Bei älteren Bauplänen und Baubeschreibungen fehlt die Angabe über den Pauschalabzug oftmals. Dann muss die Wohnfläche nachträglich für jeden Raum ausgerechnet werden. Hierzu sind die Maßangaben in Metern aus der Bauzeichnung nötig. Rechnet man mit diesen Werten, kann eine weitere Überraschung drohen: Sie stimmen nicht mit den Grundflächenangaben zu den Räumen überein. Denn die Angaben im Bauplan können um das Flächenmaß von Stützpfeilern, Schornsteinen oder Mauervorsprüngen gekürzt sein. Meistens lässt sich diese Unstimmigkeit nicht vollständig aufklären.

! **Achtung**

Wollen Sie Ihre Immobilie beleihen, müssen Sie die Wohnfläche aus der Grundfläche ermitteln. Das Ergebnis ist wichtig für die Darlehensverhandlungen.

Gerade in älteren Bauplänen fehlen häufig bestimmte Flächenmaße zum Haus. Die Berechnung zielte früher auf die Räume ab, die das ganze Jahr über dauerhaft bewohnt wurden. Deshalb fehlen Angaben zu Einbauschränken, Erkern, Treppenhäusern, Terrassen oder Balkonen. Bei Kellern fehlt die Angabe komplett, ebenso bei Dachböden. Hat man dann den Dachboden oder den Keller in Eigenleistung zu Wohnfläche umgewandelt, wurde die Wohnflächenberechnung nicht entsprechend angepasst.

Stehen Raumflächenmaße nach Umbaumaßnahmen nicht zur Verfügung, bitten Sie den Verkäufer um ein Aufmaß, also um die genaueste Messung der Wohnfläche. Zwei Methoden gibt es: zum einen die umständliche und im Zweifelsfall auch ungenaue Messung mit Maßband oder Zollstock, zum anderen die genaue Messung mit einem Laserentfernungsmesser. Letzteres empfiehlt sich für eine genaue Messung. Ein gutes Gerät, das mehrere Messungen speichern kann, ist schon für um die 100 EUR zu bekommen und erleichtert die Arbeit enorm.

Fallstricke bei der Berechnung

Ein paar Probleme können trotz guter Messung auftreten. Handelt es sich zum Beispiel um eine Maisonettewohnung, sind Dachschrägen vorhanden. Hierbei gilt: Alles, was eine Höhe über 2 m hat, geht voll in die Berechnung ein, Flächen mit einer Höhe von 1 bis 2 m zur Hälfte und Flächen unter 1 m werden bei der Wohnflächenberechnung nicht berücksichtigt. Die Regel mit den 2 m wird auch angewendet, falls Kellerräume in Wohnräume umgewandelt wurden. Bei der Berechnung von Flächen unter Treppen in Wohnungen gilt: Unter drei Stufen zählt die Fläche gar nicht, bis zu 2 m zur Hälfte, darüber ganz zur Wohnfläche. Ein Treppenhaus gehört hingegen nicht zur Wohnfläche. Beheizte Wintergärten oder Schwimmbäder zählen voll zur Wohnfläche, unbeheizte nur zur Hälfte. Schornsteine, Vormauerungen oder Säulen werden nicht angerechnet, wenn sie höher als 1,5 m sind und eine Fläche von mehr als 0,1 m^2 aufweisen. In solchen Fällen muss die Fläche abgezogen werden. Hinzugerechnet werden können die Nischen bei bodentiefen Fenstern, Erkern oder Wandnischen, wenn sie eine Tiefe von mindestens 13 cm haben.

Die aktuellen Richtlinien lassen in einem Fall jedoch einen Ermessensspielraum. Bei Balkonen, Dachgärten oder Terrassen können entweder bis zu 25 % oder bis zu 50 % angerechnet werden. Bei einem überdachten Balkon mit hochwertiger Ausstattung in Südausrichtung sind 50 % sicher ein zutreffender Wert, bei einem Balkon in minderer Qualität ohne Überdachung mit Nordausrichtung eher fraglich. Hier sollten dann besser 25 % angesetzt werden.

Welche Vorschriften gibt und gab es zur Berechnung der Wohnfläche?

Das bereits benannte Problem mit der Wohnfläche ist: Es gibt keine allgemeingültige Definition in Deutschland. Das Ergebnis hängt daher vom angewendeten Berechnungsverfahren ab. Nur für den öffentlich finanzierten Wohnraum gilt die Wohnflächenverordnung als Standard. An dieser Stelle werden die Regelungen kurz erklärt:

- Wohnflächenverordnung (WoFIV) (gültig ab 2004 für öffentlich geförderten Wohnraum): Nicht zur Wohnfläche gehören alle Flächen, die sich nicht innerhalb der Wohnung befinden oder nicht durch Anbau (Balkone, Loggien/Abstellräume) hierzu gehören. Das sind zum Beispiel Kellerräume, Garagen, Abstellräume außerhalb der Wohnung, oder Räume, die nicht dem Bauordnungsrecht entsprechen.
- Zweite Berechnungsverordnung (II. BV) (bis Ende 2003): Es gelten ähnliche Regelungen wie bei der Wohnflächenverordnung, unterschiedliche Berechnungen ergeben sich bei den Flächen unter Treppen sowie daraus, dass unbeheizte Win-

tergärten in den Bewertungen noch nicht vorkamen. Auch wurden darin heute unübliche Flächen wie Vorratsräume oder Ställe erwähnt.

- DIN 283: Die DIN 283 stand von 1951 bis Ende 1983 für die Berechnung von frei finanziertem Wohnraum Pate. Die Besonderheit: Offene Terrassen oder Balkone wie auch Dachgärten oder unbeheizte Wintergärten werden gar nicht gewertet/bewertet. Ähnliches gilt für Treppenhäuser, Dachböden oder Keller- und Abstellräume.
- DIN 277: Die DIN 277 enthält eine andere Berechnungsform, dies wird auch durch den Zusatz klar: »DIN 277. Grundflächen und Rauminhalte von Bauwerken im Hochbau«. Es wird eine Bruttogrundfläche anhand der Maße ermittelt und davon die Baukonstruktion, also Wände, Stützen, Schornsteine usw., abgezogen. Der sich ergebende Wert ist die Nettogrundfläche, die sich wiederum in Nutzfläche (NF), Funktionsfläche (FF) und Verkehrsfläche (VF) gliedert.
  Die Nutzfläche unterteilt sich nochmals in Hauptnutzfläche und Nebennutzfläche. Um anhand dieser Angabe die Wohnfläche zu ermitteln, werden normalerweise die Werte für die Nutzfläche und die Verkehrsfläche addiert. Die DIN 277 ist seit Juni 1987 gebräuchlich. Einen ähnlichen, aber nicht ganz so gebräuchlichen Ansatz enthält die Sachwertrichtlinie (SW-RL) für die Bruttogrundfläche (BGF). Im Prinzip ist es eine abgespeckte Variante der DIN 277. Der Unterschied: Balkone sowie Dachgärten, gedeckt oder offen, fallen aus der Berechnung heraus.

! **Hinweis**

Vertragsabschlüsse sind auch auf Grundlage der alten Berechnungsmethoden möglich, wenn sich die beteiligten Parteien darauf einigen. Diese Berechnungsverfahren werden heute jedoch nicht mehr angewendet. Aktuelle Verfahren beschreiben die Wohnflächenverordnung und die DIN 277/Sachwertrichtlinie.

Die Problematik bei den Berechnungsformen verdeutlicht Tab. 1.2.

Detail	WoFIV	II. BV	DIN 283	DIN 277
Räume Mindesthöhe 2 m	100	100	100	100
Räume Höhe 1 bis 2 m	50	50	50	100
Wintergarten geschlossen, beheizbar	100	50	100	100
Wintergarten geschlossen, unbeheizt	50	?	?	100

Detail	WoFIV	II. BV	DIN 283	DIN 277
Gedeckte Loggien, Terrassen, Balkone	25–50	Bis 50	25	100
Offene Terrassen, Balkone	25–50	Bis 50	0	100
Dachgärten	25–50	Bis 50	?	100
Flächen unter Treppen	?	100 bei Höhe ab 2 m, sonst 0	100 bei Höhe 2 m, sonst 0	100

Tab. 1.2: Was die einzelnen Richtlinien wie bewerten (Angaben in Prozent)

Klar ist: Eine verbindliche Regelung zu diesem Thema gibt es nicht. Und: Die Berechnung nach DIN 277 bedeutet bei gleicher Fläche die größte Wohnfläche.

Beispiel: Berechnung der Wohnfläche nach WoFIV und DIN 277

Wohnung: fünf Räume mit einer Höhe von mindestens 2 m, insgesamt 70 m^2, Dachschräge zwischen 1 und 2 m mit 10 m^2, gedeckter Balkon von 10 m^2 sowie Fläche unter einer Treppe von 2 m^2. Dies ergibt nach der

- WoFIV: 70 m^2 + 5 m^2 + 2,5 (5 m^2) = 77,5 m^2 oder 80 m^2,
- DIN 277: 70 m^2 + 10 m^2 + 10 m^2 + 2 m^2 = 92 m^2.

Der Unterschied fällt deutlich aus, die DIN 277 ermittelt im Beispiel eine 12 bis 14,5 m^2 größere Fläche.

Tipp !

Da die WoFIV nur für öffentlich finanzierten Mietwohnraum gilt, ist sie für den Verkauf nicht gut geeignet. Achten Sie grundsätzlich darauf, nach welcher Methode die Wohnfläche einer Immobilie ermittelt wurde. So stellen Sie sicher, dass es keine Überraschungen gibt.

Bei den Berechnungsvarianten sind also nur Räume mit einer Höhe von mindestens 2 m immer gleich bewertet, ansonsten gibt es mehr oder weniger große Unterschiede. Das ist auch das Problem bei der Anwendung. Die aktuell gültigen Messstandards finden sich in der DIN 277 bzw. der Sachwertrichtlinie und in der Wohnflächenverordnung. Wichtig sind auch die korrekten Aufmaßflächen nach der jeweiligen Berechnungsmethode, dies bietet zusätzlich Sicherheit, wenn Baupläne ungenau sind oder fehlen.

Wann sollte man einen Gutachter einschalten?

Schnell kommt die Frage auf, ob es angesichts der unterschiedlichen Berechnungsmethoden und der daraus resultierenden Unsicherheit nicht besser ist, gleich einen Gutachter zu beauftragen. Das ist nicht immer notwendig, in einigen Fällen aber sinnvoll, beispielsweise bei

- fehlenden oder ungenauen Bauplänen,
- bei nachträglichen Umbauten, Anbauten oder dem Ausbau des Daches in Eigenregie ohne Aufmaßermittlung,
- bei sehr verwinkelten Räumen mit vielen Dachschrägen,
- teilweise bei sehr teuren Häusern.

Manchmal sind auch Immobilienmakler als Gutachter tätig, dann werden die korrekten Daten schon bei der Begehung von Haus oder Wohnung ermittelt. Wurde das Aufmaß beispielsweise mit einem Laserentfernungsmesser korrekt ermittelt, ist das Einschalten eines Gutachters nicht notwendig. Es hängt also vom Einzelfall ab, ob ein Gutachten sinnvoll ist oder nicht.

! **Achtung**

Die Kosten für ein Gutachten zur Wohnfläche liegen normalerweise zwischen 200 und etwa 500 EUR.

Gerichtsurteile

Bei Ungereimtheiten bezüglich der Wohnfläche kann es durchaus zu Gerichtsverhandlungen kommen. Eine zu geringe Wohnfläche ist ein Mangel, stellte das Landgericht Bautzen (Urteil vom 13.2.2009, 1 S 91/07) fest. Weicht die Wohnfläche einer Wohnung um mehr als 10 % ab, so steht dem Mieter eine Rückforderung zu. Bei Kaufobjekten gibt es ebenfalls eine Reihe von Urteilen. Die meisten gehen davon aus, dass eine Abweichung von ungefähr 10 % zu Gewährleistungsansprüchen führt. Der Bundesgerichtshof entschied aber im Zusammenhang mit einem Bauträgervertrag schon strenger (Urteil vom 8.1.2004, VII ZR 181/2), dass eine Abweichung von mehr als 3 % bei der Wohnfläche nicht mehr als geringfügig einzustufen sei. Ob auch ein Wert von beispielsweise 8 % als wesentlicher Mangel eingeschätzt wird, hängt vom Einzelfall ab. Wo genau die Grenze liegt, um Schadensersatzsprüche wie Kaufpreisminderung geltend machen zu können, ist damit nicht ganz klar.

Hinweis !

Die korrekte Wohnfläche muss auch bei der Wohngebäude- oder Hausratversicherung angegeben werden, denn sonst droht eine »Falschversicherung«.

Die Suche nach der richtigen Immobilie

Die perfekte Immobilie zu finden ist sicher schwierig, denn das, was gekauft wird, hat einmal dem Geschmack des Bauherrn oder Verkäufers entsprochen. Sinnvoller ist es daher, nach einer realistischen Immobilie zu suchen – also nach dem Haus, das den wesentlichen und wichtigsten Wunschvorstellungen entspricht, aber eben nicht allen Ansprüchen gerecht werden kann.

Daher haben Sie ja bereits als Erstes festgelegt, wie Sie gerne wohnen möchten und wie groß das Objekt sein soll. Bei der Suche nach einer für Sie infrage kommenden Immobilie konzentrieren Sie sich zunächst auf die finanziellen sowie bau- und heizungstechnischen Rahmenbedingungen. Achten Sie außerdem darauf, ob das vorliegende Angebot alle für Ihr Wunschhaus festgelegten Voraussetzungen erfüllt oder diesen zumindest sehr nahekommt.

1.4 Schritt vier: Wie soll die Immobilie bautechnisch aussehen?

Für die Wahl einer Immobilie sind nicht allein Optik, Zimmerzahl, Aufteilung und Lage wichtig, sondern auch die vorhandene Bausubstanz, Baukonstruktion und technische Ausstattung. Wohngebäude und Eigentumswohnungen werden zu oft nach dem Prospekt und der Immobilienbeschreibung gekauft, ohne dass bei einer Besichtigung auch Heizkeller, Dachboden oder Haustechnik in Augenschein genommen werden. Das kann im Nachhinein zu erheblichen Mehrkosten durch notwendige Sanierungen oder Reparaturen führen.

Deshalb sollte jeder Interessent im Vorfeld der Immobiliensuche nicht nur seine Raumbedürfnisse, sondern auch seine Wünsche bezüglich der bau-, konstruktions- und haustechnischen Beschaffenheit festlegen:

- Entspricht das Haus bzw. die Wohnung, die Sie sich anschauen, dem, was Sie wollen?
- Wollen Sie ein Haus aus Beton, Holz oder Mauerwerk kaufen?

- Wie soll die Dachform sein: Flachdach, Steildach, Walmdach, Pultdach, Mansarddach, mit Dachbegrünung, mit begehbarem Dach als Terrasse usw.?
- Mit welcher Energieform sollen Warmwasser erzeugt und die Heizung betrieben werden: Heizöl, Erdgas, Flüssiggas im Tank, Fernwärme oder unter Einsatz erneuerbarer Energien wie Solarthermie, Erdwärme (Geothermie), Holzpellets, Biogas, Wärmepumpe, Kraft-Wärme-Kopplung usw.?

Da Sie jedoch kein neues Haus bauen lassen möchten, müssen Sie zwangsläufig auf das zurückgreifen, was auf dem Markt angeboten wird. Beschäftigen Sie sich daher auch mit den charakteristischen Merkmalen alter Gebäude in Hinblick auf das jeweilige Baujahr. Denn das Entstehungsjahr eines Hauses sagt viel über dessen baukonstruktive Besonderheiten und technische Ausstattung aus. Das gilt besonders für heute sehr wichtige Details wie die Schall- und Wärmedämmung, die technische Ausstattung der Heizanlage oder die Dachkonstruktion.

1.5 Schritt fünf: Entsprechen Grundstück und Standort den eigenen Vorstellungen?

Bei den Überlegungen dazu, ob der Standort der angebotenen Immobilie Ihren Anforderungen entspricht, spielen folgende Punkte eine Rolle:

ARBEITSHILFE ONLINE

Infrastruktur	Notizen
Geschäfte, Läden	
Lebensmittelläden	
Kiosk	
Bäckerei	
Metzgerei	
Apotheke	
Post- und Bankfilialen	
Polizeistation	
Bildung	
Kindergarten	

Infrastruktur	**Notizen**
Grund- und weiterführende Schule	
Hochschule	
Musikschule	
Sportverein	
Kultur	
Kino	
Theater	
Restaurant	
Verkehrsmittel	
Bus, Straßenbahn	
U-Bahn, S-Bahn	
Regionalbahn, Fernbahn	
Gesundheit	
Ärzte	
Krankenhäuser	
...	

Tab. 1.3: Recherche zur Infrastruktur

Ist das Grundstück mit öffentlichen Verkehrsmitteln schnell und gut erreichbar?
Falls nicht, müssen Sie immer das eigene Auto benutzen und sich eventuell sogar zusätzlich eines anschaffen, damit alle Familienmitglieder verkehrstechnisch beweglich bleiben.

- Wenn Sie Kinder haben, bedenken Sie, wie diese zur Schule kommen und wieder zurück.
- Bei einer sehr entlegenen Immobilie ist es wichtig, wie weit der Weg zum Beispiel bis zum nächsten Arzt oder Krankenhaus und zu den Einkaufsmöglichkeiten ist. Durch ständige Fahrten können zusätzliche Kosten anfallen.
- Erreichen Feuerwehr, Krankenwagen oder Polizei über gut befahrbare (und im Winter geräumte) Wege das Gebäude?

Wie ist der öffentliche Ruf der Gegend?
Kann es zu Problemen kommen? Dies interessiert nicht nur Ihre finanzierende Bank. Wie steht es um den Beliebtheitsgrad, die Wohn- und Lebensqualität in dem Stadtteil oder der Gemeinde? Solche Aspekte beeinflussen nicht nur den Kaufpreis, sondern auch den Beleihungswert und später den Wiederverkaufswert.

Ist die Zufahrt zum Grundstück gesichert?
Besonders vorsichtig sollten Sie bei einem durch Teilung erschlossenen Grundstück sein oder bei einem Gebäude, das hinter einem anderen Haus auf dem Grundstück gebaut wurde. Gibt es Absichten, die vorhandene öffentliche Zufahrt baulich zu verändern? Das können Sie beim zuständigen Bauamt erfragen. Oder besteht ein im Grundbuch eingetragenes Wegerecht? Dies ist besonders bei Häusern in Hinterbebauung entscheidend.

Liegt die Immobilie in einem Wohngebiet?
Sehr wichtig ist auch das Umfeld des Grundstücks. Handelt es sich um ein ruhiges Wohngebiet, ein Gebiet mit Gemischtbebauung oder liegt das Grundstück am Rand eines Gewerbe- und Industriegebiets? Den für das Gebiet maßgebenden Bebauungsplan, in dem die baulichen Möglichkeiten von der Gemeinde festgeschrieben sind, sollten Sie vor Kaufabschluss unbedingt bei der zuständigen untersten Baubehörde (Gemeindeamt, Bauamt) einsehen. Dies ist auch unbedingt notwendig, wenn Sie einen Umbau vornehmen wollen.

Handelt es sich um eine Randbebauung unmittelbar neben einer Hochhaussiedlung? Falls ja, mindert das den Verkehrswert der Immobilie. Wertminderungen können sich auch in der Nähe von Industriegebieten oder Mischgebieten ergeben, wenn dort beispielsweise eine größere Straße oder die Ausweitung des Gewerbegebiets geplant ist.

Liegt das Grundstück an einem Grünzug bzw. städtischen Grünbereich?
Ist bei einer offenen Bebauung gesichert, dass später die jetzige freie Sicht nicht zugebaut wird?

Erschließung: Ist das Grundstück bereits voll erschlossen oder kommen zusätzliche Erschließungskosten auf Sie zu?
Letzteres ist beispielsweise der Fall, wenn das Grundstück bisher über eine eigene Kläranlage entwässert wurde und später an einen öffentlichen Abwasserkanal angeschlossen werden muss.

Unterirdische Leitungen
Beachten Sie auch den Zustand der im Erdboden verborgenen Wasserleitungen und Stromkabel, denn eine ungepflegte und/oder beschädigte Abwasserleitung kann zu hohen zusätzlichen Kosten führen. Lassen Sie sich vom Verkäufer einen Prüfnachweis oder die entsprechende Abrechnung der ausgeführten Maßnahmen vorlegen.

Geografische Lage
Steht das Gebäude an einem Hang, der eventuell im Winter nur schwierig zu erreichen ist? Bei Hanglagen sollten Sie außerdem unbedingt nachfragen, ob es schon Erdrutsche, Grundbrüche oder Erdverschiebungen gegeben hat.

Bei extremer Hanglage lassen Sie sich einen statischen Nachweis über die Sicherung der Baukonstruktion vorlegen. Wenn nachträglich Sicherungsmaßnahmen erforderlich werden, können hohe Kosten entstehen.

Liegt das Grundstück in einer Erdbebenzone oder im Bereich von Bergsenkungsgebieten (ehemalige Zechen, Abbauregionen von Mineralien, Kies, Sand usw.)?

Befindet sich die Immobilie an einem See, Flussufer oder Bachlauf?
Uferbereiche unterliegen in manchen Kommunen der behördlichen Aufsicht. Erkundigen Sie sich spätestens bei der Besichtigung, ob und welche Auflagen bestehen. Auch muss im Einzelfall der Hochwasserschutz beachtet werden. Dazu sollten Sie beim Wasserwirtschaftsamt den höchsten Grundwasserstand der letzten Jahre bzw. generell die Höhe des Grundwasserstands nachfragen.

Altlasten
Gibt es alte Bodenbelastungen im direkten oder weiteren Umfeld, beispielsweise durch ehemalige Müllhalden, Sand- und/oder Kiesgruben, einen Flugplatz, Fabrik- und/oder Gewerbeflächen, Tankstellen, Kasernengelände, eine chemische Fabrik usw.?

Ist bekannt, ob es alte Bunkeranlagen oder verfüllte Stollen aus altem Bergbau gibt? Einsicht in entsprechende Unterlagen können Sie beim Katasteramt, Bergamt und bei der Baubehörde nehmen.

Naturschutzauflagen

Gibt es einen großen Bestand an alten Bäumen auf dem Grundstück? Diese können Sie nicht ohne Weiteres nach Gutdünken fällen, sondern es sind Naturschutzauflagen zu beachten. Bei großen Stammumfängen benötigen Sie außerdem eine Genehmigung der zuständigen Behörde (Garten-, Forst-, Landratsamt, Naturschutzbehörde).

1.6 Schritt sechs: Was lässt sich umbauen? Was muss modernisiert werden?

Eine wichtige Frage bei der Auswahl ist, ob einerseits ein Gebäude modernisiert oder gar saniert werden muss und ob es andererseits durch einen Umbau an Ihre Bedürfnisse angepasst werden kann. Solange keine aufwendigen bautechnischen Eingriffe an tragenden Konstruktionsteilen – Wand, Decke, Dach – notwendig werden, ist eine Anpassung relativ einfach und kostengünstig möglich. Doch bei Altbauten, besonders bei Vorkriegsgebäuden, besteht oft ein Problem: Die ursprünglichen Baupläne und Aufzeichnungen zur Gebäudestatik sind nicht mehr vorhanden. In diesen Fällen sollten Sie immer einen Fachmann zurate ziehen, mit dem Sie besprechen können, welche Umbauten möglich sind und welche nicht.

Aus eins mach zwei

Sehr wichtig ist es auch, an die zukünftige Entwicklung der Wohnungsbewohner bzw. der Familie zu denken. Denn in der Regel durchlaufen alle, die einziehen werden, unterschiedliche Lebensphasen und haben dabei unterschiedliche Anforderungen an die Wohnung.

So kann beispielsweise durch die Teilung einer großen Altbauwohnung – die eventuell bereits zwei Zugänge hat – für Eltern und Kinder jeweils ein eigener Lebensbereich geschaffen werden. Sind die Kinder später ausgezogen, kann die Teilwohnung vermietet werden, um das Abzahlen von Krediten zu beschleunigen. Oder die Teilwohnung wird später als Altenwohnung genutzt. Ist ein separates Treppenhaus vorhanden, kann später auch jede Teilwohnung zu einer eigenständigen Wohnung umgebaut oder ein Bereich als Büro vermietet werden.

Ist eine Einliegerwohnung noch nicht vorhanden, muss genau geklärt werden, ob sie im Haus nachträglich errichtet werden kann (Bauvorschriften, Baukonstruktion).

Checkliste: Wie soll Ihre Immobilie beschaffen sein?

ARBEITSHILFE ONLINE

	Erwünscht?
Das **Wohnzimmer** soll • einen offenen Kamin haben oder einbaubar sein (Rauchzugführung). • einen Zugang zum Balkon/zur Terrasse haben. • …	
Die **Küche** soll • als Wohnküche genutzt werden können. • direkt an das Esszimmer angeschlossen sein. • einen Zugang zum Balkon/zur Terrasse haben. • …	
Das **Badezimmer** soll • Tageslicht haben. • mit einer Badewanne ausgestattet sein. • …	
Das **Elternschlafzimmer** soll • einen Zugang zum Balkon haben. • ein Fenster Richtung Norden haben. • …	
Die **Kinderzimmer** sollen ermöglichen, dass • die Kinder viel Platz zum Spielen haben. • die Zimmer später rückgebaut werden können, um die Räume zu vermieten, wenn die Kinder ausgezogen sind.	
Die **separate Toilette** soll • neben dem Badezimmer liegen. • für Gäste leicht zugänglich sein.	
Das **Dachgeschoss** soll • ausgebaut sein. • oder ausbaubar sein (achten Sie hierfür auf die Dachneigung).	
Die **Innentreppe** soll die Möglichkeit bieten, etagenweise abgeschlossene Wohnungen mit eigenem Zugang einzurichten.	

	Erwünscht?
Die **Fenster** sollten • wegen des Wärmeverlusts flächenmäßig nicht allzu groß sein. • mindestens eine Zweischeibenisolierverglasung haben. • mit Rollläden, Fensterläden oder einem Sonnenschutz versehen sein. • mit Rollladenkästen, die gut wärmegedämmt sind, ausgestattet sein.	
Der **Schallschutz** soll ausreichend sein. *Achtung:* Bei Doppel- oder Reihenhäusern ist die Schallübertragung zwischen den Nachbarhäusern wichtig.	
Ein **Keller** soll vorhanden sein. • Ganzunterkellerung? • Teilunterkellerung? • ...?	
In **Untergeschoss oder Keller** sollen • Waschküche, Trockenraum, Heizraum vorhanden sein. • Lagerraum für Brennstoffe, Fahrradkeller, Müllraum, Hobbyraum usw. vorhanden sein.	
Es soll eine **direkte Verbindung** zwischen • Haus und Garage geben. • Haus und Garten geben.	
Bei Lage nahe einer Straße, (Straßen)Bahnlinie, Autobahn, Einflugschneise von Flugplätzen usw. sollten die **Verkehrslärmgeräusche** durch entsprechende Baumaßnahmen und/oder Schalldämmfenster gut gemindert werden.	
• Die **Baukonstruktion** soll energiesparend sein. • **Erneuerbare Energien** statt fossiler Brennstoffe sollen genutzt werden.	
Alle Wohnräume sollen über eine **Fußbodenheizung** verfügen.	
Die **Außenfassade** soll aus Holz, Sichtmauerwerk, Naturstein, Putz, Metall usw. sein.	
Es soll ein **Fachwerkhaus** sein.	
Das Haus bzw. die Wohnung lässt sich **altengerecht** umbauen.	

Umbau und Modernisierung

Werden an einem bestehenden Gebäude Änderungen vorgenommen, sind bestimmte Vorschriften bzw. Gesetze zu beachten. Zunächst ist die Frage zu klären, ob die baulichen Maßnahmen zu einer wesentlichen Änderung der bisherigen Nutzung führen. Dies ist beispielsweise der Fall, wenn ein Haus bisher als reines Bürogebäude – möglicherweise mit Gewerbeeinheiten wie Ladenflächen, Werkstatt und Ähnliches – genutzt wurde und nun zum Wohnhaus umgebaut wird. In diesem Fall muss nicht nur die veränderte Nutzung mit der zuständigen Baubehörde abgestimmt werden, es sind auch andere Baubestimmungen zu beachten. Dazu zählen

- der Wärmeschutz,
- der Brandschutz und
- der Schallschutz sowie
- regionale Sonderauflagen, beispielsweise der Nachweis von Stellflächen für Autos.

Zudem sind durch die Umnutzung andere Steuervorschriften maßgebend. Dies sollten Sie vor dem Umbau mit Ihrem Steuerberater besprechen, die baulichen Fragen wird der von Ihnen beauftragte Architekt klären.

Ist das Gebäude bereits ein Wohnhaus, sollten Sie dennoch vor dem Kauf nicht nur die Bausubstanz von einem Fachmann prüfen lassen, sondern unbedingt auch klären, wie hoch der zusätzliche Investitionsbedarf sein wird. Normalerweise ist bei Bestandsgebäuden immer mit weiteren Investitionen zu rechnen.

Auch wer nur eine Eigentumswohnung erwerben möchte, sollte sich vor dem Kauf gründlich über den baulichen Zustand des Gesamtgebäudes informieren. Hilfreich ist es, sich den Bestandsenergieausweis vom Verkäufer vorlegen zu lassen.

Achten Sie darauf, dass der Vordruck namentlich unterschrieben ist und wann er ausgestellt wurde. Nehmen Sie zudem Einsicht in die Protokolle und Abrechnungen der vergangenen Jahre, die der Eigentümerverwaltung vorliegen. Lassen Sie sich vom Verkäufer den Wirtschaftsplan der letzten Jahre und des kommenden Jahres vorlegen und prüfen Sie die Unterlagen in Ruhe. Erscheinen Ihnen die gemachten Angaben fragwürdig, bestehen Sie immer auf einer schriftlichen Bestätigung, zum Beispiel durch Heizkostenabrechnungen, Stromabrechnungen und Ähnliches. Bei älteren Gebäuden sollte die Hausverwaltung in ihrem Wirtschaftsplan mögliche Sonderzahlungen für Reparaturen und/oder Sanierungen in Abstimmung mit der Eigentümergemeinschaft bzw. den bisherigen Hauseigentümern festgelegt haben. Achten Sie ebenfalls darauf, dass ausreichende Rücklagen dafür vorhanden sind, sonst können später zusätzliche Zahlungen auf Sie zukommen.

1.7 Schritt sieben: Ist der Kaufpreis angemessen?

Inwieweit der Kaufpreis einer Bestandsimmobilie gerechtfertigt ist, können Sie überprüfen, indem Sie den vom Verkäufer genannten Pauschalpreis in seine Einzelbestandteile zerlegen. Außerdem müssen Sie sich Vergleichspreise aus dem Umfeld des Immobilienangebots besorgen und diese mit den Einzelkomponenten abgleichen. In den meisten Städten und Landkreisen gibt es dazu Gutachterausschüsse, in denen Sachverständige für Grundstücks- und Gebäudewertermittlung die Kaufpreise von Grundstücken und Gebäuden der vergangenen Jahre in der betreffenden Region zusammentragen und dokumentieren. Daraus lassen sich Durchschnittswerte für bestimmte Gebäudetypen und der Verkehrswert von Grundstücken in einer bestimmten Region ermitteln. Die Dokumentation ist inzwischen meist nur noch gegen eine geringe Gebühr einzusehen. »Boris-D« ist eine Alternative, hier haben die meisten Bundesländer inzwischen die Bodenrichtwerte eingestellt, die Daten können kostenlos abgerufen werden. Auf www.gutachterausschuesse-online.de gibt es darüber hinaus ein Nachschlagewerk, das landesweite Informationen enthält.

Keine Mehrwertsteuer beim Kauf von privat
Bedenken Sie auch, dass Immobilienpreise Bruttopreise sind, weshalb bei einem gewerblichen Verkäufer immer die Mehrwertsteuer in der Angebotssumme enthalten sein muss. Nur wenn Sie privat kaufen, fällt keine Mehrwertsteuer an.

Beispiel: Überprüfung des Kaufpreises für ein Gebäude mit Grundstück

Ein Verkäufer fordert für ein Einfamilienhaus 401.000,00 EUR. Die Eckdaten für Haus und Grundstück lauten:

- Keller, Erdgeschoss, ausgebautes Dachgeschoss, Wohnfläche: rund 186 m^2,
- Ausstattung: einfaches bis mittleres Niveau,
- frei stehend,
- Baujahr 1972,
- reines Wohngebiet (WS) ländlicher Raum, ruhige Wohnlage,
- gute Verkehrsanbindung,
- Grundstück voll erschlossen, Grundstücksgröße: rund 587 m^2.

Unterteilung des Kaufpreises

- Grundstückswertanteil: 146.163,00 EUR (durchschnittlicher Quadratmeterpreis für Bauland im betreffenden Wohngebiet = 249,00 EUR/m^2 multipliziert mit Grundstücksfläche 587 m^2),

- Gebäudewertanteil: 254.837,00 EUR (Kaufpreis minus Grundstückswertanteil),
- Kosten pro Quadratmeter Wohnfläche: 1.370,09 EUR (Gebäudewertanteil geteilt durch Wohnfläche).

Voraussichtlicher Sanierungsaufwand

Sanierung Kelleraußenwand und Perimeterdämmung gemäß EnEV	25.000 EUR
Neue Außenfenster gemäß EnEV	20.000 EUR
Neue Hauseingangstür	2.700 EUR
Verbesserung der Fassadendämmung gemäß EnEV	9.500 EUR
Verbesserung der Dachdämmung gemäß EnEV	6.600 EUR
Dacheindeckung ausbessern mit Dachziegeln	4.500 EUR
Einbau neuer Heizbrenner	6.000 EUR
Verschiedene Heizkörper auswechseln	2.000 EUR
Sanierung der Elektroinstallation	4.600 EUR
Sanierung der Fliesen in Bad und WC	3.800 EUR
Sanierung der Sanitäreinrichtung	2.600 EUR
Sanierung der Fußbodenbeläge	1.600 EUR
Maler und Tapezierarbeiten	6.500 EUR
Geschätzter Gesamtaufwand	**95.400 EUR**

Kosten pro Quadratmeter Wohnfläche saniert: 1.883,00 EUR (Gebäudewertanteil plus Sanierungskosten geteilt durch Wohnfläche).
Damit liegen die Kosten im Rahmen eines durchschnittlichen Neubaus, laut des Statistischen Bundesamts liegt der Wert für 2018 bei rund 1.800 EUR. Hierunter fallen Häuser mit einfacher wie gehobener Ausstattung, darunter beispielsweise Häuser mit Keller und ohne. Aufgrund der jährlichen Preissteigerungen von rund 5 % sollte davon ausgegangen werden, dass die Baupreise weiter ordentlich zulegen. Daher empfiehlt es sich, bei der Betrachtung von Baupreisen eher großzügig zu kalkulieren. Wenn der Immobilienwunsch in einer größeren Stadt verwirklicht werden soll, können die Preise deutlich höher liegen.

Ermittlung der Kosten nach Gewerken

Als Gewerk bezeichnet man handwerkliche und bautechnische Arbeiten im Hoch- und Tiefbau. Die Vergabe- und Vertragsordnung für Bauleistungen (VOB), aktuelle Ausgabe 2019, nimmt in ihrem Teil C eine Unterteilung der Gewerke vor und beschreibt die zuständigen allgemeinen technischen Vertragsbedingungen für Bauleistungen.

!

Tipp

Private Auftraggeber können die kompletten Bauleistungen pauschal an einen Generalunternehmer vergeben. Da allerdings die meisten Baulaien sind, empfiehlt es sich immer, vor Auftragsvergabe Experten zurate zu ziehen. So sollte sich ein Immobilienbesitzer vorab Angebote von erfahrenen Fachleuten (Ingenieur, Architekt, Energieberater, Handwerker oder ähnlich) schriftlich erstellen lassen und alle eingehenden Angebote von den Profis vor der endgültigen Auftragsvergabe überprüfen lassen.

Bei jeder Auftragsvergabe sollten im Vertrag schriftlich die entsprechenden Maßnahmen exakt beschrieben und die Materialien mengenmäßig erfasst sein. Auch sollte immer vertraglich das Abnahmedatum der zu erbringenden Leistungen taggenau schriftlich festgelegt werden.

Was kostet die Immobilie insgesamt?

Vor dem Kauf einer Immobilie – also bereits bei der Festlegung des Finanzplans und der Finanzierungsmöglichkeiten – sollten Sie nicht nur den eigentlichen Kaufpreis kennen, sondern unbedingt auch die zusätzlich entstehenden Kosten. Wie hoch diese sind, hängt vom Gebäudezustand, dem Baujahr und somit den zukünftig notwendigen baulichen Maßnahmen ab.

Nebenkosten nicht vergessen!

Achten Sie bei Ihrer Kalkulation darauf, dass die Gesamtkosten für eine Immobilie höher sind als der vom Verkäufer angegebene Kaufpreis. Denn es kommen auf Sie weitere Nebenkosten zu, zum Beispiel

- Unterhalt,
- Rücklagen für die Instandhaltung und
- Aufwendungen für dringend notwendige Modernisierungsmaßnahmen.

Erfassen Sie daher detailliert sämtliche zu erwartenden Kosten. Bedenken Sie dabei immer, dass der Verkäufer Ihnen in den seltensten Fällen einen Preis nennen wird, der die Kosten für notwendige Reparaturen, Sanierungen oder Modernisierungen sowie die beim Kauf fälligen Gebühren bereits enthält. Die Höhe dieser Ausgaben müssen Sie meist selbst ermitteln. Zu Ihrer Unterstützung finden Sie auf den folgenden Seiten eine Aufstellung der wichtigsten Kostengruppen, die beim Kauf einer Bestandsimmobilie eine Rolle spielen (können).

- Grunderwerbsteuer (etwa 3,5 bis 6,5 % des Kaufpreises, je nach Bundesland),
- Reparaturkosten,
- Sanierungskosten,
- Modernisierungskosten (beispielsweise für Anpassung des Grundrisses an persönliche Wünsche, Änderung der Raumgröße, Einbau einer anderen Heizung oder Verbesserung der Energieeffizienz),
- Maklergebühr (3 bis 6 % des Gesamtkaufpreises zuzüglich der gesetzlichen Mehrwertsteuer – es gibt keinen festgelegten Honorarrahmen, Verhandlungen lohnen sich),
- Notarkosten (etwa 1 bis 2 % des Kaufpreises),
- Grundbuchgebühr (etwa 0,5 % des Kaufpreises),
- Kosten für Außenanlagen,
- Vermessungskosten,
- Honorare (für Gutachter, Architekten und Energieberater gemäß Honorarordnung für Architekten und Ingenieure),
- Honorare für Statiker und Sonderfachleute,
- Gebühren für den oder die Kreditgeber, also Zinsen für Baudarlehen und weitere Darlehensgebühren (unbedingt vor Abschluss des Darlehensvertrags erfragen und sich schriftlich bestätigen lassen),
- Bereitstellungszinsen, die Sie sich ebenso wie die Laufzeit für noch nicht in Anspruch genommene Kredite schriftlich vom Darlehensgeber bestätigen lassen sollten,
- Umzugskosten – ein Kostenfaktor, der oft vergessen wird; holen Sie dafür ein schriftliches Angebot mit genau definierten Bedingungen ein,
- Versicherungsprämien, zum Beispiel für die Gebäudeversicherung, Haftpflichtversicherung oder Versicherungen gegen Brand, Überschwemmung, Hagel und Unwetter (als Hausbesitzer müssen Sie zum Teil notwendige Versicherungen abschließen, die Sie als Mieter möglicherweise gar nicht kannten).
- Kalkulieren Sie unbedingt auch eine Reserve ein!

Die folgende Checkliste fasst die zu erwartenden Kosten noch einmal zusammen. Tragen Sie die Einzelposten, die bei den von Ihnen ausgesuchten Immobilien anfallen würden, direkt ein, um sich schnell einen Überblick über die Gesamtkosten zu verschaffen. So haben Sie eine realistische Basis, um eventuell noch notwendige Darlehen kalkulieren zu können.

Checkliste: Gesamtkosten für den Immobilienkauf

ARBEITSHILFE ONLINE

Position	Kosten in EUR
Geforderter Kaufpreis (Gebäude mit Grundstück bzw. Eigentumswohnung)	
Grunderwerbssteuer 3,5 bis 6,5 %	
Notargebühren	
Beurkundung	
Vorkaufsrechtsverzichtserklärung	
Gebühr Fälligkeitsüberwachung	
Umschreibungsüberwachung	
Notaranderkonto	
Gerichtskosten	
Auflassungsvormerkung	
Eigentumsumschreibung	
Löschung Auflassungsvormerkung	
Grundschuldeintragung	
Je Grundbuchauszug beglaubigt	
Finanzierungskosten Bank	
Wertschätzungsgebühren	
Bereitstellungskosten Darlehen	
Zusatzkosten	
Maklergebühr	
Erschließungsbeiträge Gemeinde/Stadt	
Anwaltskosten (Beratung, Kaufvertrag und Ähnliches)	
Honorar Sachverständiger	
Honorar Architekt	

Position	Kosten in EUR
Untersuchung von Boden, Wasserproben usw.	
Gebäudesanierung	
Sanierung Grundstück	
Anbau und/oder Umbau Gebäude	
Umzugskosten	
Möbelkauf	
Einbau und Montage von Teilen der Wohnungseinrichtung	
Erneuerung oder Verbesserung der Heizanlage	
Unvorhergesehenes (finanzielle Reserve)	
...	
Summe	

Benötigen Sie neue Möbel?
Besonders bei Altbauten sollten Sie überlegen, ob Sie Ihre bisherigen Möbel mitnehmen und wie diese ins Haus oder in die Eigentumswohnung passen. Möglicherweise kommen Sie zu der Erkenntnis, dass Sie Ihre bisherigen Möbel zum Teil oder komplett ersetzen müssen, was zusätzliche Kosten verursacht.

1.8 Schritt acht: Wie lässt sich die Finanzierung gestalten?

Tragen Sie in die folgende Liste möglichst genau alle vorhandenen Beträge ein. Sollten Sie bei einzelnen Posten schätzen müssen, verwenden Sie immer nur den niedrigsten Wert. Überschätzen Sie niemals Ihre Möglichkeiten. Bei einer soliden Finanzierung beträgt der Eigenkapitalanteil mindestens 30 bis 40% der Gesamtkosten. Bedenken Sie außerdem bei Baudarlehen immer die langen Laufzeiten.

Checkliste: Wie sehen die finanziellen Gegebenheiten aus?

ARBEITSHILFE ONLINE

Eigenkapital	Betrag
Sparkonto	
Girokonto	
Wertpapiervermögen (Anleihen, Aktien, Investmentzertifikate)	
Kunstgegenstände	
Edelmetallreserven	
Münzen	
Briefmarken	
Antiquitäten	
Bausparguthaben aus zuteilungsreifen Verträgen	
Sparverträge (zum Beispiel Riester)	
Beleihungswert Lebensversicherungen	
Zwischensumme verfügbares Eigenkapital	
Abzüglich Sicherungsreserve (5 bis 10 %)	
Summe real verfügbares Eigenkapital	

Ermitteln Sie Ihren persönlichen Finanzbedarf

Rechnen Sie beim Althauskauf immer damit, dass zusätzlich zum reinen Kaufpreis weitere Investitionen notwendig werden und Nebenkosten auf Sie zukommen können. Das sind unter anderem Gebühren für den Vertragsabschluss beim Notar oder Aufwendungen für Sanierungsmaßnahmen. Gehen Sie deshalb mit dem Kaufpreis niemals an Ihr finanzielles Limit, sondern behalten Sie immer eine Reserve zurück.

!

Tipp

Eine Faustformel für die Berechnung des zusätzlichen Investitionsbedarfs lautet: Abhängig von Gebäudezustand und Baujahr sind zusätzliche Investitionen in Höhe von bis zu 50 % des Kaufpreises zu erwarten – allerdings meist nicht sofort, sondern im Lauf der Jahre.

Baufinanzierung via Internet

Auch im Internet gibt es mittlerweile zahlreiche Anbieter für Baufinanzierung. Hier lässt sich relativ schnell und einfach ein Überblick über die aktuellen Zinskonditionen ermitteln. Sind diese besser als bei Ihrer Wunschbank, konfrontieren Sie sie damit – dadurch haben Sie eine bessere Verhandlungsbasis.

Tipp !

Um zu erfahren, ob ein Finanzierungsangebot aus dem Internet seriös ist, können Sie sich bei der örtlichen Verbraucherzentrale erkundigen.

Angebotsvergleich

Lassen Sie sich für die notwendige Finanzierung nicht nur ein Angebot von Ihrer Hausbank machen, sondern nehmen Sie die Beratung mehrerer Geldinstitute oder Bausparkassen in Anspruch und vergleichen Sie akribisch die Ihnen angebotenen Konditionen. So lassen sich oft einige Prozente sparen. Und schon wenige Zehntelprozente sind absolut gesehen eine Menge Geld!

Nutzen Sie die Kredite der KfW-Bankengruppe

Privatleute und Immobilienbesitzer können für die Sanierung von Eigentumswohnungen oder Wohnhäusern Kredite und Zuschüsse der KfW-Bankengruppe aus dem Programm »Energieeffizient Sanieren« in Anspruch nehmen. Die KfW-Kredite stammen aus Bundesmitteln und sind im Zinssatz verbilligt. Alle Programme können Sie tagesaktuell im Internet auf www.kfw.de abrufen. Einen Überblick über die wichtigsten Förderprogramme, die für Sie interessant sein können, finden Sie in Kapitel 8.

Tipp !

Bestehen Sie auch bei der Verhandlung mit der Bank immer darauf, dass zinsgünstige Kredite der KfW-Förderbank oder der zuständigen Landesbank mit in Ihren Finanzplan einfließen. Viele Banken versuchen leider, allein ihre Konditionen durchzudrücken, und lassen öffentliche Fördermaßnahmen außer Acht.

1.9 Schritt neun: Welche baurechtlichen Bestimmungen sind zu beachten?

Damit Sie ein Haus oder eine Eigentumswohnung möglichst günstig kaufen und umbauen oder sanieren können, sollten Sie nicht allein auf den Kaufpreis, sondern auch auf die rechtliche Seite achten. Um unerwünschte Überraschungen zu vermeiden, informieren Sie sich rechtzeitig und umfassend über die für Sie wichtigen Vorschriften und Gesetze des Baurechts. Im Zweifelsfall gilt immer: Holen Sie Informationen von neutraler Seite ein und beseitigen Sie damit Unklarheiten.

Informationen zum Grundstück

Möglichst bereits vor, zumindest aber während der Besichtigung sollten Sie fragen, ob für das Grundstück Auflagen vorhanden und/oder Belastungen im Grundbuch eingetragen sind. Beim Kauf hängt der Preis der Immobilie besonders von deren Lage und Beschaffenheit ab. Zudem spielen beispielsweise die Umgebung oder die verkehrstechnische Anbindung eine gewisse Rolle.

Achten Sie auf Altlasten

Achten Sie bei der Ortsbesichtigung, die immer vor Verhandlungsbeginn stattfinden sollte, auf Altlasten. Neben baufälligen Gebäuden und einem ungepflegten Grundstück zählen dazu auch nicht unmittelbar sichtbare Probleme: Verunreinigte oder vergiftete Böden können Sie möglicherweise am andersartigen Pflanzenbewuchs oder an stellenweisen Verfärbungen erkennen. Sobald Sie (Mit)Eigentümer eines durch Schadstoffe belasteten Bodens sind, sind Sie für die von den Behörden vorgeschriebenen Sanierungsmaßnahmen zuständig und haftbar – und das kann teuer werden.

Bei Verdacht verlangen Sie vom Verkäufer eine schriftliche Garantie, am besten im Kaufvertrag festgeschrieben, dass das Grundstück nicht belastet ist und nicht auf einem Risikogelände liegt. Auch ein Blick in das Grundbuch gibt Aufschluss darüber, ob es Vorbesitzer (zum Beispiel aus Industrie oder Gewerbe) gab, die Altlasten hinterlassen haben könnten. Für bestimmte Gebiete gibt es ein Altlastenverzeichnis. Schauen Sie nach, ob das angebotene Grundstück darin genannt ist.

!

Tipp

Wenn Sie ein Grundstück besichtigen, verlassen Sie sich niemals nur auf die Angaben des Verkäufers. Holen Sie immer zusätzliche Informationen beim zuständigen Bauamt oder bei der Gemeinde ein.

Informationen aus dem Grundbuch

Das Grundbuch wird beim jeweils zuständigen Amtsgericht geführt. Sie können dann Einsicht nehmen, wenn Sie ein »rechtliches Interesse« belegen. Lassen Sie sich entweder vom Verkäufer eine kurze schriftliche Bestätigung zur Berechtigung geben oder verlangen Sie vom Verkäufer einen Grundbuchauszug.

Für jedes Grundstück wird ein Grundbuchblatt mit einer Aufschrift, einem Bestandsverzeichnis und den Abteilungen I, II und III geführt. Bei der Aufschrift handelt es sich um das Titelblatt. Dort sind das zuständige Amtsgericht, der Grundbuchbezirk und die Nummer des Grundbuchblatts eingetragen. Im Bestandsverzeichnis ist das Grundstück nach Wirtschaftsart, Lage und Größe beschrieben.

In Abteilung I finden sich Angaben zu den Eigentümern des Grundstücks. Zudem können Sie ersehen, wie lange der Verkäufer bereits Eigentümer ist. Für Altbauten hat die Abteilung II hohe Bedeutung. Hier sind Belastungen wie Grunddienstbarkeiten und beschränkte persönliche Dienstbarkeiten, insbesondere auch Vormerkungen vermerkt. Diese Eintragungen können im Einzelfall zu einer erheblichen Nutzungseinschränkung führen, zum Beispiel wenn es um ein Wegerecht für Dritte geht. In Abteilung III finden Sie schließlich die Hypotheken sowie Grund- und Rentenschulden, mit denen das Grundstück belastet ist.

Was bedeutet die Bauordnung für Sie?

Im Baugesetzbuch (BauGB) sind die bundeseinheitlich geltenden Bestimmungen enthalten, die die Bauplanung regeln. Das Städterecht beispielsweise gibt vor, wie der Flächennutzungsplan und ein Bebauungsplan aufgestellt werden und welche Inhalte darin zu finden sind. Im Gegensatz dazu wird das Bauordnungsrecht von jedem Bundesland selbst definiert.

Nach der Landesbauordnung (LBO) müssen Sie immer dann bei der Baubehörde eine Genehmigung einholen, wenn Sie neu bauen oder wesentliche Teile eines Gebäudes oder einer Wohnung verändern wollen. Die LBO regelt,

- in welchen Fällen eine Baugenehmigung eingeholt werden muss,
- in welchen Fällen Sie einen rechtlichen Anspruch auf eine Baugenehmigung haben,
- wer für die Genehmigung zuständig ist,
- wie das Verwaltungsverfahren zur Erteilung der Baugenehmigung verlaufen muss und
- was eine Behörde unternehmen kann, wenn ohne Genehmigung umgebaut oder baurechtswidrig gebaut wird.

Darüber hinaus enthält die LBO zahlreiche technische Vorschriften sowie weitere Anforderungen und allgemeine Regelungen, die beim Bauen zu beachten sind.

Ist Ihr geplanter Um- oder Anbau rechtmäßig, entspricht er also dem öffentlichen Baurecht, muss das Vorhaben genehmigt werden. Wenn Sie sich nicht an den geltenden Bebauungsplan halten, kann Ihnen die Baugenehmigung verweigert werden. Dies wäre beispielsweise der Fall, wenn Sie durch die Anordnung einer neuen Wärmedämm- oder Vorhangfassade den genehmigten Abstand zum Nachbargrundstück unterschreiten würden – selbst wenn es sich nur um wenige Zentimeter handelt. Das Bauordnungsrecht regelt auch Verstöße gegen das Bauplanungsrecht.

In Deutschland gibt es die oberste Bauaufsichtsbehörde der Landesministerien, die mittlere Bauaufsichtsbehörde der Bezirksregierungen und die untere Bauaufsichtsbehörde der für das Grundstück zuständigen Gemeinde oder des Landkreises. Ausnahmen gelten in Stadtstaaten wie Berlin, Hamburg oder Bremen, die jeweils alle Ebenen abdecken. Welche Behörde für Ihr Bauvorhaben zuständig ist, regelt die jeweilige LBO. Informationen dazu finden Sie auf der Internetseite www.bauordnungen.de. In einigen Fällen müssen Sie zusätzlich die Gemeindeordnung zurate ziehen.

Anzeigeverfahren: Genehmigungsfreistellung bei Um- oder Ausbau
In einigen Bundesländern besteht durchaus die Möglichkeit, eine Genehmigungsfreistellung für Um- und Anbauten mit einem sogenannten Anzeigeverfahren zu erwirken. Dann braucht man für bestimmte Wohngebäude und Maßnahmen keine Baugenehmigung, muss aber der Bauaufsichtsbehörde mitteilen, was um- oder angebaut wird. Für bestimmte Vorhaben kann sogar das Anzeigeverfahren entfallen.

In manchen Bundesländern gibt es ein Anzeigeverfahren mit Genehmigungsoption. Hier müssen Gebäude- oder Wohnungseigentümer ihr Bauvorhaben anzeigen und die zuständige Behörde kann binnen eines Monats erklären, ob sie dennoch ein Genehmigungsverfahren wünscht. Darüber hinaus gibt es weitere Verfahren in anderen Bundesländern.

Hinweis

Es lässt sich keine pauschale Antwort auf die Frage geben, wann und in welchem Umfang eine Baugenehmigung nötig wird. Welche Vorhaben genehmigungsfrei sind, regeln jeweils die Landesbauordnungen. Lesen Sie in der für Sie gültigen Landesbauordnung nach, welche Vorhaben genehmigungsfrei sind. Da die Abgrenzung zwischen verfahrensfreien und genehmigungspflichtigen Bauvorhaben oft nicht einfach ist, sollten Sie sich im Zweifelsfall an die zuständige Bauaufsichtsbehörde wenden.

Der Bebauungsplan ist Maßstab

Ob und in welcher Art Sie um- oder anbauen dürfen, hängt auch von den Angaben im Bebauungsplan des Grundstücks ab. Diese müssen in jedem Fall verbindlich eingehalten werden. Generell geprüft werden muss, ob die geplante Veränderung eine bauliche Anlage im Sinne des § 29 BauGB ist. Zusätzlich muss die Erschließung des Grundstücks gesichert sein.

Nach § 30 BauGB gibt es verschiedene Arten von Bebauungsplänen, wobei zumindest folgende Angaben immer enthalten sein müssen: Art und Maß der baulichen Nutzung, die überbaubare Grundstücksfläche und die örtliche Verkehrsfläche. Bei einem geplanten Um- oder Anbau muss jede dieser vier Angaben entsprechend eingehalten werden.

Welche Baugebietstypen gibt es?

Laut Baunutzungsverordnung (BauNVO) gibt es verschiedene Baugebietstypen. Die für eine Bebauung in der Gemeinde vorgesehenen Flächen werden nach Art ihrer baulichen Nutzung unterteilt in

1. Kleinsiedlungsgebiete (WS),
2. reine Wohngebiete (WR),
3. allgemeine Wohngebiete (WA),
4. besondere Wohngebiete (WB),
5. Dorfgebiete (MD),
6. Mischgebiete (MI),
7. urbane Gebiete (MU),
8. Kerngebiete (MK),
9. Gewerbegebiete (GE),
10. Industriegebiete (GI),
11. Sondergebiete (SO).

Bevor Sie sich zum Erwerb einer Immobilie entschließen, sollten Sie immer Einsicht in den Bebauungsplan bei der zuständigen Gemeinde oder Baubehörde nehmen, um sich über die Ausweisung zu informieren. Einerseits richtet sich der Kaufpreis für ein Gebäude mit Grundstück auch nach den im Bebauungsplan ausgewiesenen Nutzungsmöglichkeiten. Andererseits vermeiden Sie so beispielsweise, eine Immobilie mit tollem Ausblick zu erstehen und nach Jahren plötzlich einen Gewerbebetrieb vor die Nase gesetzt zu bekommen, nur weil Sie nicht beachtet haben, dass sich Ihr Grundstück in einem allgemeinen Wohngebiet oder sogar Mischgebiet befindet.

In reinen Wohngebieten dürfen nach BauNVO nur Wohngebäude errichtet werden. Allerdings können auch hier in Ausnahmefällen Läden, nicht störende Handwerks- und kleinere Beherbergungsbetriebe (Hotels, Pensionen usw.) sowie Anlagen für soziale Zwecke und Wohngebäude, die der Betreuung und Pflege ihrer Bewohner dienen (Alten- oder Pflegeheime), zugelassen werden. Auch Sie können also in solchen Gebieten Ihren Altbau, der bisher ein reines Wohnhaus war, zum Beispiel in ein Pflegeheim umbauen.

Was bedeuten Grund- und Geschossflächenzahl?
Haben Sie vor, Ihren Altbau durch einen Anbau oder eine Aufstockung zu erweitern, müssen Sie die im Bebauungsplan verbindlich aufgeführten Grund- und Geschossflächenzahlen beachten.

Die Grundflächenzahl (GRZ) gibt gemäß BauNVO an, welcher Anteil Ihres Grundstücks insgesamt bebaut werden darf. Dürfen beispielsweise 45 % bebaut werden, so beträgt die ausgewiesene GRZ 0,45. Der Wert eins würde bedeuten, dass das gesamte Grundstück zugebaut werden darf, ein Wert größer als eins ist nicht möglich. Die GRZ ergibt sich, indem die Grundfläche, also die bebaute oder überbaubare Fläche, durch die Grundstücksfläche geteilt wird.

Die Geschossflächenzahl (GFZ) bezieht sich auf die Ausmaße des Gebäudes in allen Vollgeschossen. Dazu wird die Fläche auf Basis der äußeren Maße berechnet (siehe folgendes Beispiel) und im Eingabeplan angegeben. Als Vollgeschosse gelten normalerweise solche, die über mindestens der Hälfte ihrer Grundfläche eine lichte Höhe – das Maß von der Oberkante des fertigen Fußbodens bis zur Unterkante der fertigen Decke – von 2,20 m oder mehr haben und deren Deckenunterseite im Mittel mindestens 1,40 m über der Geländeoberfläche liegt. Ein ausgebautes Dachgeschoss gilt nur dann als Vollgeschoss, wenn es die genannte lichte Höhe auf über zwei Dritteln der Grundfläche des darunterliegenden Geschosses hat.

Beispiel: Die Geschossflächen

Ihr Erdgeschoss hat die inneren Maße 12 × 8 m und somit eine Wohnfläche von 96 m^2. Die Außenwanddicke beträgt 40 cm, also sind die Außenmaße 12,40 × 8,40 m. Das Vollgeschoss hat demnach eine Fläche von 104,16 m^2. Haben Sie noch ein ausgebautes Dachgeschoss, muss das hinzugerechnet werden. In diesem Fall wären das 69,44 m^2 (zwei Drittel von 104,16 m^2). Insgesamt ergeben sich 173,60 m^2 Geschossfläche.

Beim Dach bleiben alle Hohlräume zwischen oberster Decke und Dachhaut unberücksichtigt, die wegen der erforderlichen lichten Höhe nicht als Aufenthaltsräume genutzt werden können. Bestimmte unbewohnbare Räume unter dem Dach (Spitzböden) gelten nicht als oberstes Geschoss. Ein Keller gilt ebenfalls nicht als Vollgeschoss im Sinne der BauNVO, wenn seine Decke komplett tiefer als 1,40 m unter der Geländeoberfläche liegt, auch wenn seine Räume eine lichte Höhe von 2,20 m haben.

In § 17 der BauNVO finden Sie Obergrenzen der GRZ und der GFZ für bestimmte Baugebiete. So beträgt zum Beispiel in Wohngebieten die GRZ maximal 0,4, die GFZ 1,2. Der Bebauungsplan darf niedrigere, aber nie höhere Werte festlegen.

Beispiel

Ihr Grundstück ist 624,50 m^2 groß, die GRZ ist 0,4. So ergibt sich eine bebaubare Fläche von 256,20 m^2 (624,50 m^2 × 0,4). Der vorhandene Altbau darauf ist ein Haus mit zwei Vollgeschossen mit insgesamt 173,60 m^2 (vgl. Beispiel oben). Die GFZ beträgt 1,2. Multipliziert man diese mit 624,5 und teilt durch zwei (Anzahl der Geschosse), ergeben sich maximal 374,70 m^2 pro Geschoss. Sie liegen daher mit Ihrem Haus im zulässigen Bereich. Wollen Sie das Gebäude beispielsweise durch einen Anbau erweitern, ist eine entsprechende Neuberechnung notwendig.

Die genannten Werte für GRZ und GFZ sind jedoch nicht zwingend in einem Bebauungsplan vorgeschrieben. So kann durchaus statt dieser Zahlen auch nur die Begrenzung der Firsthöhe für Häuser festgeschrieben sein. Gemäß BauGB können

Ausnahmen gelten, die im Bebauungsplan nach Art und Umfang ausdrücklich vorgesehen sind. In besonderen Fällen kann auch eine Befreiung vom Bebauungsplan erfolgen, was im Ermessen der zuständigen Behörde liegt.

In jeder LBO werden auch die zulässigen Grenzabstände zwischen Gebäuden geregelt. Die für Sie relevanten Angaben können Sie der entsprechenden LBO entnehmen bzw. bei Ihrer Baubehörde erfragen. Da die jeweiligen Berechnungen oft sehr kompliziert sind, sollten Sie diese Werte ggf. auch von dem von Ihnen beauftragten Architekten berechnen lassen.

Mehrwert durch Verbesserung des Wohnstandards
Durch eine Verbesserung des Wohnstandards können Sie Ihre Immobilie deutlich aufwerten. Zentrale Ausstattungsmerkmale sind dabei die Qualität der Sanitär-, Heizungs- und Elektroinstallationen sowie die Fenster. Eine Erneuerung der Heizanlage beispielsweise steigert den Gebrauchswert Ihrer Immobilie ebenso wie das Ersetzen von 20 Jahre alten Isolierglasfenstern durch Verglasungen, wie sie die EnEV 2014 fordert.

Bezogen auf die zentralen Ausstattungsmerkmale verwendet der Bundesfinanzhof (BFH) die Wohnstandardkategorien

- »sehr einfach«,
- »mittel« und
- »sehr anspruchsvoll (gehoben)«.

Sehr einfacher Wohnstandard bedeutet, dass die den Nutzwert des Gebäudes bestimmenden Installationen »nur im nötigen Umfang oder in einem technisch überholten Zustand vorhanden sind«. Dazu zählen beispielsweise eine unzureichende Elektroversorgung, technisch veraltete Heizungsanlagen, Einfachverglasung oder das Fehlen von Installationsgegenständen im Bad.

Mittlerer Wohnstandard genügt laut BFH durchschnittlichen oder höheren Ansprüchen. Detaillierte Angaben werden nicht gemacht.

Ein sehr anspruchsvoller (gehobener) Standard geht über das rein Zweckmäßige des mittleren Wohnstandards hinaus. Hier versucht man »das Mögliche, vor allem durch den Einbau außergewöhnlich hochwertiger Materialien«. Ausstattungsmerkmale sind Aufzüge, Tiefgaragen und Ähnliches.

Hinweis

Durch Umbauten oder Modernisierungen, vor allem an den maßgeblichen Einrichtungen, können Sie den Standard Ihrer Immobilie deutlich verbessern. Das steigert nicht nur den Wert der Immobilie, sondern Sie können als Vermieter auch den Mietzins erhöhen.

So erlangen Sie eine Baugenehmigung für Änderungen

Um eine Baugenehmigung zu erhalten, muss ein Bauantrag gestellt werden. Dieser darf in den meisten Fällen nur von einem Bauvorlageberechtigten – beispielsweise einem Architekten, Bauingenieur oder Handwerksmeister – eingereicht werden. Je nach Bundesland und Gemeinde gibt es außerdem unterschiedliche Formulare. Die Bauvorlagen werden dann zusammen mit den ausgefüllten Formularen direkt beim Bauamt eingereicht.

Zu den Bauvorlagen zählen:

- der (katasteramtliche) Lageplan – meist ein Auszug aus der Liegenschaftskarte im Maßstab 1 : 1.000 bzw. 1 : 500 –, den Sie je nach Bundesland beim Katasteramt, bei einem öffentlich bestellten Vermessungsingenieur oder einem Sachverständigen für das Vermessungswesen erhalten,
- die Bauzeichnungen im Maßstab 1 : 100 für alle Geschosse des Gebäudes und mindestens ein Schnitt (meist durch das Treppenhaus), wobei die geplanten Änderungen farblich markiert werden,
- eine ausführliche Baubeschreibung mit Angabe der zu verwendenden Baustoffe und Bauteile sowie der Ausstattung mit technischen Einzelheiten,
- Nachweise der Baustatik, soweit es die vorgesehenen baulichen Änderungen betrifft, des Wärmeschutzes und eventuell auch des Schallschutzes,
- der Entwässerungsplan mit zeichnerischer Darstellung der Abwasserleitungen für Schmutz- und Regenwasser (in manchen Gemeinden ist das auch nur ein gemeinsamer Kanal), soweit an den Leitungen wegen des Umbaus Änderungen vorgenommen werden müssen.

Den Antrag müssen der Verfasser des Plans und der Bauherr gemeinsam unterschreiben. Achten Sie unbedingt darauf, dass Ihr Antrag vollständig abgegeben wird. Ist dies nicht der Fall, müssen Sie mit Verzögerungen und möglichen Nachfragen rechnen. Zwar sind alle Ämter angehalten, Anträge schnell zu bearbeiten, doch kann das je nach Bundesland und Gemeinde sehr unterschiedlich lang dauern. Ihr Antrag kann in sechs Wochen bearbeitet sein, das kann aber auch mehrere Monate in Anspruch nehmen. Wie schnell es geht, hängt auch davon ab, ob die Unterlagen komplett eingereicht wurden.

! **Tipp**

Viele Bauämter bieten mittlerweile ein Online-Serviceportal an. Nach dem Log-in können Sie nachvollziehen, welchen Stand der Bearbeitung Ihr Bauantrag aktuell hat. Fehlen in Ihrem Antrag bestimmte Unterlagen, beispielsweise Nachweise und Bescheinigungen, können Sie diese dort als Textdokument, pdf oder Foto hochladen. Log-in und Passwort erhalten Sie bei der Eingangsbestätigung des Antrags.

Hat die Behörde den Bauantrag geprüft und bewilligt, erhalten Sie eine Baugenehmigung. Dieser Verwaltungsakt wird nach Ablauf einer bestimmten Zeit (Rechtsbehelfsfrist) bestandswirksam. Sie als Bauherr haben danach keine Möglichkeit mehr, dagegen Einspruch zu erheben. Prüfen Sie deshalb umgehend den Ihnen zugeschickten Bescheid, um Fristen zu wahren. Das ist besonders wichtig, wenn die erteilte Genehmigung in einzelnen Punkten von Ihrem eingereichten Bauantrag abweicht. Innerhalb der vorgegebenen Frist haben Sie dann die Möglichkeit, nachträglich Änderungen in Ihren Unterlagen vorzunehmen und diese nachzureichen.

! **Hinweis**

Für bestimmte Bauvorhaben ist ein vereinfachtes Genehmigungsverfahren vorgesehen. Das kann für Umbauten, Anbauten und Wohngebäude bis zu drei Vollgeschossen gelten, wenn sie Teil eines qualifizierten Bebauungsplans sind und die Erschließung gesichert ist. Beim vereinfachten Genehmigungsverfahren werden nur bestimmte Punkte der Bauvorlage geprüft. Die Baugenehmigung gilt dann innerhalb einer Frist, zum Beispiel sechs Wochen nach Einreichen der Bauunterlagen, automatisch als erteilt, wenn dem Bauherrn von der Baubehörde nichts anderes mitgeteilt wird. Auch beim einfachen Genehmigungsverfahren sind alle üblichen Unterlagen einzureichen.

Bedenken Sie, dass eine Baugenehmigung immer nur für einen bestimmten Zeitraum gilt. Diese Geltungsdauer ist in der LBO verankert und beträgt meist drei Jahre. Sollte innerhalb dieser Zeitspanne nicht mit den von Ihnen beantragten baulichen Maßnahmen begonnen werden oder die begonnene Bauausführung für längere Zeit eingestellt werden, erlischt die komplette Baugenehmigung. In solchen Fällen sollten Sie umgehend eine Verlängerung der Baugenehmigung beantragen. Dieser begründete Antrag ist nur wirksam, wenn er vor Ablauf der Frist bei der Behörde eingeht. In den meisten Bundesländern wird eine Verlängerungsfrist von einem Jahr gewährt.

Um eine zügige Bearbeitung Ihres Bauantrags zu sichern, ist bei Planungsunsicherheit eine Bauvoranfrage bzw. ein Bauvorbescheid empfehlenswert. Sie und Ihr Architekt lassen damit einzelne kritische Punkte Ihres Bauvorhabens von der zuständigen Behörde vorab verbindlich prüfen, beispielsweise ob Sie eine andere Dachneigung als die im Bebauungsplan eingetragene ausführen dürfen, um mehr Wohnraum im Dachgeschoss zu erhalten. Wird diese Frage von der Behörde in Ihrem Sinne beantwortet, können Sie sich darauf verlassen, dass im späteren Baugenehmigungsverfahren in diesem Punkt nicht zu Ihren Ungunsten entschieden wird, denn ein Bauvorbescheid bindet die Behörde an ihre Zusage. Auch finanziell ist eine Bauvoranfrage meist deutlich günstiger als die von der Behörde für nachträgliche Änderungen geforderten Auflagen. Deshalb empfiehlt sie sich immer dann, wenn einzelne Punkte Ihrer Planung risikobehaftet erscheinen.

Tipp !

Eine Bauvoranfrage gilt wie eine Baugenehmigung nur für einen begrenzten Zeitraum. Sie haben die Möglichkeit, auch hier eine Verlängerung zu beantragen. Die Voranfrage ersetzt aber in keinem Fall die notwendige Baugenehmigung.

Sollte die zuständige Behörde Ihnen eine Baugenehmigung zu Unrecht verweigern, können Sie vor dem zuständigen Verwaltungsgericht auf Erteilung der Genehmigung klagen. Vorher müssen Sie allerdings bei der Behörde innerhalb eines Monats Widerspruch gegen den Ablehnungsbescheid einlegen. Haben Sie den Widerspruchsbescheid erhalten, müssen Sie innerhalb eines Monats eine Verpflichtungsklage vor dem Verwaltungsgericht erheben. Bei Erfolg wird das Gericht die Genehmigungsbehörde zur Erteilung der Baugenehmigung verurteilen.

Ihr Grundstücksnachbar kann unter bestimmten Voraussetzungen eine bereits erteilte Baugenehmigung anfechten. Dafür muss er nachweisen, dass eine Verletzung öffentlicher Vorschriften vorliegt. Solche Klagen gibt es häufig bei Streitereien über die Einhaltung von Grenzabständen und über nachträgliche Anbauten.

1.10 Schritt zehn: Was ist im Kaufgespräch besonders wichtig?

Wer ein Kaufgespräch erfolgreich führen will, sollte sich gut vorbereiten. In der Regel sind Kaufgespräche über Altbauimmobilien Verhandlungen. Es ist nicht so, wie meistens bei Neubauten, dass der Anbieter einen Preis festlegt, an dem nur wenig zu rütteln ist. Bei Altbauten müssen Sie sich Ihr eigenes Bild machen und für sich klären, was Ihnen die Immobilie, die Sie kaufen wollen, »wert ist«.

Verlangen Sie auf jeden Fall einen Grundbauchauszug

Um vor unliebsamen Überraschungen geschützt zu sein, verlangen Sie beim ersten Verkaufsgespräch gleich einen Grundbuchauszug, damit Sie sicher sein können, auch wirklich mit einem autorisierten Verkäufer zu verhandeln.

Lassen Sie sich außerdem den kompletten und von der zuständigen Baubehörde genehmigten (das heißt abgestempelten) Eingabeplansatz im Maßstab 1 : 100 zeigen. Dieser besteht mindestens aus Kopien des amtlichen Vermessungsplans des Grundstücks, allen Hausgrundrissen, einem Hausquerschnitt und eventuell der geprüften Statik.

Auch den Energieausweis der Immobilie sollten Sie einsehen. Der Verkäufer ist gesetzlich verpflichtet, Ihnen als Interessenten spätestens bei der Besichtigung dieses Dokument vorzulegen, damit Sie sich ein Bild von den energetischen Kennwerten des Gebäudes machen können.

> **!** **Tipp**
>
> Wenn Sie ein Fertighaus kaufen, verlangen Sie die vom Hersteller geprüfte Typenstatik, damit Sie sehen, ob nachträgliche An- oder Umbauten möglich sind.

Holen Sie fachlichen Rat ein

Grundsätzlich ist es ratsam, vor der Entscheidung, ein bestimmtes Haus zu kaufen, einen Fachmann einzuschalten. Das kann ein Architekt Ihres Vertrauens oder ein öffentlich bestellter und vereidigter Bausachverständiger sein. Erkundigen Sie sich bei der in Ihrer Stadt oder Ihrem Landkreis zuständigen Handwerks-, Ingenieurs- oder Architektenkammer nach Gutachtern. Die Kosten für ein Gutachten, für das der Sachverständige dann auch haften muss, sind relativ niedrig gemessen an den Kosten, die auf Sie zukommen können, wenn Sie vorschnell und nur nach Augenschein kaufen.

Tipp !

Gerade bei Altbauten ist es wichtig, sich Zeit für eine Entscheidung zu nehmen. Lassen Sie sich niemals vom Verkäufer oder Makler unter Druck setzen. Sogenannte Schnäppchen, Sonderangebote oder Notverkäufe entpuppen sich später sehr oft als »Geldgrab«.

Seien Sie möglichst up to date!

Halten Sie sich, was neue Angebote in Ihrer Region angeht, immer auf dem aktuellen Stand, indem Sie zum Beispiel die Anzeigen in Immobilienportalen wie immobilienscout24.de oder den Tageszeitungen anschauen, die Angebote der Banken und Bausparkassen sichten oder einen Makler konsultieren. So können Sie schon bei der ersten Besichtigung das Verkaufsangebot gut einschätzen.

Was tun bei Betrug oder Falschauskunft?

Einen Immobilienkauf rückgängig zu machen ist kaum möglich, es sei denn, Sie können einen bewussten Betrug oder eine Falschauskunft während der Beratungs- bzw. Verkaufsgespräche nachweisen. Zur Absicherung sollten deshalb bei solchen Gesprächen immer vertrauenswürdige Zeugen wie Verwandte, Freunde oder ähnliche Personen anwesend sein. Halten Sie außerdem die wichtigsten Punkte während oder direkt nach dem Gespräch in einem schriftlichen Protokoll fest.

Im Anschluss finden Sie eine Checkliste, mit der Sie Ihren Immobilienkauf sorgfältig vorbereiten können. Sie hilft Ihnen dabei, die wichtigen Fragen, Einsichten und Informationen im Blick zu behalten und den Überblick über die vielfältigen Themen, die Sie auf dem Weg zu Ihren eigenen vier Wänden beschäftigen werden, zu bewahren.

ARBEITSHILFE ONLINE

Checkliste: Vorbereitung eines Immobilienkaufs
1. Schritt: Wie sieht Ihr Traumhaus bzw. Ihre Traumwohnung aus?
Notieren Sie die wichtigsten Stichwörter, mit denen Sie Ihr Traumhaus oder Ihre Traumwohnung skizzieren und anderen beschreiben können.
2. Schritt: Welche Anforderungen soll die Immobilie erfüllen?
Notieren Sie hier, worin für Sie der Nutzen der Immobilie besteht.

3. Schritt: Welche Räume werden benötigt und wie groß sollen sie sein?
Um diese Frage zu klären, können Sie die Checkliste in Kapitel 1.3 verwenden (steht als Arbeitshilfe online zur Verfügung). Errechnen Sie auch die Summen für unterschiedliche Bereiche sowie die Gesamtsumme der gewünschten Quadratmeter.
4. Schritt: Wie soll die Immobilie bautechnisch aussehen?
Beschreiben Sie, welche technischen Anforderungen Ihre Immobilie erfüllen soll. Legen Sie sich dazu eine Liste an, die Sie sich über längere Zeit immer wieder vornehmen können, um Themen und Details zu ergänzen oder zu verändern.
5. Schritt: Entsprechen Grundstück und Standort den eigenen Vorstellungen?
Sobald Sie eine Immobilie ins Auge gefasst haben, beginnen Sie damit, sie auf Ihre Vorstellungen und Anforderungen hin zu prüfen. Dazu gehören neben der Immobilie selbst die Umgebung, die Infrastruktur und ggf. das Grundstück.
6. Schritt: Was lässt sich umbauen? Was muss modernisiert werden?
Prüfen Sie und planen Sie, ob die Immobilie, die Sie eventuell kaufen wollen, möglicherweise in manchen Bereichen modernisiert werden sollte oder muss oder Ihren Anforderungen entsprechend umgebaut werden sollte. Gerade wenn es um die Frage der Finanzierung über einen Kredit geht, sind dies wichtige Informationen für Ihre Bank, die wissen will, wie sich der Wertgewinn der Immobilie entwickeln wird.
7. Schritt: Ist der Kaufpreis angemessen?
Bevor Sie bei einer Immobilie zuschlagen, müssen Sie selbstverständlich den Kaufpreis genau prüfen. Informieren Sie sich über die marktüblichen Preise und zerlegen Sie dazu den Gesamtpreis in Einzelbestandteile.
8. Schritt: Wie lässt sich die Finanzierung gestalten?
In der Regel besteht die Finanzierung aus Eigenkapital und Krediten. Berechnen Sie zunächst Ihr Eigenkapital und ermitteln Sie dann, wie viel Geld Sie zur Finanzierung noch benötigen, wie hoch also Ihr zusätzlicher Investitionsbedarf ist. Lassen Sie sich immer von verschiedenen Finanzierern Angebote erstellen. Und prüfen Sie, ob Sie günstige Kredite bei der KfW-Bankengruppe beantragen können.
9. Schritt: Welche baurechtlichen Bestimmungen sind zu beachten?
Prüfen Sie, ob für das Grundstück Auflagen gelten und ob Altlasten vorliegen können. Holen Sie Informationen aus dem Grundbuch ein und prüfen Sie, welche Bauordnung für die Immobilie gilt. Informieren Sie sich, wo Sie Genehmigungen für bauliche Änderungen einholen müssen und welcher Bebauungsplan gilt.

10. Schritt: Was ist im Kaufgespräch besonders wichtig?
Bereiten Sie sich auf das Kaufgespräch gut vor. Legen Sie sich alle wichtigen Informationen zurecht, sodass Sie sie im Gespräch jederzeit zur Hand haben. Setzen Sie sich ein Limit bezüglich der maximalen Kaufsumme.

2 Typische Eigenschaften und Mängel einer Immobilie

Das Baujahr eines Gebäudes sagt bereits viel über dessen bautechnische Eigenschaften aus. Als Käufer einer Bestandsimmobilie gilt es auf diesen Sachverhalt zu achten, um Objekte, die auf dem Markt angeboten werden, hinsichtlich ihrer baulichen Substanz schnell einschätzen zu können.

Tipp !

Wenn Sie das genaue Baujahr eines Gebäudes kennen, können Sie daraus ableiten, in welcher Bauweise und mit welchen Baustoffen es errichtet wurde – und welche Probleme damit möglicherweise verbunden sind.

Bauchemie oder Bauphysik – das Baujahr ist entscheidend

Besonderes Augenmerk sollte den eingesetzten Baustoffen und der Bauchemie gelten. Kritische Stoffe wie Asbest, polychlorierte Biphenyle (PCB), Formaldehyd, Fluorchlorkohlenwasserstoffe (FCKW) usw. gehören heute in die Gruppe der unerwünschten Baumaterialien. Der Verbraucherschutz, der bestimmte Baustoffe als kritisch ansah, begann erst im Lauf der 1980er-Jahre. Von den Bausünden ist allerdings nicht jedes Gebäude betroffen, das früher erbaut wurde. In Häusern, die vor 1950 errichtet wurden, finden sich viel seltener kritische Baustoffe, häufiger ist dies der Fall bei Gebäuden mit Baujahr ab 1950 bis etwa Ende der 1980er-Jahre. Bei Gebäuden, die zwischen 1900 und den 1950er-Jahren gebaut wurden, ist eher die Bauphysik das Problem.

Achtung !

Bei Gebäuden, die in diesem Zeitraum erstellt wurden, sollten Sie vor allem auf Feuchteschutz, Wärmedämmung, Schall- und Brandschutz achten.

Welche Gebäudealtersklassen gibt es?

Um typische Stärken und Schwächen von Häusern zu ermitteln, ist die Zuordnung zu einer Gebäudealtersklasse ein erster Schritt. Allerdings gibt es inzwischen verschiedene Gebäudealtersklassentypen, was die Handhabung nicht immer einfach macht. Der Unterschied bezieht sich meist auf Details der Gebäude wie Baustoffe, Gestaltung, Wohnungszuschnitte und Energieverbrauch.

! **Tipp**

Um typische Schwachstellen von Gebäuden aufdecken zu können, ist es sehr hilfreich, ein Zielobjekt einer der Gebäudealtersklassen zuzuordnen.

Die Wohngebäude werden in folgende Gebäudealtersklassen eingeteilt (Schwerpunkt Baustoffe, Gebäudedetails):

- Gebäudealtersklasse A: bis 1918 (bis Ende des Ersten Weltkriegs),
- Gebäudealtersklasse B: 1919 bis 1945 (von Beginn der Weimarer Republik bis Ende des Zweiten Weltkriegs),
- Gebäudealtersklasse C: 1945 bis etwa 1950 (direkte Nachkriegszeit),
- Gebäudealtersklasse D: 1950 bis 1960 (Aufbaujahre und während der Bauboomzeit),
- Gebäudealtersklasse E: 1960 bis 1970,
- Gebäudealtersklasse F: 1970 bis 1980,
- Gebäudealtersklasse G: ab 1980.

Viele ältere Gebäude wirken auf den ersten Blick interessant, sie bieten den Reiz vergangener Zeiten. Aber nicht immer können sie mit ihrem Erhaltungszustand glänzen. Zwar gibt es auch sehr gut erhaltene Gebäude, doch deutlich häufiger finden sich Objekte mit dem einen oder anderen Mangel. Ein Problem ist die alternde Bausubstanz. Zwar wurden viele ältere Gebäude in den letzten Jahren saniert und modernisiert, doch gerade dann kann es schwieriger sein, die Bausubstanz zu beurteilen. Zum einen ist oft nicht klar, ob Baustoff- oder Baukonstruktionsprobleme gleich mitbeseitigt wurden, zum anderen stellt sich die Frage, wann die Sanierungs- oder Modernisierungsarbeiten stattfanden. Hinweise zur Art der Sanierung und Modernisierung erhalten Käufer aus Rechnungen und Arbeitsbelegen vom Verkäufer, sofern diese noch vorhanden sind – fragen lohnt sich. Hieraus ergibt sich meist das genaue Datum, wann die Arbeiten durchgeführt wurden.

! **Tipp**

Auch aus diesem Grund ist es wichtig, bei der Besichtigung des Gebäudes zu klären, welche Bauschwächen vorhanden sein könnten. Die beste Lösung, wenn nicht ausreichend Erkenntnisse, etwa aus Rechnungen, vorliegen: Lassen Sie den Bauzustand gründlich analysieren und darüber ein Protokoll erstellen, das zusammen mit einem Baufachmann (einem Architekten, Bauingenieur oder öffentlich bestellten und vereidigten Sachverständigen für Baukonstruktion) zu einem bestimmten Datum schriftlich angefertigt wird und auch Fotos enthält.

Die Erstellung eines Gutachtens oder einer Bauwerksanalyse kostet Geld. Doch wer vielleicht mehrere hunderttausend Euro ausgeben wird, sollte vorab bereit sein, mehrere hundert Euro für eine detaillierte Aufschlüsselung möglicher Schwächen zu bezahlen.

Die Gebäudeklasse gibt Auskunft über typische Schwächen, die mit einem bestimmten Baujahr zusammenhängen. Daneben gibt es untypische Schwächen oder Baufehler: Eine Heizung kann beispielsweise schon zwölf oder 15 Jahre nach dem Hausbau defekt sein, während die in einem älteren Haus von 1975 noch prima läuft. Problematisch können auch Anbauten sein, sodass Bauschwächen unterschiedlicher Gebäudealtersklassen zusammenkommen. Angemerkt sei zudem, dass leichte Baufehler auch in vielen neueren Gebäuden vorhanden sind.

2.1 Gebäudealtersklasse A (bis 1918)

Wohngebäude der Klasse A wurden bis etwa 1850 oft in reiner Fachwerkbauweise – nach heutigen Maßstäben mit statisch überdimensionierten Konstruktionen – gebaut, vielfach nachträglich überputzt und im Lauf der Zeit dem Wohnstandard angepasst. Massive Stein- oder Ziegelgebäude gibt es vorwiegend in eher reichen Städten. Der Bau eines Steinhauses war früher teuer und wohlhabenden Personen vorbehalten.

Was zeichnet diese Zeit sonst noch aus?

Etwa 1850 wurde in Deutschland die Normung von Baustoffen eingeführt, was zu einer Änderung der Baukonstruktion (Statik) und zum Einsatz meist industriell hergestellter Baustoffe führte. Damit einher ging die bautechnische Umstellung weg von hölzernen Fachwerkkonstruktionen hin zu Mauerwerksbauten. Vielfach wurde deutlich erkennbares Mauerwerk (Sichtmauerwerk) in den Fassaden eingesetzt. Heute stehen Wohngebäude der Klasse A meist unter Denkmalschutz. Wohngebäude mit mehr als vier Geschossen findet man hier selten. Meist haben die Häuser ein bis zwei Geschosse, oft keinen Dachausbau.

Tipp !

Geklärt werden sollte, ob ein Dachausbau möglich und mit welcher Wohnfläche dadurch ungefähr zu rechnen ist.

Merkmale der Gebäudealtersklasse A

- Die Wände sind einschalig, 25 cm bis 51 cm dick aus Vollziegel- oder Naturstein gemauert, häufig verklinkert oder verputzt. Die Fassaden wurden teilweise mit Stuck- oder Mauerwerksornamentik optisch gestaltet.
- In Küstennähe findet sich auch zweischaliges Sichtmauerwerk, teilweise mit Luftschicht, jedoch ohne zusätzliche Wärmedämmung.
- Typisch für bestimmte Regionen sind hölzerne Fachwerkkonstruktionen mit Lehmausfachung. Die Fassaden sind regional farblich unterschiedlich gestaltet und mit Schnitzereien versehen, die Außenfassaden gestrichen, es fehlt eine zusätzliche Wärmedämmung.
- Meist mit Tondachziegeln, Naturschiefer oder Reet eingedeckt, ab Normeneinführung (im Jahr 1850) mit Betondachsteinen oder Metall, nach Sanierung in den Kriegsjahren oft mit Bitumendachpappe, Dachraum nicht wärmegedämmt.
- Dachsparren innen sichtbar belassen, keine Wärmedämmung und Luftdichtheit, oft »offene« Dachböden, Dacheindeckung vermörtelt oder regional mit Pappnoppen.
- Meist mit Bauglas einfach verglaste Holzsprossenfenster mit Holzrahmen, regional (meist Süddeutschland und Küstenbereich) als Kastenfenster ausgeführt, deren äußerer Flügel im Sommer ausgehängt wurde.
- Die Kellerdecken sind gemauerte Gewölbedecken oder Holzbalken mit Holzdielen, dazwischen Ascheschüttung, unterseitig Lehmschlag oder Putz auf Rohrgeflecht (bei Holzdecken), nach etwa 1850 verstärkt Massivdecken aus Stahlträgern (dazwischen Ziegelplatten oder Ortbeton), später auch Ziegeldecken.
- Wegen unzureichender Abdichtung gegen Erdfeuchte und Druckwasser sind besonders die im Erdreich liegenden Geschosse häufig feucht oder in der Bausubstanz beschädigt.
- Als Geschoss- bzw. Zwischendecken meist Holzbalkendecken mit Sand-, Lehm- oder Schlackenfüllung, oberseitig mit Dielung, oft auch bei Nassräumen mit Fliesen oder Terrazzo, selten kommen Ortbetondecken vor, Schallschutz oft unzureichend.

Auf diese Probleme sollten Sie bei der Besichtigung besonders achten:

- fehlende Wärmedämmung,
- schlechter Schallschutz,
- feuchte Wände im Keller und teilweise im Erdgeschossbereich wegen der unzureichenden Abdichtung gegen Erdfeuchte und Druckwasser,
- feuchtes Mauerwerk führt zur Schädigung der Bausubstanz.

Festgestellt werden muss einerseits immer, welcher Aufwand nötig ist, um die Schäden zu beseitigen, andererseits muss der oder die Käufer/in auch nach den Arbeiten mit einer gewissen Unvollkommenheit des Gebäudes nach heutigen Maßstäben leben können und wollen. Nicht immer erscheint das, was machbar ist, auch sinnvoll, denn gerade ältere Gebäude haben ihren ganz eigenen Charme. Wer auf eine optimale Wärmedämmung Wert legt, wird mit einem Altbau sicher nicht glücklich werden.

Gerade viele ältere Mietshäuser wurden ohne Toiletten im Haus errichtet. Später baute man dann Aborte nachträglich ins Treppenhaus zwischen den Etagen ein. Je nach Standard gab es dafür Spülsysteme, Tonnensysteme und das Grubensystem, wobei alle Toiletten übereinander an einem Fallrohrstrang zwischen den Etagen angeordnet waren.

Die Wohnräume wurden zunächst mit Einzelöfen beheizt. Später erhielten viele Mietshäuser im gehobenen Wohnsegment eine zentrale Heizanlage, die von Hand beschickt werden musste. Dazu gab es im Keller groß bemessene Heizräume und »Kohlenkeller« mit direktem Fensterzugang (Kohleschüttgang) zur Straße. In den Räumen waren regelbare Gussheizkörper vorhanden, wobei die gesamte, groß dimensionierte Rohrinstallation unverkleidet sichtbar auf der Wand geführt wurde.

2.2 Gebäudealtersklasse B (1919 bis 1945)

Glänzten ab etwa 1900 viele Gebäude mit ihren opulenten Jugendstilfassaden, so änderte sich dies nach dem Ersten Weltkrieg schlagartig. Von da an wurden bis zur Weltwirtschaftskrise eher einfachere Häuser mit schlichteren Fassaden gebaut. Zeitgleich wurde die Gartenstadtarchitektur eingeführt, die in Deutschland ab etwa 1900 in der Nähe größerer Städte begann, sie wurde zwischen den Kriegen und auch danach noch fortgeführt. Diese Wohnhäuser sind bis heute meist sehr beliebt und daher – zum Teil – nur zu entsprechenden Preisen zu bekommen.

Insgesamt war die Zeit zwischen den Kriegen baulich besonders durch den kriegsbedingten Materialmangel und die sich daraus ergebende Materialqualität bei den Baustoffen gekennzeichnet. Hinzu kamen Ausführungsmängel durch fehlende Facharbeiter am Bau. Aus heutiger Sicht weisen viele Gebäude dieser Zeit Mängel auf, die damals jedoch nicht zu beanstanden waren. Dazu zählt der Trittschallschutz, aber auch der allgemeine Schallschutz zur Straße. Damals waren noch relativ wenige Fahrzeuge auf den Straßen unterwegs, das sieht heute vielerorts ganz anders aus. Hier fehlt der Schallschutz in Hinblick auf den Straßenverkehr zum Teil komplett. Ein anderer Punkt ist der Mindestwärmeschutz. Er ist allenfalls eingeschränkt vorhanden oder wurde erst später bei Sanierungen nachgerüstet, nach heutigen Normen weist er deutliche Schwächen auf.

!

Tipp

Feuchtigkeit im Keller kommt bei Bauten dieser Altersklasse häufiger vor, da die Isolierung mit der Zeit schwächelt. Daher ist bei der Begehung ein Feuchtigkeitsmessgerät für Wände ein Muss, da sich Feuchtigkeit nicht immer offensichtlich erkennen lässt. Der Messwert sollte unter 80 bleiben, ab dieser Messgröße handelt es sich um einen feuchten Keller. Gemessen werden muss immer mehrfach an einer Wand in unterschiedlichen Höhen. Ein gutes Gerät kostet etwa 50 EUR oder mehr – eine mehr als sinnvolle Ausgabe.

Merkmale der Gebäudealtersklasse B

- Außenwände wurden oft nur 24 cm dick aus Voll- oder Lochziegeln, Hohlblocksteinen, Mauersteinen aus Steinschutt (ein besonders für den Wiederaufbau entwickeltes Verfahren, bei dem der Gebäudeschutt mitverwertet wurde, Hersteller zum Beispiel Firma Brenntag) mit Putz- oder Klinkerfassaden errichtet, keine zusätzliche Wärmedämmung.
- Dächer sind meist mit Dachziegeln, Betondachsteinen, Bitumendachbahnen oder Metall eingedeckt und entweder nicht oder nur geringfügig wärmegedämmt, Kamine und Kaminköpfe meist gemauert.
- Fenster und Fenstertüren fast immer als Holzfenster mit Sprossen, Einscheibenfensterglas mit Holzrahmen, regional auch Holzkastenfenster und Holzklappläden, ohne umlaufende Dichtung.
- Kellerdecken ähnlich wie bei Klasse A, teilweise bereits als Hohlsteindecken oder Ortbetondecken ausgeführt, unterseitig roh belassen oder verputzt, unzureichender Schall- und Wärmeschutz.
- Obergeschoss- und Zwischendecken als Holzbalkendecken oder Ortbetondecken, Montagedecken aus Betonträger mit Ziegel- oder Leichtbetonformkörper eingeschoben, unterseitig geputzt, oberseitig mit Holzdielen oder Estrich mit keramischen Bodenbelägen, Linoleum oder Naturstein belegt, unzureichende Schall- bzw. Wärmedämmung.

2.3 Gebäudealtersklasse C (1945 bis 1950)

In diesen Jahren kamen viele Vertriebene aus den ehemaligen Ostgebieten, zudem Flüchtlinge aus der sowjetisch besetzten Zone (SBZ, später DDR) nach Westdeutschland. Diese Zeit war von Wohnungsmangel geprägt, es kam daher weniger auf die Größe der Wohnung als auf ein vernünftiges Dach über dem Kopf an. Bauwerke, die nach dem Zweiten Weltkrieg entstanden sind, wurden gerade in der Anfangszeit noch mit qualitativ minderwertigen Baumaterialien errichtet, zudem herrschte Materialknappheit. Man verbaute, was vorhanden war – häufig Steine aus dem Schutt – und verwendete zur Herstellung von Magerbeton einfach den zerkleinerten Ruinenschutt. Die in dieser Zeit errichteten Gebäude zeichnen sich zwar durch eine gute Statik aus, verfügen aber nur über einen geringen wohnlichen Standard.

Aufpassen sollte man vor allem beim Dach. Nicht dass hier schon beim Bau gepfuscht wurde – was natürlich vorkam –, viele dieser Häuser in den Städten wurden im Zweiten Weltkrieg beschädigt, die Dächer waren besonders betroffen. Nach dem Krieg wurden dann mit billigem Baumaterial die einst prächtigen Häuser schnell wieder bewohnbar gemacht. Wurden diese Häuser später nicht saniert, droht ein undichtes Dach oder, noch schlimmer, Hausschwamm oder Ungezieferbefall in den Balken des Dachstuhls. Derartige Schäden sind häufig schon zuvor aufgetreten, wurden aber unsachgemäß beseitigt. Daher gilt auch hier: Ohne eine genaue Besichtigung des Daches sowohl von innen wie von außen – nicht kaufen! In solchen Situationen sind Dachdecker die richtigen Ansprechpartner.

Achtung !

Der Hausschwamm kann als unliebsamer Mitbewohner auch in die hölzernen Geschossdecken eingezogen sein, falls dort genug Feuchtigkeit vorhanden war. Hausschwammbefall ist ein schwerer Baumangel und muss in einigen Bundesländern gemeldet werden. In diesem Fall muss ein Gutachter ein genaues Schadensbild erstellen und Maßnahmen vorschlagen. Die Kosten für die Beseitigung können schnell in die Zehntausende gehen. Auch wenn der Immobilienwunsch noch so groß ist, auf den Erwerb einer befallenen Immobilie sollte verzichtet werden.

Hinweis !

In Ostdeutschland blieb Materialknappheit bis zur Wende 1989 ein Problem. Das heißt auch, dass später als 1950 errichtete Gebäude und ältere Gebäude, die zwischenzeitlich modernisiert wurden, häufig unter der Qualität des Materials leiden. Was sich in Westdeutschland schon Anfang der 1950er-Jahre deutlich besserte, blieb in der ehemaligen DDR erhalten.

Merkmale der Gebäudealtersklasse C

- Einfache Streifenfundamente meist aus Stampfbeton, der unter anderem aus Gebäudeschutt hergestellt wurde.
- Wände wurden aus gereinigten, alten Mauerziegeln gemauert, auch aus Ziegelsplittbeton.
- Geschossdecken stellte man aus Ziegelbetonsteinen oder Kiesbeton her, teilweise aus Holzbalken, die aus den Ruinen gerettet werden konnten.
- Dachstühle wurden meist aus frisch geschlagenem Holz (Kiefer, Fichte) oder aus alten Dachstühlen in einfacher Konstruktion gezimmert und unmittelbar auf die Decke aufgelegt.
- Die Eisenrohre und Anschlüsse der Sanitärversorgung lagen ursprünglich oft sichtbar »auf Putz«, ein »Plumpsklo« befand sich meist zwischen den Geschossen im Treppenhaus, Toiletten mit Wasserspülung waren selten.
- Soweit überhaupt vorhanden, gab es Einzelöfen und Gaslicht, im Lauf der Zeit setzte man das Stadtgas auch zum Heizen und Kochen mit Gasöfen sowie zur Warmwasserbereitung ein.
- Die Kabel für die Elektroversorgung verliefen oft wahllos an den Wänden und Decken entlang.

2.4 Gebäudealtersklasse D (1950 bis 1960)

Die Wohngebäude, die zwischen 1950 und 1960 errichtet wurden, sind gekennzeichnet von dem in Deutschland beginnenden wohnungswirtschaftlichen Aufbau. Es wurde möglichst kostensparend gebaut und die Konstruktion entsprechend darauf abgestimmt. Schwachstellen sind besonders das Dach, die nachlassende Isolierung im Keller und die Elektrik, teilweise auch Heizungen. Ein Trittschallschutz im Gebäude ist gerade in den Anfangsjahren fast unbekannt, das Gleiche gilt für den Wärmeschutz zwischen den Geschossdecken. Der Wärmeschutz wurde trotz DIN-Normung nicht unbedingt eingehalten.

Mit den Wirtschaftswunderjahren kamen auch bei Einfamilienhäusern Balkone in Mode. Die Dichtheit stellt teilweise ein Problem dar, was nicht immer gleich erkennbar ist. Schwierigkeiten können die Bodenfläche und die Dichtheit zur Wand verursachen. Hier kann durch feine Risse Wasser eindringen und Feuchtigkeitsschäden im Erdgeschoss verursachen. Die Zu- und Abwasserrohre bilden ebenfalls eine Schwachstelle, es wurden Bleirohre verwendet. Auch Einzelöfen pro Etage waren noch üblich. Darüber hinaus ist ein Blick auf die Elektronik nötig. Damals wurden noch zweipolige Anschlüsse verbaut. Das ist heute nicht mehr zulässig, es gibt aber einen Bestandsschutz. Bei einer Sanierung muss allerdings das zweipolige System zu einem dreipoligen umgerüstet werden.

Tipp !

Gute, in Schuss gehaltene Wohnungen oder Häuser aus dieser Zeit sind immer noch verhältnismäßig günstig, in ländlichen Gebieten wartet sogar das ein oder andere Schnäppchen auf Käufer.

Mit den Wirtschaftswunderjahren entstand eine neue Architekturlinie – man wollte Amerika nacheifern und baute verstärkt »Hochhäuser«. Die »Hochhausgrenze« wurde bautechnisch und genehmigungspflichtig mit acht Geschossen definiert. Bei diesen Gebäuden gab es im Nachhinein vermehrt Probleme mit den Fassaden und deren Bekleidung sowie mit den bei hohen Gebäuden üblichen Flachdächern, vor allem hinsichtlich der Abdichtung.

Merkmale der Gebäudealtersklasse D

- Die Außenwände wurden aus Voll- und Lochsteinen (Tonziegel, Kalksandsteine, Betonhohlblocksteine, Leichtbetonsteine, »Gasbeton«) gemauert oder aus Ortbeton bzw. vereinzelt aus Beton-Sandwichelementen mit zwischenliegender Wärmedämmung erstellt. Sie wurden verputzt, mit Fassadenelementen – hinterlüftet oder unbelüftet – bekleidet oder bereits mit Wärmedämmverbundsystemen (WDVS) gedämmt. Die Mindestanforderungen des baulichen Wärmeschutzes nach DIN 4108 wurden eingehalten.
- Auch die Dächer wurden nach DIN 4108 wärmegedämmt. Beim Steildach wurden Holzsparren verwendet: unbekleidet, mit mineralisierten Holzwolleleichtbauplatten und raumseitig verputzt oder mit Gipskartonplatten bekleidet, oft mit Mineralwollesteppmatten unter der Dachlattung gedämmt. Bei Flachdächern wurden sogenannte Kaltdächer ohne Belüftung oder Warmdächer mit Belüftung ausgeführt. Als Wärmedämmstoffe verwendete man meist Mineralwolledämmstoffe, Polystyrolhartschaumplatten sowie Holzwolleleichtbauplatten. Die Steildächer im Mehrgeschossbau wurden selten ausgebaut und wärmegedämmt. Die Dacheindeckung erfolgte mit Tondachziegeln, Betondachsteinen, Asbestzementwellplatten, Metallwellplatten, Bitumen- oder Kunststoffdachbahnen, in manchen Regionen auch mit Metallblech.

- Üblich waren ein- und mehrflüglige Holzfenster mit Doppelverglasung, im Lauf der Zeit wurden diese durch Kunststofffenster und/oder Metallfenster mit Isolierverglasung (zwei Scheiben mit Vakuumzwischenraum) abgelöst.
- Kellerdecken ähnlich Klasse B, allerdings meist mit verbesserter Dämmung nach DIN 4108.
- Geschoss- und Zwischendecken ähnlich Klasse B, jedoch mit verbessertem Schall- und Wärmeschutz.
- Die Geschosszahl überstieg selten fünf Geschosse, »Hochhäuser« waren noch weitgehend unbekannt.

Typische weitere Probleme

- Der Bauboom führte dazu, dass teilweise minderwertiges Material verbaut wurde und Bauleistungen mangelbehaftet waren.
- Nicht immer wurden die Mindestanforderungen des baulichen Wärme- und Schallschutzes eingehalten.
- Bei diesen Häusern sind oft aufwendige Instandhaltungskosten erforderlich, um heutige Wohnstandards zu erreichen.

2.5 Gebäudealtersklasse E (1960 bis 1970)

Die größte Wohnungsnot war zu dieser Zeit vorbei. Die Wohnungen und Häuser wurden größer. Man schuf genug Platz für den Nachwuchs, das Sparen bei der Erstellung der Gebäude war wegen der Lohnentwicklung nicht mehr notwendig. Es wurde mehr in die Gestaltung investiert, großflächigere Fenster wurden verbaut. Gleichzeitig begann der Siegeszug des Betons. Die Außenwände und Keller wurden betoniert, die Kellerwände gegen Feuchte abgedichtet. Haustechnik, Wärmedämmung, Schallschutz sowie die Klima- und Heizungsinstallation rückten mehr ins Blickfeld. Die bisherige Kohle- bzw. Koksheizungen wurden von gesteuerten dezentralen Öl- und Erdgasheizungen abgelöst, auch zur Warmwassererzeugung.

Als neuer Trend entstanden vermehrt Flachdachbungalows. Häufiges Problem ist hier das Dach: Bei den meisten Gebäuden wurde es bisher nicht saniert, daher treten Undichtigkeiten auf. Der Schallschutz ist meist durch Doppelverglasung gegeben, auch der Trittschallschutz hat sich deutlich verbessert.

Neben dem frei stehenden Einfamilienhaus kamen nun vermehrt Reihenhäuser als neuer Liebling der Eigenheimbauherren auf. Zwar wurden Reihenhäuser schon deutlich früher gebaut, doch erst in den 1960er-Jahren erlebten sie einen Durchbruch und waren aufgrund der geringeren Kosten im Vergleich zu frei stehenden Einfamilienhäusern sehr beliebt.

Zu dieser Zeit kam noch eine Bauform bei Häusern in Mode: das Fertighaus. Auch der Geschosswohnungsbau wandelte sich, er war gekennzeichnet durch den Einsatz von im Werk vorgefertigten oder vor Ort in »Feldfabriken« hergestellten großformatigen Betonbauteilen. Nicht nur in Ostdeutschland wurden große Siedlungsbauten in Plattenbauweise erstellt. Aufgrund der vielfältigen Änderungen beim Bau gelten die 1960er-Jahre als sehr innovativ.

Typische Probleme

- Kellerfundamente sind selten, Wände im Erdreich wurden ohne ausreichende Abdichtung gegen Erdfeuchte und drückendes Wasser errichtet.
- Die Sanitär- und Abwasserinstallationen sind veraltet, verkalkt und korrodiert.
- Heizkörper besitzen keine Thermostatventile, Entlüftung bei Gussheizkörpern ist nicht möglich, die Wärmeabgabe reicht nicht aus.
- Die Anschlusswerte der Elektroleitungen pro Raum sind ungenügend und die Sicherungssysteme veraltet.
- Es wurden gesundheitsgefährdende Stoffe verwendet, zum Beispiel teerhaltige Baustoffe, Asbest, Mineralwolledämmstoffe (mit sehr kleinen Fasern, die eingeatmet werden können), formaldehydhaltige Holzbauteile (besonders bei Fertighäusern).
- Der Schallschutz ist oft unzureichend.
- Der Wärmeschutz entspricht nicht heutigen Ansprüchen der Energieeinsparung.
- Die Holzfenster sind oft einfach verglast, Isolierverglasung findet sich nur selten.
- Der Brandschutz ist teilweise mangelhaft.
- Die Fahrstühle in mehrgeschossigen Gebäuden entsprechen nicht den heutigen Sicherheitsanforderungen.

2.6 Exkurs: Asbest

Ein Beispiel für einen Baustoff, der inzwischen als Schadstoff gilt, ist Asbest. Damals als Wundermittel gepriesen, gilt er heute als schwieriger Fall im Wohnungsbau. Ab etwa 1960 bis Ende 1993 wurde Asbest häufig beim Bau eingesetzt. Er galt vielen wegen seiner Eigenschaften als Superbaustoff. Asbest überzeugte durch chemische Beständigkeit, Unempfindlichkeit gegen Hitze und eine geringe Brennbarkeit, er war entsprechend beliebt. Er lässt sich gut mit anderen Materialien kombinieren, sodass er vielfältig eingesetzt wurde, zum Beispiel als Platten für den Hochbau, Dachpfannen und Dichtungen oder als Fußbodenuntergrund. Zwar wurde Asbestzement erstmals 1929 eingesetzt, bei Häusern jedoch erst um das Jahr 1960 herum.

Oft verwendete Bauteile mit Asbestanteilen sind Dachplatten aus Kunstschiefer, Asbestzementplatten fürs Dach oder für Balkonverkleidungen, Rohre (zum Beispiel Abwasserrohre) und Nachtspeicheröfen. Hinsichtlich Nachtspeicheröfen gibt es inzwischen Listen der Hersteller, die Auskunft über eine mögliche Belastung geben.

! **Tipp**

Bei Verdacht auf asbesthaltige Baustoffe in einem Haus sollten Sie auf zertifizierte Spezialisten zurückgreifen. Diese analysieren nach Probenentnahme den Gehalt an Asbest und wie er gebunden ist.

Zu erkennen sind Asbest und Asbestverbindungen an der grauen oder grünlichgrauen Farbe. Ein weiteres Merkmal ist die faserige Struktur. Asbest wird meist mit anderen Baustoffen wie Zement kombiniert, deshalb kann nur ein Fachmann für Aufklärung sorgen. Dabei gilt: Wie gefährlich Asbest wirklich ist, hängt von der Form der Bindung ab, es gibt drei Arten.

- Schwach gebundener Asbest: Dies ist die gefährlichste Form, da sich leichter Fasern lösen können. Der Asbestanteil liegt meist über 60 %. Spritzasbest gehört hierzu, der allerdings seit 1979 nicht mehr verwendet werden darf. Der Weichasbest wurde vorwiegend für den Brandschutz verwendet, das heißt für Dichtungen, Isolierungen, Dämmungen oder Brandschutzklappen. Meist handelt es sich um Gebäude, die im Stahlskelettbau errichtet wurden.
- Asbest in Reinform: Am häufigsten wurde Asbest in Reinform als feuerfester Füllstoff bei Kaminen und Öfen eingesetzt. In dieser Form gilt er als ähnlich gefährlich wie schwach gebundener Asbest.
- Stark gebundener Asbest: Er wurde für Wandverkleidungen, Dacheindeckungen oder allgemein als Platten im Innen- und Außenbereich eingesetzt. Relativ gesehen ist diese Form von Asbest am ungefährlichsten. Fasern lösen sich mit ziemlicher Sicherheit nur bei mechanischer oder thermischer Bearbeitung ab, also seltener als bei schwach gebundenem Asbest.

Hat sich der Verdacht auf Asbest betätigt, steht die Entscheidung an, was getan werden soll. Nicht immer ist eine Sanierung sinnvoll – selbst bei schwach gebundenem Asbest –, denn durch die Maßnahmen können erst recht Asbestfasern gelöst werden. In einem solchen Fall sollte mit Fachleuten das Vorgehen besprochen werden, wie sich die Gefährdung durch Asbest für längere Zeit vermeiden lässt. Ist jedoch eine Sanierung erforderlich, wird es teuer. Mit etwa 300 bis 400 EUR/m^2 muss gerechnet werden. Hinzu kommen die Entsorgungskosten. Geht es um Dacheindeckungen, entstehen meist noch höhere Kosten. Denn dann müssen beispielsweise nicht nur die Kunstschieferdachpfannen abgebaut, sondern auch die Dämmmaterialien entsorgt werden, da sich Asbestfasern darin einlagern. Die Kosten können dann einschließlich neuer Dacheindeckung und Dämmung bei einem Einfamilienhaus schnell über 10.000 EUR hinausgehen.

Tipp !

Mit der Entsorgung von Asbest müssen Sie Spezialfirmen beauftragen, die eine Zulassung nach der Gefahrstoffverordnung vorweisen können. Zuglassen werden diese Betriebe über die jeweilige Gewerbeaufsichtsbehörde. Wer genau zuständig ist, variiert von Bundesland zu Bundesland.

2.7 Gebäudealtersklasse F (1970 bis 1980)

1970 ist der Wiederaufbau mit seiner Forderung nach schnell beziehbarem und kostengünstigem Wohnraum größtenteils abgeschlossen. Neue Erkenntnisse zur Statik führen dazu, dass Deckenplatten und tragende Wände weniger dick ausfallen. Die industrielle Fertigungstechnik ermöglicht Sandwichkonstruktionen und eine Verbundbautechnik, die dazu beiträgt, im Wohnungsbau Kosten zu senken.

Die erste »Ölkrise« (1973) lenkte das Augenmerk verstärkt auf die Einsparung von Heizenergie – bis dahin wurden die Wohngebäude meist mit einer zentralen Ölheizung ausgestattet – und auf die Verbesserung des Wärmeschutzes. Gebäude, die ab 1973 errichtet wurden, verfügen immer über eine dreipolige Elektrik. Konstruktive Schwächen bei der Wärmeisolation sind noch gegeben. Die Einzelöfen in Mehrfamilienhäusern wurden inzwischen durch Zentralheizungen ersetzt. Problemzonen können die Fassaden sein. Feuchtigkeitsschäden kommen wegen der verbesserten Isolierung seltener vor.

Häuser mit Baujahr ab 1977 verfügen über eine Wärmedämmung, die allerdings nicht mit den heutigen Formen vergleichbar ist. Die Vorschrift hierzu galt nur für Westdeutschland. Ein Problem können die Baustoffe sein. Asbest, Formaldehyd und Mineralwolle kommen durchaus vor. Hier kann über kurz oder lang eine entsprechende Sanierung anstehen. Während bei älteren Häusern die Heizungsanlagen schon ausgetauscht wurden, finden sich in Gebäuden aus den 1970er-Jahren manchmal noch alte Heizungsanlagen.

Merkmale der Gebäudealtersklasse F

- Die Außenwände werden dicker dimensioniert gemauert, teilweise verputzt oder mit wärmedämmenden Fassadenkonstruktionen (hinterlüftet oder nicht hinterlüftet) bekleidet.
- Beim Mauerwerk setzt man auf porosierte Mauersteine, Leichtbetonhohlblock- oder -vollsteine, den Betonwänden werden Zuschlagstoffe beigegeben, die die Wärmedämmung verbessern, und sie werden mit zusätzlichen Wärmedämmstoffen verstärkt (zum Beispiel Kerndämmung, WDVS-Systeme, hinterlüftete Vorhangfassaden usw.).
- Dächer werden häufiger als zusätzlicher Wohnraum entdeckt. Damit einher geht die Verbesserung des Wärmeschutzes im Dach mit luftdichten Dach- und Wandkonstruktionen. Der Dämmwert der Flachdächer entspricht der DIN 4108 und der folgenden EnEV 2002.
- Verbesserte Fensterkonstruktionen aus verschiedenen Werkstoffen mit wärmegedämmtem Rahmen und Fensterstock sowie Zwei- und Mehrscheibenisolierverglasung kommen zum Einsatz.
- Decken werden meist aus Ortbeton- oder Fertigteildecken mit entsprechender Beachtung des Schall- und Wärmeschutzes gebaut.
- Je nach Gebäudegröße ist ein zentraler Personenaufzug vorhanden.
- Die Heizanlage entspricht den höheren Anforderungen der EnEV 2002 bzw. der Heizanlagenverordnung.

! **Tipp**

In den 1970er-Jahren kamen auch Fertighäuser auf. Bei diesem Gebäudetyp ist auf die Dichtheit der Bodenplatte zu achten, auch Hausfugen und Fassade können Probleme bereiten. Ansonsten sind diese Gebäude nicht unbedingt schlechter als mit Architekt und Bauunternehmer erstellte Objekte.

2.8 Gebäudealtersklasse G (ab 1980)

Die Betonarchitektur der 1960er- und 1970er-Jahre wird seit den 1980ern durch eine »menschlichere«, kleiner strukturierte Architektur abgelöst. Der Trend geht zur ökologischen Gesamtsichtweise in Hinblick auf Materialeinsatz und Baukonstruktion. Bauherren schöpfen zunehmend die vorhandenen technischen Möglichkeiten aus, um die Kosten für Warmwasserbereitung und Gebäudeheizung möglichst gering zu halten. Außerdem wendet man sich erstmals der Nutzung von Solar- und Windenergie zu.

Typische Probleme

- Die Sanitärinstallationen sind heute zumeist korrodiert und veraltet.
- Die Wärmedämmung von Außenwänden, Kellern und Dächern entspricht nicht den Anforderungen der EnEV 2009.
- Häufig wurden asbesthaltige Materialien für Elektrospeicherheizöfen und im Trockenbau verwendet.
- Mineralwolledämmstoffe, die aus alter Produktion stammen und deren Faserlängen und -dicken zu klein und damit lungengängig sind, wurden teilweise noch eingesetzt.
- Formaldehydhaltige Holzbauteile kamen zum Einsatz und es wurde mit gesundheitsgefährdenden Holzschutzmitteln gearbeitet.

Normalerweise sind Gebäude aus diesen Baujahren heute noch in Ordnung, die Bauqualität ist gut. Schwachstellen können die Wärmedämmung und die veraltete Heizungsanlage sein, auch beim Schallschutz gibt es manchmal Defizite. Ein besonderes Problem kann bei Häusern entstehen, die über eine Außendämmung verfügen. Darin sammelt sich oft Tauwasser. Zu erkennen ist das meist an den schmutzig wirkenden Fassaden, allerdings nicht immer. In jedem Fall empfiehlt es sich, ein Feuchtigkeitsmesser bei der Besichtigung und eine ausreichend lange Leiter mitzunehmen. Die Außendämmung kann nass sein wie ein Schwamm. Schlägt die Nässe durch die Wand durch, was nur eine Frage der Zeit ist, können im Innenraum Schimmel, Algen und Hausschwamm entstehen. Die Häuser werden dann praktisch unbewohnbar. Eine sehr teure Sanierung würde anstehen, in solchen Fällen gilt also: Finger weg!

!

Tipp

Häuser aus den 1980er-Jahren sind deutlich preiswerter als die, die nach der Jahrtausendwende errichtet wurden. Hier wirken sich die verschärften Energie- und Dämmvorschriften als Preistreiber aus. Doch der Preisaufschlag wiegt den Nutzen nicht immer auf. Prüfen Sie die angebotenen Immobilien daher genau.

2.9 Gebäudetypologie nach Energieverbrauch

Eine andere Gebäudetypologie zielt auf den Energieverbrauch ab und ist noch detaillierter. Bei den beiden Typologien gibt es Überschneidungen. Die Gebäudealtersklassen hat das Institut Wohnen und Umwelt (IWU) GmbH, Darmstadt, so festgelegt:

- Gebäudeklasse A: vor 1918, Fachwerk,
- Gebäudeklasse B: vor 1918, massiv,
- Gebäudeklasse C: 1918 bis 1949,
- Gebäudeklasse D: 1949 bis 1957,
- Gebäudeklasse E: 1958 bis 1968,
- Gebäudeklasse F: 1969 bis 1978,
- Gebäudeklasse G: 1979 bis 1984,
- Gebäudeklasse H: 1984 bis 1994,
- Gebäudeklasse I: 1995 bis 2001,
- Gebäudeklasse J: 2002 bis 2009,
- Gebäudeklasse K: ab 2010.

Wichtig zu wissen ist, dass es Unterschiede zwischen BRD und DDR gab. Die Gebäudetypologie des IWU hilft dabei, einen typischen energetischen Sanierungsbedarf bei Bestandsgebäuden zu erkennen. Diese Auswertungen sind daher eher etwas für Fachleute, geben aber dennoch einen Hinweis beim Kauf von Bestandsgebäuden.

Hinweis

Die existierenden Typologien sind nicht identisch. So kann es zu Abweichungen kommen, da bei den einzelnen Typologien oder Gebäudeklassen unterschiedlich angesetzte und gewichtete Parameter eine Rolle spielen. Die Unterschiede sind im Detail für Experten meist bedeutsamer als für den Hauskäufer, der vor dem Kauf möglichst genau wissen möchte, was an Sanierung, Reparatur und Modernisierung auf ihn zukommen würde.

Tipp

Lassen Sie sich vom Eigentümer bestätigen, wann das Gebäude, das Sie ins Auge gefasst haben, errichtet wurde. Diese Angabe findet sich auf den Bauplänen oder – genauer – auf der Rohbauabnahme. Zwischen Einreichung der Baupläne und dem tatsächlichen Bauanfang können manchmal bis zu zwei Jahren liegen (im Einzelfall dauert es sogar noch länger).

3 Der Kauf eines unter Denkmalschutz stehenden Hauses

(Denkmalgeschützte) alte Bauwerke sind in manchen Städten schon für einen Appel und ein Ei zu bekommen. Bekannt dafür sind beispielsweise historische Häuser in Goslar. Zwar gibt es hier auch sehr gut erhaltene Gebäude, doch häufig weisen sie den einen oder anderen Mangel auf. Vor allem sorgt die alternde Bausubstanz für Probleme, oft haben sich Risse in den Mauern oder im Gebälk gebildet. Auch Hausabsenkungen kommen vor. Bröckelnder Putz oder veraltete Elektrik sind noch das kleinste Problem, schwerer wiegen Schimmel- oder Hausschwammbefall. Der Hausschwamm sitzt vornehmlich im hölzernen Dachstuhl, eine Sanierung ist sehr aufwendig und teuer. Bohrmehlhaufen lassen auf Insektenbefall schließen.

Achtung !

Bei solchen Schäden gilt: von den betroffenen Objekten besser die Finger lassen.

Gebaut wurden die Häuser hauptsächlich aus Holz, gehobenere Objekte auch aus Stein. Erst Ende des 19. Jahrhunderts erlaubten die meisten Gebäude auch nach heutigem Standard ein angenehmes Wohnen für Familien, zuvor waren die Wohnungen meistens sehr klein. Metall hielt ebenfalls Einzug beim Hausbau, es wurde für die Rahmen von Fenstern und Türen verwendet.

Tipp !

Die Liebe zu alten Häusern muss schon groß sein, um die Mehrbelastung ohne Ärger und Stress zu akzeptieren. Deshalb der Hinweis: Städte mit alter Bausubstanz verfügen meist auch über eine Beratungsstelle für historische Gebäude. Hier können sich Interessierte vor einem Kauf informieren und beraten lassen.

Was Sie noch wissen sollten: Historische Gebäude sind etwas für Liebhaber, als sichere Altersversorgung eignen sie sich meist nicht. Das hängt zum einen damit zusammen, dass sich diese Objekte eher im ländlichen Raum befinden, zum anderen ist der Interessentenkreis bei späterer Veräußerung deutlich kleiner als bei neueren Gebäuden.

Einige Schäden und Schwachstellen lassen sich bei den Gebäuden nicht auf den ersten Blick erkennen. Die Schornsteine oder Kamine sollten gründlich inspiziert werden. Auch Abwasserleitungen sind häufig Quell für Ärgernisse, insbesondere wenn sie zu klein dimensioniert sind. Denn dann kommt es häufiger zu Verstopfungen, Rissen oder sogar zu Brüchen, sodass unkontrolliert Wasser eindringen kann. Dies wiederum kann das Fundament gefährden oder Ursache dafür sein, dass der Keller ständig feucht ist, vor allem wenn sich das Leck auf dem Grundstück und nicht am oder unter dem Haus befindet.

Alte Häuser sind häufig mit Einfachverglasung ausgestattet sowie mit Fenstern und Türen, die sich etwas verzogen haben. Im Winter ist dann Kälte im Haus garantiert. Bei Häusern aus der Gründerzeit kommen sie schon häufiger vor und Richtung 1900 sind sie durchaus Standard: Metallrahmen für Türen und Fenster. Hier ist zu prüfen, ob sich Risse gebildet haben oder die Rahmen beschädigt oder verbogen sind. Denn das damals verarbeitete Metall ist nicht so steif wie das in späteren Zeiten verbaute. Betroffen sind auch die gusseisernen Säulen, die Teil der tragenden Deckenkonstruktion sind. Sie kommen ab etwa 1850 vor und sollten überprüft werden.

Auch das Grundstück, sofern vorhanden, muss genau unter die Lupe genommen werden. Die Einfriedung hat mit der Zeit gelitten, häufig sind Mauerabbrüche zu erkennen. Schuppen, die auf dem Grundstück stehen, werden nur selten gepflegt, sodass sich dort unterschiedlichstes Ungeziefer und eine Vielzahl an Unkräutern angesammelt hat. Viele sind auch nicht mehr wasserdicht. Allerdings: Die Sanierung eines Schuppens, der Einfriedung oder die Herstellung des Gartens ist im Vergleich zu den Kosten fürs Haus nicht teuer.

Sehr alte Gebäude und Fachwerkhäuser stehen in der Regel unter Denkmalschutz. Das kann besonders dann zu Problemen führen, wenn die Wärmedämmung stark verbessert werden soll. In diesem Fall hat immer der Denkmalschutz Vorrang, der mögliche Wärmeschutz steht hinten an. Das heißt: Die EnEV 2014 gilt nicht für Baudenkmale, daher ist der Energieausweis beim Verkauf auch nicht verpflichtend. Dennoch gibt es einzelne Möglichkeiten, die Gebäude zu verbessern, ohne dass der Denkmalschutz im Wege steht. Meist ist eine Fassadendämmung nicht möglich, eine Innendämmung beispielsweise des Daches aber schon. Auch eine neue Heizung ist eine sinnvolle Investition. Eine Förderung für die energetische Sanierung kann außerdem beantragt werden. Die KfW berücksichtigt seit einigen Jahren diesen Umstand und hat ihre Programme entsprechend angepasst.

Eine Förderung durch die KfW ist immer möglich, wenn eine denkmalgeschützte Immobilie einen Energiebedarf hat, der nicht mehr als 60 % über dem eines durchschnittlichen Neubaus liegt. Dies ist jedoch trotz Einschaltung eines Sanierungsberaters für Denkmale nicht immer möglich. In diesen Fällen gelten erleichterte Förderungsvoraussetzungen, sodass spezielle Einzelmaßnahmen auch für denkmalgeschützte Gebäude unterstützt werden. Die Möglichkeiten sind dann mit einem Energieberater zu klären. Die Förderungsangebote der KfW:

- Das KfW-Effizienzhaus Denkmal wird mit bis zu 100.000 EUR je Wohneinheit gefördert.
- Bei Einzelmaßnahmen fördert die KfW Denkmale mit bis zu 50.000 EUR je Wohneinheit.

Außerdem gewährt die KfW bei den geförderten Maßnahmen einen Tilgungszuschuss. Ansprechpartner für eine Förderung sind entweder Hausbanken oder die Denkmalförderexperten der KfW.

Tipp !

Umbauarbeiten an denkmalgeschützten Gebäuden dürfen meist nur unter besonderen Auflagen durchgeführt werden, manchmal besteht sogar ein Umbauverbot. Bei solchen Objekten sollte Ihr erster Weg zum Bauamt oder zur Denkmalschutzbehörde führen, die es in manchen Städten gibt, sobald sich der Kaufwunsch konkretisiert.

Was bedeutet Denkmalschutz?

Bei historischen Gebäuden kann der Denkmalschutz ein Thema sein. Über bestehende Auflagen muss eigentlich auch der Verkäufer Auskunft geben. In einigen Städten gibt es sogar Gestaltungshandbücher für die Häuser in der Altstadt. Die jeweiligen Vorschriften einzuhalten kann ins Geld gehen, schließlich ist der Eigentümer zum Erhalt verpflichtet. Im Rahmen der Zumutbarkeit bedeutet dies de facto eine Einschränkung der Eigentumsrechte. Und: In Deutschland ist der Denkmalschutz Ländersache. Das heißt, es gelten 16 verschiedene Denkmalschutzgesetze und es gibt 16 Landesämter für Denkmalschutz. Auf den Homepages der Behörden lässt sich auch das aktuelle Denkmalschutzgesetz einsehen.

Tipp !

Prüfen Sie vor Erwerb eines denkmalgeschützten Gebäudes, welche Auflagen es gibt. Werden Sie sich dann darüber klar, ob diese für Sie wirtschaftlich umsetzbar sind. Werden beispielsweise nur bestimmte Fenster am Gebäude akzeptiert, kann ein Umbau oder eine Sanierung schnell richtig teuer werden.

Steuerliche Vorteile

Ein Bonbon gibt es für die Eigentümer denkmalgeschützter Gebäude: steuerliche Erleichterungen. Zu unterscheiden ist hierbei zwischen Selbstnutzern und Kapitalanlegern, die folgenden Betrachtungen beziehen sich auf die Selbstnutzer.

Das Herzstück der steuerlichen Begünstigung ist das Einkommensteuergesetz (EStG). Die Denkmalschutzabschreibungen für Selbstnutzer sind in § 10 f EStG geregelt. Für die Senkung der Steuerlast sind die Aufwendungen für Baumaßnahmen entscheidend, zudem können Kosten für die Erhaltung und Pflege des Gebäudes und ggf. auch des Grundstücks in der Steuererklärung berücksichtigt werden. Wichtig zu wissen: Die Aufwendungen werden über zehn Jahre verteilt in die Steuererklärung eingebracht, beginnend mit dem Kalenderjahr, in dem die Bautätigkeit abgeschlossen ist. Der Erhaltungsaufwand kann normalerweise in dem Jahr angesetzt werden, in dem er anfällt. Außerdem muss der Eigentümer während der gesamten Zeit die Immobilie selbst nutzen. Eine Ausnahme gilt nur, wenn der Eigentümer das Objekt anderen – beispielsweise Verwandten – unentgeltlich überlässt.

Bereits vor der Ausführung und auch während der Bautätigkeit überwacht die Denkmalschutzbehörde das Objekt. Dabei wird auch geprüft, welche Kosten steuerlich berücksichtigt werden können. Die Steuerersparnis lässt sich daher einfach ermitteln.

!

Hinweis

Steuerlich können nur Ausgaben angerechnet werden, die den Denkmalschutz betreffen. Vielfach sind lediglich die Fassaden eines Gebäudes denkmalgeschützt, dann können auch nur die entsprechenden Kosten berücksichtigt werden – also die für neue Fenster, eine Haustür, den Hausanstrich, die Restaurierung der Fassade, Kunstmalereien, kunsthandwerkliche Ausgestaltungen der Fassade, eventuell auch Dachrinnen und spezielle Dacheindeckungen. Nicht anrechenbar ist dagegen der Innenausbau.

Denkmalpflege

Als Denkmalpflege werden die geistigen, technischen, handwerklichen und künstlerischen Maßnahmen bezeichnet, die der Erhaltung und Unterhaltung von Kulturgütern dienen, zum Beispiel:

- Instandhaltung: übliche Pflegearbeiten wie Säuberung, Anstrich, kontrollierter Ersatz.

- Konservierung: Erhalt des augenblicklichen Zustands, Anhalten des Alterungsprozesses.
- Reparatur, Sanierung: Ersetzen verbrauchter und beschädigter Teile.
- Restaurierung: umfangreiche Erneuerungen, die über reine Reparaturarbeiten hinausgehen.
- Rekonstruktion: Wiederherstellung der verloren gegangenen Erscheinung (Architektur, Optik) von Bauteilen, Gebäudeteilen oder ganzen Bauten auf Basis schriftlicher oder bildlicher Quellen.

Bei größeren Objekten geht man dazu über, immer häufiger in Abstimmung mit dem Denkmalschutz Kernsanierungen durchzuführen, um bei der Wohnungsausstattung die Wünsche künftiger Bewohner zu berücksichtigen oder die Grundrisse für eine andere Nutzung abzuwandeln. Dabei bleibt die äußere Hülle des Gebäudes erhalten, der Innenausbau erfolgt nach dem aktuellen Stand der Technik (Wärmedämmung, Schall- und Brandschutz, Haustechnik usw.). Da der finanzielle Aufwand für solche Bauvorhaben jedoch sehr hoch ist, wählen private Bauherren eine solche Lösung nur selten.

4 Der bauliche Zustand der Immobilie

Ob sich der Kauf einer Immobilie auch aus wirtschaftlicher Sicht lohnt und welche Investitionen notwendig sind, hängt unmittelbar vom baulichen Zustand ab. Deshalb sollten Sie vor einer Kaufentscheidung immer erst den Istzustand des Gebäudes ermitteln. Denn der bestimmt, ob nur modernisiert oder grundlegend saniert werden muss.

Zur Bestandsaufnahme ist die persönliche Besichtigung der Immobilie unbedingt erforderlich. Besser noch, Sie nehmen die Besichtigung gemeinsam mit einer sachverständigen Fachkraft vor. Lassen Sie sich Zeit für eine detaillierte Begutachtung, auch wenn es möglicherweise Konkurrenz mit anderen Kaufinteressenten gibt.

Damit Ihnen für die Besichtigung ausreichend Zeit zur Verfügung steht, vereinbaren Sie am besten bereits im Vorfeld mit dem Verkäufer oder Makler einen Zeitrahmen von mindestens zwei Stunden für Einfamilienhäuser und Eigentumswohnungen, ein größeres Objekt ist zeitintensiver, hier kann die Besichtigung schon mal einen ganzen Tag dauern. Das hängt auch vom Zustand der Immobilie ab.

Tipp !

Erfragen Sie vor der Begehung beim Verkäufer die genaue Anschrift und lassen Sie sich alle Baupläne (Grundrisse, Ansichten, statische Berechnungen, Informationen über Um- und Anbauten, Installation usw.) zum Objekt zur Verfügung stellen. Auch wenn Sie damit auf Ablehnung stoßen, bleiben Sie hartnäckig. Ein seriöser Verkäufer, der nichts zu verbergen hat, wird Ihrer Anfrage nachkommen, soweit das abhängig vom Gebäudealter möglich ist.

Honorar für den Sachverständigen

Haben Sie mit der Ermittlung des baulichen Zustands einen Sachverständigen (Architekt, Ingenieur) beauftragt, richtet sich dessen Honorar nach dem zeitlichen Aufwand und dem Leistungsumfang. Legen Sie daher vor dem Beauftragen schriftlich genau fest, welche Aufgaben Sie abgeben wollen und welche Kosten dafür entstehen. Folgende technische Ausrüstung sollten Sie bei der Besichtigung dabeihaben:

- festes Schuhwerk,
- schmutzunempfindliche Kleidung,
- Digitalkamera oder gutes Smartphone mit hoher Bildauflösung,

- Notizblock und Stift,
- Feuchtigkeitsmesser für Wände, Holz und Dämmung,
- Taschenmesser,
- Schraubenzieher,
- Bandmaß, Zollstock oder digitalen Laserentfernungsmesser,
- Wasserwaage,
- Taschenlampe,
- Fernglas,
- Lupe,
- Gefrierbeutel (für eventuelle Erd- oder Baustoffproben).

Weitere Tipps für die Praxis

- Ziehen Sie robuste Kleidung an, da unter Umständen Keller und Heizräume verschmutzt sind.
- Stimmen Sie mit dem Verkäufer bzw. seinem Vertreter vor der Begehung ab, ob Sie Fotos machen dürfen.
- Fragen Sie zudem nach, ob Sie Erd- oder Baustoffproben nehmen dürfen.
- Gehen Sie bei der Besichtigung systematisch vor und prüfen Sie kritisch die Angaben des Anbieters.
- Sehen Sie sich grundsätzlich das gesamte Gebäude an, auch Dach-, Stau- und Kellerräume.
- Begutachten Sie den Zustand des Daches inklusive Dachstuhl, des Kellers und der Fassade.
- Machen Sie sich während der Objektbesichtigung ausreichende Notizen.
- Fotografieren Sie Details, um später verschiedene Immobilien besser vergleichen zu können oder den Sanierungsbedarf im Bild festzuhalten.
- Verlangen Sie vom Makler oder Besitzer zu Aussagen, die Ihnen nicht einleuchten oder zweifelhaft erscheinen, eine schriftliche Bestätigung.

4.1 Bestandsaufnahme eins: Umfeld und Grundstück

Achten Sie auch auf das Umfeld der Immobilie – Lage, Situation der Bebauung, Stadtteil, Nähe zu öffentlichen Einrichtungen, Verkehrsanschluss usw. Die Besichtigung beginnt normalerweise mit einer Überprüfung des Grundstücks bzw. mit einem generellen Rundgang um das Gebäude, wobei Sie Nebengebäude, Garagen,

Außenanlagen, Wege, Einfriedung usw. begutachten und alles notieren. Gleichzeitig erhalten Sie einen ersten Eindruck vom allgemeinen Gebäudezustand.

- Überprüfen Sie bei dieser Gelegenheit den Sockelbereich des Hauses auf Feuchtigkeit (dunkle Flecken) und Ausbesserungen.
- Achten Sie auf den Zustand der Fassade, Fenster und Balkone sowie eventuell vorhandener Kellerzugänge und anderer Treppen.
- Mit einem Fernglas können Sie unter anderem den Zustand der Dachanschlüsse, Schornsteinköpfe, Verblechungen und Entlüftungsrohre überprüfen.

Nach dem Rundgang außen erfolgt die Besichtigung innen. Beginnen Sie mit dem Keller- bzw. Untergeschoss.

4.2 Bestandsaufnahme zwei: Kellergeschoss

Bei größeren Wohngebäuden befinden sich im Kellergeschoss sogenannte Nebenräume, die der Versorgung der Bewohner oder zur Lagerung von Gegenständen dienen. Außerdem können Wohn- und Büroräume oder Einliegerwohnungen (Souterrain) im Untergeschoss liegen.

Hinweis !

Wurde das Gebäude auf einer Bodenplatte errichtet, was heißt, dass kein Keller vorhanden ist, machen Sie mit dem Erdgeschoss weiter. Hier befinden sich dann in der Regel die Räume für die Energieversorgung und Heizung.

Bei Altbauten aus der Zeit bis ungefähr 1950 wurden die Bodenplatten im Keller nicht wärmegedämmt ausgeführt. Wie bereits geschildert, ist in vielen Fällen auch die Abdichtung gegen Erdfeuchte oder drückendes Wasser der Bodenplatten und Außenwände unzureichend.

Tipp !

Um die Feuchtigkeit der Wände zu überprüfen, nehmen Sie mit dem Messgerät an mehreren Stellen einer Wand Werte ab. Gute Geräte können daraus Durchschnittswerte bilden, beispielsweise für eine Wand oder einen Kellerraum. Ein vernünftiges Feuchtigkeitsmessgerät bekommen Sie schon für rund 50 EUR.

Spätestens ab einem Messwert von 80 Digits handelt es sich um eine feuchte Stelle, bei einem Durchschnittswert von 80 Digits um eine feuchte Wand oder einen feuchten Keller. Diese Werte bedeuten Handlungsbedarf. Je nach Baustoff kann der Wert für »feucht« auch schon früher erreicht werden, beispielsweise bei 65 oder 70 Digits. Auch kommt es auf die Nutzung an. Eine Waschküche, die noch benutzt wird, kann einen geringfügig höheren Wert aufweisen. Allerdings sollte er in jedem Fall unter 80 Digits bleiben.

Die meist unter der Kellerdecke verlaufenden Rohrleitungen für Kalt- und Warmwasser, oft auch für Abwasser sind nicht wärmegedämmt oder nur unzureichend isoliert. Dadurch kann sich Oberflächenkondensat in Form von Wassertröpfchen auf den Leitungen niederschlagen, was zu Rostbildung oder sogar Durchrostung führt. Auch Kellerfenster gelten als Risikobereich.

! **Tipp**

Manchmal lassen sich feuchte Räume schon am Geruch erkennen. Riecht es muffig, so ist dies ein Zeichen für Feuchte im Raum. Werden Sie dann in jedem Fall mit dem Feuchtemesser aktiv, vielleicht ist die Isolierung nicht in Ordnung.

Besonders bei Häusern, die bis etwa 1960 errichtet wurden, sollte verstärkt auf feuchte Flecken an Fußböden, Wänden und Decken geachtet werden. Aufgrund der Bauweise, fehlender Normen und teilweise schlechter Baustoffqualität finden sich bei Häusern dieser Baujahre oftmals Mängel an der Abdichtung gegen Bodenfeuchtigkeit oder chemische Bestandteile im Erdreich. Gerade bei Gebäuden, die bis etwa Anfang der 1950er-Jahre errichtet wurden, bestehen die Kellerböden noch aus Lehm, einfachem Stampfbeton oder Zementestrich, der ohne Abdichtung gegen Erdfeuchte eingebaut wurde.

Bei Flecken an Decken oder Wänden Ursachen erforschen

Zeigen sich dunkle oder kristalline Flecken an den Wänden und Decken, ist irgendwann einmal Feuchtigkeit eingedrungen oder sie hat sich aufgrund mangelhafter Wärmedämmung durch Tauwasseranreicherung auf den kalten Bauteilflächen gebildet. In solchen Fällen müssen Sie unbedingt die Ursache finden, um eine entsprechende fachlich fundierte Bausanierung durchführen zu lassen. Das kann beträchtliche Kosten verursachen, da eine sachgemäße nachträgliche Abdichtung nur von der Geländeseite aus möglich ist. Zudem muss eine waagerechte Abdichtung erfolgen, die den Feuchteaufstieg aus dem Untergrund in das darüberliegende Mauerwerk verhindert. Sie wird sowohl über dem Kellerfußboden als auch unter der Erdgeschossdecke in die Mauerwerksfugen eingelegt.

Tipp !

Nehmen Sie zur Besichtigung immer eine Taschenlampe mit und leuchten Sie die »nicht zugänglichen« Bereiche, die oft im Dunkeln liegen, sorgfältig aus. Kontrollieren Sie mit der Taschenlampe den Heiz-, Öllager- oder Holzpelletsraum. Sind diese Anlagen außerhalb des Gebäudes im Erdreich, überprüfen Sie alle Kontrollschächte.

4.3 Bestandsaufnahme drei: Heizung und Energieversorgung

Heizung und Elektrik werden ebenfalls überprüft. In Einfamilienhäusern befinden sich Heizungsraum und Hausanschluss meist im Keller. Besonders bei älteren Gebäuden sind häufig veraltete Heizsysteme mit einem zu hohen Energieverbrauch vorhanden. Daher sollte der nächste Blick auf das Typenschild an der Heizung gehen, hier lässt sich das Baujahr des Heizkessels ablesen. Zwar ist das Baujahr nicht immer auch das Einbaujahr, dies kann auch ein Jahr später liegen, doch es gibt Aufschluss über die verbaute Technik.

Tipp !

Fotografieren Sie das Typenschild und fragen Sie einen Experten, ob und, wenn ja, welche Investitionen notwendig sind. Und finden Sie heraus, welche Kosten auf Sie zukommen.

Was weiter wichtig ist:

- Achten Sie auf die Wärmedämmung der Heizwärme- und Warmwasserleitungen. Bei zu schwacher Ausführung ist der Wärmeverlust auf dem Transportweg vom Heizkessel zum Heizkörper sehr hoch, die Leitungen heizen die Umgebungsluft, was selbstverständlich nicht passieren sollte.
- Überprüfen Sie die Brauchwasserleitungen (kalt und warm). Sind diese nicht oder nicht ausreichend wärmegedämmt, bildet sich durch Kondensat auf der Oberfläche Rost bzw. Patina. Feuerverzinkte oder aus Bronze hergestellte Muffen erzeugen ein elektrisches Feld und fördern den Lochfraß.
- Erkundigen Sie sich, ob elektrische Leitungen unmittelbar unter dem Putz verlegt wurden.

- Gibt es alte Telefonleitungen, die offen auf Putz liegen?

Eine normale Gas- oder Ölzentralheizung besteht in der Regel aus folgenden Einzelkomponenten:
- Tankanlage bei Ölheizungen,
- Rohrleitungen und Sperrventil bei Gasheizungen,
- Brennern für die Wärmeerzeugung,
- Kesselanlage für Heizung und Warmwasseraufbereitung,
- Heizungspumpen zur Verteilung des Heizwassers über Rohrleitungen zu den Heizkörpern bzw. zum Verteiler einer Fußbodenheizung,
- Rohrleitungen für Heiß- und Kaltwasser,
- Heizkörpern in den Gebäuderäumen bzw. Fußbodenheizelementen,
- Sicherheitseinrichtungen, zum Beispiel Überdruckventil, Notabschaltung, Ausdehnungsgefäß, elektronische Steueranlage,
- Außentemperaturthermostaten zur Heizungssteuerung (Winter/Sommer),
- elektronischen Steuerungsanlagen, Wärmepumpen, isolierten Warmwasserbehälter usw. beim Einsatz erneuerbarer Energien.

Regelmäßige Wartungen

Verlangen Sie vom Verkäufer außerdem einen Nachweis über die regelmäßige Wartung (Serviceheft bzw. -vertrag) der Geräte, die Protokolle des Schornsteinfegers und Abrechnungen zum Öl- oder Gasverbrauch. Erscheint Ihnen der Verbrauch zu hoch, sind eventuell Maßnahmen an der Gebäudehaut notwendig.

Wann ist ein Heizungsaustausch nötig?

Insbesondere bei Altbauten finden sich oft in die Jahre gekommene Heizungsanlagen. Da die Bundesregierung die Energiewende vorantreiben will, sollen alle Heizungen ausgetauscht werden, die älter als 30 Jahre alt sind. Aber es gibt Ausnahmen. Brennwert- oder Niedertemperaturkessel sind von der Austauschpflicht nicht betroffen, die Regelung betrifft vor allem Konstanttemperaturkessel. Die Frist bei der Austauschpflicht beträgt zwei Jahre ab Verkaufsdatum.

Leitungen prüfen

Im Hausanschlussraum befinden sich die dem Gebäude von außen zugeführten Leitungen. Prüfen Sie diese bezüglich der Dichtheit der Wanddurchführung, Korrosion und Befestigung. Notieren Sie alle Daten der Etiketten auf den Gas- und Elektrozählern sowie auf der Wasseruhr, die Sie ebenfalls in diesem Raum finden.

- Wann wurde das letzte Mal geeicht bzw. ein Zähler ausgetauscht?
- Ist die Plombierung in Ordnung?
- Sind Notabsperrventile vorhanden?
- Sind die Elektrosicherungen einwandfrei?

Energieausweis prüfen

- Seit 2009 gilt beim Verkauf einer Immobilie: Ohne Energieausweis geht nichts. Der Eigentümer respektive der Verkäufer hat die Pflicht, einen Energieausweis zu erstellen und diesen dem Käufer vorzulegen. Denn nur so, meint der Gesetzgeber, ist die Vergleichbarkeit von Immobilien gewährleistet. Bereits in einer Annonce muss der Verkäufer bestimmte Daten aus dem Energieausweis veröffentlichen. Das gilt zumindest, wenn zu diesem Zeitpunkt ein Energieausweis vorliegt, es braucht aber nicht extra einer erstellt zu werden. Spätestens beim Besichtigungstermin müssen die Interessenten aber einen Energieausweis zu sehen bekommen. Zwei Energieausweisformen sind möglich:
- Bedarfsausweis und
- Verbrauchsausweis.

Bedarfsausweis

Beim Bedarfsausweis wird mithilfe aufwendiger Berechnungsmethoden der Energiebedarf eines Hauses ermittelt. Dieser Ausweis ist im Prinzip präzise, geben die Daten darin doch über den tatsächlichen Energiebedarf des Hauses unabhängig vom Nutzerverhalten Auskunft. Der Istzustand kann gleichzeitig Modernisierungsbedarf anzeigen. Ein Energieberater wird hier weiterhelfen können.

Tipp !

Die Auswertung eines Bedarfsausweises ist sicher hilfreich, aber ohne tatsächliche Verbrauchsangaben kann es zu Fehlschlüssen kommen. So stellte das Bundesinstitut für Bau-, Stadt- und Raumforschung (BBSR) in einer Untersuchung fest, dass Bedarfsausweise häufig nicht die Realität wiedergeben. Das führt in der Folge dazu, dass der Minderverbrauch durch energetische Sanierungen auf eine Rentabilität und eine Amortisation hinweist, die in der Praxis nicht erreicht werden können.

Der Verbrauchsausweis

Im Verbrauchsausweis findet sich der tatsächliche Verbrauch einer Immobilie. Dies ist in gewisser Weise ein Nachteil, denn der Verbrauch hängt stark vom Nutzerverhalten ab. Dennoch ist diese Art von Ausweis erlaubt für Immobilien, die nach 1977 gebaut oder inzwischen auf das energetische Mindestniveau von 1977 gebracht wurden. Auch hier empfiehlt es sich, mit einem Energieberater zu sprechen, um Sanierungsmaßnahmen abschätzen zu können.

! **Hinweis**

Beim Kauf eines denkmalgeschützten Hauses besteht keine Pflicht, einen Energieausweis vorzulegen.

4.4 Bestandsaufnahme vier: die einzelnen Geschosse

Nun folgt die Begehung der Geschosse, beginnend im Erdgeschoss. Überprüfen Sie Konstruktionsaufbau und Qualität der Wände, Decken und Fußböden, den Zustand der Heizkörper und ggf. der Öfen, Verlauf und Zustand der elektrischen Leitungen, den Zustand der Sicherungskästen, Anzahl und Art der Steckdosen usw. Kontrollieren Sie zudem Sanitärinstallationen in Bädern und WC auf Leckagen und Roststellen, die Festigkeit der Wände, Fliesen, Bodenbeläge in den Nassräumen, Material und Zustand der Türen und Fenster (Schließen diese luftdicht?) und notieren Sie Ihre Eindrücke. Auch der Schallschutz ist wichtig: Hört man Geräusche aus der Nachbarwohnung, dem Treppenhaus, dem Nebenraum oder von draußen?

Und so gehen Sie im Detail vor:

- Um die genaue Größe der Räume zu ermitteln, sollten Sie immer einen Zollstock, ein Maßband oder besser noch ein Laserdistanzmessgerät dabeihaben. So können Sie feststellen, ob die Angaben des Verkäufers bzw. in den vorhandenen Bauplänen der Realität entsprechen.
- Sollten sich in den Räumen noch Möbel oder andere Gegenstände befinden, schauen Sie unbedingt nach, ob sich Schadstellen oder Flecken dahinter verbergen.
- Achten Sie auf die Beschaffenheit der Fußböden.
- Flecken oder dunkle Stellen an Fußboden, Wand oder Decke weisen auf Feuchteprobleme hin.
- Fragen Sie, ob lösemittelhaltige Baustoffe, Kleber, Furniere oder Einbaumöbel verwendet wurden. Im Zweifelsfall lassen Sie sich die Angaben schriftlich bestätigen.
- Gibt es im Gebäude noch alte Elektrospeicheröfen? Diese enthalten in der Regel gesundheitsschädigende Asbestfasern.

Achten Sie bei der Überprüfung der einzelnen Räume auch auf ausreichenden Schallschutz.

Tipp !

Die besten Ergebnisse bei der Vermessung eines Raums liefern Lasermessgeräte, mit ihnen lässt sich die genaue Fläche ermitteln. Der Preis für gute Geräte liegen etwa um 100 EUR.

4.5 Bestandsaufnahme fünf: Dachgeschoss

Abschließend besichtigen Sie das Dachgeschoss samt Dach. Das Dach ist ein sehr sensibler Gebäudeteil: Bis zu 50 % der Heizwärmeverluste bei kleineren Häusern erfolgen über die Dachfläche. Bei geneigten Dächern kann die Begehung und Kontrolle leicht vom Dachraum aus erfolgen, bei Flachdächern dagegen müssen Sie eine Dachbegehung vornehmen.

- Niedrige Gebäude und Mehrfamilienhäuser haben meist ein Steildach. Je steiler die Dachfläche ist, desto mehr Wohnfläche lässt sich hier unterbringen oder bei einem nachträglichen Ausbau herstellen. Besonders bei Altbauten wurden solche Dachgeschosse oft als reine Abstellfläche genutzt, sie sind selten wärmegedämmt oder luftdicht ausgeführt.
- Die Dachstuhlkonstruktion (Holzbalken, Sparren) ist meist nicht bekleidet, sodass die unbehandelte Innenansicht unmittelbar den Dachraum umschließt. Achten Sie auf Feuchteschäden durch Regenwasser oder Schneeeintrieb, denn ein wasserführendes Unterdach, wie es heute vorgeschrieben ist, fehlt oft.
- Überprüfen Sie unbedingt auch den Dachstuhl. Helle Flecken, weiche Stellen oder kleine Löcher deuten auf Schadstellen bzw. Insektenbefall hin. Hier muss unbedingt ein Fachmann einbezogen werden.
- Flachdächer weisen nach zehn oder mehr Jahren häufig Feuchteschäden auf. Gründe hierfür sind eine nicht vorhandene oder unzureichende Wärmedämmung, das Fehlen eines wasserdichten Unterdachs oder durch Alterung oder UV-Einstrahlung in ihrer Funktion beeinträchtigte Eindeckstoffe.
- Achten Sie bei Kunststoffdachbahnen besonders auf die Nahtverbindungen. Bei bituminösen Dachabdichtungsbahnen können stehende Wasserlachen dazu führen, dass sich Moos bildet, und beim Abtrocknen werden sie unter Umständen spröde. In der Folge bilden sich häufig Risse, durch die Wasser in die Dachkonstruktion eindringen kann.

- Bei Dachziegeln sollten Sie auf Abplatzungen oder Risse achten. Die betroffenen Dachziegel müssen erneuert werden.
- Überprüfen Sie auch die Regenwasserableitung (Rinnen und Fallrohre) auf ihre Funktionsfähigkeit.
- Bei nachträglich aufgestocktem Dach oder einer späteren Änderung vom Flach- zum Steildach sollten Sie unbedingt die Statik der tragenden Dachkonstruktion überprüfen. Lassen Sie sich in einem solchen Fall vom Verkäufer die genehmigte Prüfstatik vorlegen.
- Da Dachgeschosse, vor allem bei Steildächern, oft sogar bei Tageslicht sehr dunkel sind, denken Sie daran, eine hell leuchtende Taschenlampe mitzunehmen.

4.6 Bestandsaufnahme sechs: Außenfassade

Richten Sie besonderes Augenmerk auf Fassadenplatten aus asbesthaltigem Faserzement (Asbestzementplatten). Asbesthaltige Produkte müssen häufig nach der Gefahrstoffverordnung entsorgt werden. Da Sie in solchen Fällen besondere technische Sicherheitsmaßnahmen beachten und die asbesthaltigen Baustoffe und Stäube als Sondermüll auf speziellen Deponien entsorgen müssen, sind die Kosten sehr hoch. Ansonsten bilden sich häufig kleine Risse, wenn der Außenanstrich älter als zehn Jahre ist.

- Achten Sie besonders bei älteren Gebäuden auf den geforderten Mindestwärmeschutz, nicht immer ist er vorhanden.
- Obwohl die statische Sicherheit oft durch dicke Wände und Decken gegeben ist, sollten Sie auch hier den Istzustand notieren.
- Prüfen Sie bei höheren Gebäuden auch die Tragkraft der früher verarbeiteten Fassadendübel. Die Schadenshäufigkeit aufgrund materialbedingter Veränderungen ist relativ hoch.

Ist bereits eine Außendämmung vorhanden, sollte auch diese genau inspiziert werden. Gibt es an der Fassade Verfärbungen (meist gräulich oder grünlich)? Sind Risse oder Beschädigungen zu erkennen? Macht die Fassade insgesamt einen gepflegten Eindruck?

Wichtig !

Die Sanierung einer nicht intakten Fassadendämmung ist richtig teuer. Gerade bei den frühen Fassadendämmungen wurde noch unsauber gearbeitet. Feuchtigkeitsschäden, Algen- oder Insektenbefall können durchaus vorkommen. In solchen Fällen ist eine Sanierung dringend notwendig, besonders wenn bereits Feuchtigkeitsschäden und/oder Schimmel in den Innenräumen erkennbar sind. Man sollte es sich schon sehr gut überlegen, eine solche Immobilie zu kaufen.

4.7 Bestandsaufnahme sieben: Außenbauteile der Fassade

Nicht nur der Zustand der Fassadenoberfläche ist für eine Beurteilung der Immobilie wichtig, sondern auch die in oder an der Fassade vorhandenen Bauteile. Hier geht es darum festzuhalten, welche Schäden, schadhaften Teile oder Probleme an Fenstern, Türen, Roll- und Klappläden, Balkonen, Terrassen, Loggien und Markisen vorhanden sind.

Zu den Außenbauteilen gehören auch Solaranlagen, die später nachgerüstet wurden. Zwar besteht für sie keine Wartungspflicht wie bei Heizungen, doch wenn Wartungsprotokolle vorliegen, ist das ein Plus. Wichtig ist zu erkennen, in welchem Zustand sich die Anlage befindet. Machen die Module einen ordentlichen Eindruck? Probleme bereiten meist Verschmutzungen, sie mindern die Leistung. Auch ist das Jahr der Inbetriebnahme wichtig, denn im Lauf der Zeit lässt die Leistung etwas nach. Bedeutsam sind zudem die Messprotokolle der Anlage. Achtung: Ein Austausch der Solarmodule verursacht erhebliche Kosten.

Tipp !

Überprüfen Sie bei Solaranlagen immer den Versicherungsschutz. Meist gilt für sie die Wohngebäudeversicherung, zumindest wenn das Gebäude beschädigt wird, ist die Solaranlage dann mitversichert.

- Bei älteren Gebäuden findet man häufig noch Fenster ohne Isolierverglasung. Diese Konstruktionen sollten Sie auf jeden Fall komplett erneuern oder zumindest an die heutigen Anforderungen anpassen.
- Testen Sie bei der Besichtigung die Funktion jedes einzelnen Fensters und jeder Außentür. Ob die Fenster dicht sind, überprüfen Sie mit einer Kerze. Halten Sie diese dicht an die Fensterfuge. Flackert sie, ist das ein Zeichen, dass die Fenster-

dichtungen nicht mehr in Ordnung sind und viel teure Heizenergie entweichen kann.

- Schauen Sie bei Fenstern mit Holzrahmen innen und außen auf den Anstrich.
- Besteht Denkmalschutz für das Gebäude, gibt es meist sehr hohe Auflagen bezüglich des Einbaus neuer Fenster. Sie sollten sich in diesem Fall frühzeitig beim Denkmalschutzamt erkundigen.
- Bei Balkon oder Loggia achten Sie besonders auf die Bodenbeläge und die Wasserabläufe.

4.8 Bestandsaufnahme acht: Brandschutz

Der Brandschutz ist ein besonders sicherheitsrelevantes Thema, es betrifft alle im Gebäude wohnenden oder anwesenden Personen und vorhandenen Dinge. Besonders bei älteren Gebäuden bis zur Kategorie C ist ein ausreichender Brandschutz selten vorhanden und kann nur mit großem Aufwand erzielt werden. Dies gilt besonders für denkmalgeschützte Gebäude. Für sie muss frühzeitig mit der zuständigen Behörde geklärt werden, wie sich der grundsätzlich erforderliche Brandschutz erreichen lässt. Brandschutz ist Ländersache, insoweit kann es hier unterschiedliche Auflagen geben.

! **Hinweis**

Rauchwarnmelder sind schon seit einigen Jahren ein Thema. Wichtig zu wissen: Rauchwarnmelder müssen nicht in jedem Raum eingebaut werden, sie sollten allerdings in folgenden Bereichen vorhanden sein:

- Schlafzimmer,
- Kinderzimmer und
- Flure, die als mögliche Fluchtwege gelten.

Nicht empfehlenswert sind Rauchwarnmelder in Küchen, da sich beim Kochen häufig Rauch entwickelt und die Geräte leicht Alarm auslösen.

Bei neueren Gebäuden wurde der Brandschutz in der Regel ausreichend berücksichtigt. Trotzdem kann die Brandschutzbehörde nachträglich zusätzliche Auflagen machen. Achten Sie deshalb bei einer Gebäudebegehung immer auch auf den Brandschutz – besonders bei Gebäuden mit mehreren Stockwerken und in baulichen Ballungsräumen – und hinterfragen Sie die gemachten Angaben kritisch. Denn wenn Sie erst einmal eingezogen sind, gefährdet mangelhafter oder gar fehlender Brandschutz auch Ihr Leben.

Tipp !

Wollen Sie beispielsweise eine Wohnung in einem Mehrfamilienhaus erwerben, lassen Sie sich die Hausprotokolle des Verwalters geben; aus ihnen können Sie beispielsweise zukünftige Investitionen in den Brand- und Rauchschutz ablesen. Nachträgliche Anpassungen an die aktuellen Brandschutzbestimmungen bedeuten zusätzliche Investitionen für Sie.

- Achten Sie darauf, ob bei Umbauten und Sanierungen leicht brennbare Baustoffe und Bauteile eingebaut bzw. verwendet wurden.
- Oft sind es weniger die verarbeiteten Baustoffe, die den Brandschutz mindern, sondern die fehlenden Fluchtwege, die nach Umbauten nicht mehr oder nicht ausreichend vorhanden sind.
- Brandschutztüren in Altgebäuden wurden bis in die 1970er-Jahre oft als einfache Eisentüren ausgeführt. Für die Zugänge zum Keller, zu Heiz- und Lagerräumen sowie Dachböden sollten bei größeren Wohneinheiten jedoch ausgewiesene und entsprechend gekennzeichnete Brandschutztüren nach DIN 4102 vorhanden sein. Dies kann auch für Fenster und Fenstertüren gelten.
- Hohe Wohngebäude mit Fahrstühlen müssen auch im Treppenhaus entsprechend ausgerüstete Türen haben. Glastüren müssen mit Brandschutzglas ausgestattet sein.
- In großen Treppenhäusern sind Rauchgasklappen und -fenster vorgeschrieben, sie sollten jedoch in allen Treppenhäusern eingesetzt werden. Ebenso sollten hier wie in den Wohnungen und Büros Rauchgasmelder installiert sein. Die Rettungswege müssen gut sichtbar markiert sein.

Alle Brandschutzvorrichtungen müssen regelmäßig auf Funktion und Sicherheit überprüft werden. Dies ist ab einer bestimmten Gebäudegröße bzw. -höhe sogar gesetzlich vorgeschrieben. Ziehen Sie bei Fragen oder Problemen einen Fachmann für Brandschutz oder die örtliche Feuerwehr hinzu.

Brandschutzvorschriften und -normen

Das Bauordnungsrecht stellt bestimmte Mindestanforderungen an den Brandschutz baulicher Anlagen, lässt aber Planern, Bauherrn und Handwerkern Spielräume, um Baukosten einzusparen. In vielen Fällen wird jedoch durch eine rein wirtschaftliche Ausrichtung die Sicherheit gefährdet, zu oft sind Vorschriften und Normen nicht geläufig und werden nicht beachtet. Deshalb ist es wichtig, bei der Inspektion eines Gebäudes zur Feststellung des baulichen Istzustands auch auf die nachfolgend kurz beschriebenen Brandschutzvorschriften und -normen zu achten.

In den Brandschutzvorschriften der Bauaufsicht wird zwischen feuerhemmenden, hochfeuerhemmenden, feuerbeständigen und hochfeuerbeständigen Bauteilen und Materialien unterschieden. Weiterhin wird vorgegeben, ob Bauteile teilweise oder ganz aus nicht brennbaren Baustoffen bestehen müssen.

Sicherheit bieten Baustoffe der Klassifizierung A »nicht brennbar«

Laut Bauordnung sind bauliche sowie andere Anlagen und Einrichtungen im Sinne von § 1 Abs. 2 der Bundesbauordnung so anzuordnen, zu errichten, zu ändern und instand zu halten, dass die öffentliche Ordnung – besonders Leben, Gesundheit und die natürlichen Lebensgrundlagen von Menschen – nicht gefährdet wird. Deshalb sollten grundsätzlich nur Baustoffe eingesetzt werden, die als mindestens »normal entflammbar« (B2) nach DIN 4102 eingestuft sind (diese sind allerdings immer noch brennbar). Dagegen dürfen »leicht entflammbare« (B3) Baustoffe nur unter bestimmten Bedingungen eingesetzt werden. Jeder verantwortungsbewusste Planer, Verarbeiter oder Bauherr sollte Baustoffe der Baustoffklasse B (nach DIN 4102) nur mit deutlicher Risikoabschätzung einsetzen, und dann auch nur die der Klasse B1.

Mehr Sicherheit bieten alle Baustoffe der Klassifizierung A (»nicht brennbar«). Werden brennbare Baustoffe eingesetzt, sollten Sie sich zusätzliche Maßnahmen überlegen, die der Feuerwehr im Brandfall einen schnellen und sicheren Zugriff ermöglichen (Notausgänge, Feuerleitern, gesicherte Zufahrt, Feuerschutztüren, Hydranten, gekennzeichnete Wasserentnahme, Rettungswege usw.). Eine Feuerwehrzufahrt muss in jeder baulichen Anlage vorhanden sein.

Baustoffklasse	Bauaufsichtliche Benennung
A	Nicht brennbare Baustoffe
A1	Baustoffe ohne brennbare Bestandteile und ohne besonderen Nachweis
A2	Baustoffe mit brennbaren Bestandteilen (benötigen ein Prüfzeugnis)
B	Brennbare Baustoffe

Baustoffklasse	Bauaufsichtliche Benennung
B1	Schwer entflammbare Baustoffe
B2	Normal entflammbare Baustoffe
B3	Leicht entflammbare Baustoffe

Tab. 4.1: Baustoffklassen und Brennbarkeit der Baustoffe

Brandschutz bei denkmalgeschützten Gebäuden
Grundsätzlich müssen auch bei denkmalgeschützten Gebäuden die Vorgaben des Brandschutzes erfüllt werden. Jedoch sind leichte Abweichungen möglich, vor allem bei den baustoffspezifischen Anforderungen. So kann beispielsweise eine Zustimmung erfolgen, wenn mit anderen Maßnahmen ein vergleichbares Schutzziel erreicht wird. Eine Lösung muss vom Planer erarbeitet werden. In diesem Fall empfiehlt es sich, einen fachkundigen Spezialisten damit zu beauftragen, da bei denkmalgeschützten Gebäuden häufig bestehende Bauteile geändert oder neue Elemente hinzugefügt werden. Das kann unter anderem dazu führen, dass ein entsprechender Verwendbarkeitsnachweis vorgelegt werden muss, entweder über eine Einzelprüfung oder eine gutachterliche Stellungnahme.

4.9 Bestandsaufnahme neun: Altlasten und Schadstoffe

Wenn ein Gebäude erworben werden soll, das auf einer ehemaligen Industriefläche steht, so sollte auch dem Boden erhöhte Aufmerksamkeit gewidmet werden. Bei einer Sanierung oder einem Umbau alter Gebäude führen sogenannte Altlasten zu besonderen Problemen. Vor allem sind Bauteile betroffen, die mit heute nicht mehr zulässigen Materialien gebaut wurden und das Grundstück belasten.

Wie Grundstücke diesbezüglich rechtlich beurteilt werden, regelt das Bundes-Bodenschutzgesetz (BBodSchG), das zusammen mit den Bodenschutzgesetzen der Länder Hauptteil des Bodenschutzrechts in Deutschland ist. »Altlasten« sind nach §2 Abs. 5 BBodSchG Altablagerungen und Altstandorte, durch die schädliche Bodenveränderungen oder sonstige Gefahren für den Einzelnen oder die Allgemeinheit hervorgerufen werden. Mit dem Gesetz wird das Ziel verfolgt, die Funktion des Bodens nachhaltig zu sichern oder wiederherzustellen.

Zur Bodensanierung gibt es nach § 2 Abs. 7 BBodSchG verschiedene Möglichkeiten: Dekontamination (Beseitigung oder Verminderung der Schadstoffe), Sicherung (langfristige Verhinderung oder Verminderung einer Ausbreitung der Schadstoffe, ohne die Schadstoffe zu beseitigen) sowie sonstige Maßnahmen zur Beseitigung oder Verminderung schädlicher Veränderungen der physikalischen, chemischen oder biologischen Beschaffenheit des Bodens. Folgende Maßnahmen werden angewendet:

- Verwaltungsmaßnahmen, zum Beispiel Umnutzung der Fläche auf eine weniger empfindliche Nutzung.
- Sicherungsmaßnahmen, zum Beispiel Einbau einer bautechnisch wirksamen Sperre.
- Umlagerung: Das schadstoffhaltige Material wird an einen anderen Ort gebracht, zum Beispiel auf eine Schadstoffdeponie.
- Dekontaminierung: Die Schadstoffe werden technisch entfernt.
- Sanierung, ohne Maßnahmen durchzuführen: Die Selbstreinigung erfolgt auf natürliche Weise durch kontrollierten natürlichen Rückhalt und/oder Abbau der Schadstoffe.

Da all diese Maßnahmen mit einem hohen finanziellen Aufwand verbunden sind, sollten Sie rechtzeitig klären, ob das angebotene Grundstück möglicherweise belastet ist. Sie können bei Ihrer Kommune auch Informationen über mögliche Belastungen erfragen; das Altlastenkataster gibt darüber Auskunft.

Ist eine Sanierung oder Modernisierung notwendig?

Bei einer Besichtigung ist insbesondere zu beachten, ob Sanierungs- und/oder Modernisierungsmaßnahmen erforderlich werden und wenn ja, wann. Sie betreffen meist folgende Bereiche:

- Sanitär-, Heizungs- und Elektroinstallationen,
- Fassaden bzw. Außenwände,
- Fenster, Türen und Treppenhäuser,
- Bodenbelag, Trittschallschutz,
- Dränage- und Abdichtungsarbeiten im Keller,
- Dachdeckungsarbeiten,
- Brand-, Schall- und Wärmeschutz.

In all diesen Bereichen sind die Investitionskosten oft relativ hoch. Das bedeutet jedoch nicht zwangsläufig, dass Sie die betreffende Immobilie nicht kaufen sollen.

5 Erneuerbare Energien effizient einsetzen

Über die Hälfte der gesamten Energie, die in Deutschland verbraucht wird, dient zur Erzeugung von Wärme. Etwa 14 % des Bedarfs für die Wärme- und Kälteerzeugung wurden im Jahr 2018 durch erneuerbare Energien abgedeckt, der Rest durch fossile Brennstoffe wie Erdgas, Heizöl und Kohle. Um die Umwelt zu schonen, aber auch um Kosten zu sparen sollten Eigentümer oder Käufer von Bestandsimmobilien langfristig auf erneuerbare Energien setzen.

Ideale Kombination: erneuerbare Energien plus Wärmedämmung

Wer die Kosten für Heizung und Warmwasser seines Gebäudes langfristig reduzieren und sich vor den Preisschwankungen des Erdgas- und Heizölmarktes schützen möchte, kommt nicht daran vorbei, alternative Energiekonzepte anzuwenden. Das allein bringt allerdings noch nicht den besten Effekt. Ein rundum wirtschaftliches und klimafreundliches Konzept umfasst folgende Komponenten: Das Haus verfügt über eine gut gedämmte und luftdichte Gebäudehülle, dreifach verglaste Fenster, eine Lüftungsanlage sowie ein Heizsystem ohne fossilen Brennstoff und produziert mithilfe einer Photovoltaikanlage selbst Strom.

Das ist natürlich nicht immer alles auf einmal und für jeden so zu verwirklichen. Doch wenn Hauseigentümer eine Sanierung anstreben, sollten sie diese in bestmöglicher Qualität vornehmen. Muss also die Fassade saniert werden, empfiehlt es sich, gleich eine Wärmedämmung anzubringen. Wird eine neue Heizung benötigt, sollte der Umstieg auf erneuerbare Energien angestrebt werden. Eine beliebte Lösung etwa ist eine Pelletheizung, sie gilt als nahezu CO_2-neutral, da das Verbrennen der Pellets nur so viel CO_2 freisetzt, wie die Bäume zuvor gebunden haben. Nachhaltig sind solche Heizanlagen vor allem dann, wenn man Holzpellets aus heimischer Produktion verwendet.

Ist das Haus gut gedämmt und kommt darin ein Heizsystem zum Einsatz, das mit einer niedrigen Vorlauftemperatur auskommt, stellt eine Wärmepumpe eine Alternative zur konventionellen Heizung dar. Eine solche nutzt die natürliche Umweltwärme aus Erdreich, Grundwasser, Außen- oder Abluft.

Beispiel: Investitionskosten einer Solarthermieanlage

Die Investitionskosten beispielsweise für eine Solarthermieanlage zur Warmwasserbereitung für ein durchschnittliches Einfamilienhaus älteren Baujahrs betragen rund 5.000 EUR. Bei den Energiekosten bringt sie eine Ersparnis von rund 250 EUR mit sich. Ihre Amortisationszeit liegt bei etwa 18 Jahren, wenn man eine Energiepreissteigerung von 5 % jährlich annimmt. Eine heizungsunterstützte solarthermische Anlage verursacht für das gleiche Gebäude etwa 10.000 EUR Investitionskosten. Sie bringt jährlich ein Einsparpotenzial von rund 550 EUR und amortisiert sich unter Berücksichtigung von Fördermitteln nach gut 15 Jahren.

! **Hinweis**

Eine solche Berechnung führt nur zu einer ungefähren Einschätzung, wie viel sich einsparen lässt, da ihr auch unsichere Parameter (die Entwicklung der Kosten für fossile Energieträger) zugrunde liegen.

In den folgenden Unterkapiteln finden Sie Informationen, die es Ihnen ermöglichen, eine Vorauswahl zu treffen und die Basis für ein informatives Gespräch mit einem Fachmann oder einer Fachfrau vor Ort zu schaffen.

Nutzen Sie Beratungsangebote

Die Energieeffizienz eines Gebäudes können Sie am besten mithilfe von Beratungsangeboten ermitteln. Im Internet finden Sie hierzu zum Beispiel einen kostenlosen interaktiven Modernisierungsratgeber des Bundesumweltministeriums (www.deutschland-machts-effizient.de) oder die Seite www.klima-sucht-schutz.de.

Das Bundesministerium für Wirtschaft und Technologie bietet mit dem Förderprogramm »Energieberatung für Wohngebäude (EBW)« (www.bafa.de) eine individuelle, professionelle Energieberatung (siehe auch Kapitel 8.1), die einen Zuschuss zu den Beratungskosten gewährt. Viele weitere Internetadressen zu Beratungsangeboten finden Sie im Anhang.

Checkliste: Datensammlung für die Energieberatung

ARBEITSHILFE ONLINE

Aspekte des Gebäudes	Angabe
Baujahr des Gebäudes	
Wurde das Gebäude umgebaut oder erweitert?	
Gibt es Baupläne zum Gebäude?	
Gibt es Grundrisse der Etagen?	
Gibt es Gebäudeschnitte?	
Gibt es Ansichten?	
Ist eine Baubeschreibung vorhanden?	
Wurden für das Gebäude bereits Berechnungen zum Wärmeschutznachweis bzw. eine Wärmebedarfsberechnung durchgeführt?	
Wurden bereits Wärmeschutzmaßnahmen oder andere Sanierungen am Gebäude ausgeführt?	
Wurden Fenster mit besserem Wärmeschutz eingebaut?	
Falls ja, wann?	
Sind die Konstruktionen und Dämmwerte der folgenden Bauteile bekannt?	
• Wärmedämmung von Fassadenteilen	
• Wärmedämmung der Kellerdecke	
• Wärmedämmung der obersten Geschossdecke	
Anzahl der Wohnungen im Gebäude	
Beheizte Fläche insgesamt (in m^2)	
Beheizte Wohnfläche (in m^2)	
Anzahl der Vollgeschosse (ohne Dach und Keller)	
Das Gebäude ist:	
• frei stehend	
• eine Reihenbebauung	
• ein Hochhaus	

Aspekte des Gebäudes	Angabe
• eine Siedlungsbebauung	
• ein Stadthaus mit Nachbarbebauung	
• eine Bebauung über 500 m NN	
Gibt es im Gebäude Feuchteprobleme und/oder Schimmelbefall?	
Mit welcher Anlagentechnik ist das Gebäude ausgestattet?	
• Zentrale Heizanlage für Raumheizung	
• Anschluss an Fernwärme	
• Heizanlagen für Heizung und Warmwasser	
• Einzelöfen, Gasetagenheizung	
• Alter Koks-/Kohlekessel	
• Ölheizanlage	
• Gasheizanlage (Erdgas)	
• Gasheizanlage (Stadtgas)	
• Holzheizung	
• Holzpelletheizung	
• Nutzung von Erdwärme (Geothermie)	
• Solaranlage nur für Brauchwasser	
• Solaranlage für Gebäudeheizung	
• Lüftungsanlage, Klimaanlage	
• Elektroheizung	
• Sonstiges	
Welche Heizflächen sind im Gebäude vorhanden?	
• Einzelheizkörper	
• Fußbodenheizung	
• Deckenheizung, Wandflächenheizung	
• Warmluftumwälzung mit Gebläse	

Aspekte des Gebäudes	Angabe
Sind Unterlagen zur Anlagentechnik (Heizungsschema, Berechnungsunterlagen, Kesseldaten, Angaben zu Umwälzpumpen usw.) vorhanden?	
Wie hoch war der Energieverbrauch in den letzten drei Jahren?	
Liegt Ihnen das aktuelle Schornsteinfegerprotokoll vor?	
Bei einer örtlichen Begehung sollte jemand dabei sein, der sich im Gebäude und auch mit der Haustechnik auskennt, zum Beispiel der Hausmeister oder Hausverwalter.	
Ansprechpartner dafür ist	
Sind für die Begehung die Schlüssel aller Räume des Gebäudes vorhanden?	
Sie sollten möglichst drei Wohnungen begehen können.	
1. Wohnungs-Nr., Geschoss, Aufgang	
Name des Mieters	
2. Wohnungs-Nr., Geschoss, Aufgang	
Name des Mieters	
3. Wohnungs-Nr., Geschoss, Aufgang	
Name des Mieters	

5.1 Sonnenenergie zur Warmwasserbereitung

Mit Sonnenenergie ist hier nicht die Photovoltaik gemeint, bei der Solarzellen die Sonnenstrahlung unmittelbar in elektrischen Strom umwandeln. Es geht vielmehr um Solarkollektoren, mit denen man die Wärme der Sonne gezielt nutzen kann, um Wasser zu erwärmen. Bei allen entsprechend gedämmten Gebäuden, die den Anforderungen der EnEV entsprechen, können Sie Wohnungen über Solarkollektoren mit warmem Trinkwasser versorgen und zusätzlich deren Raumheizung unterstützen. So sparen Sie über Jahrzehnte hinweg Brennstoff, und zwar nicht nur im Sommer, sondern auch an den sonnenarmen Tagen der Übergangsmonate und sogar im Winter. Solarkollektoren können Sie auf dem Dach und in der Fassade unterbringen oder separat auf dem Grundstück aufstellen. Für einen optimalen Einsatz sollte das Gebäude oder Grundstück möglichst nicht zu sehr im Schatten liegen.

Kombination von Solarenergie mit zusätzlichen Heizsystemen

Eine energetische Vollversorgung mit Solarenergie ist bislang in unseren Breitengraden noch nicht möglich. Deshalb werden Solaranlagen immer in Kombination mit zusätzlichen Heizsystemen eingesetzt. Die solarthermische Anlage ist meist so dimensioniert, dass eine hohe Energieausbeute erzielt und überschüssige Wärme vermieden wird. Außerhalb der Heizperiode deckt sie den Warmwasserbedarf vollständig ab und die konventionelle Heizung kann komplett ausgeschaltet bleiben. Im Winter und in der Übergangszeit wärmt die Anlage das Wasser vor und die Heizung bringt es dann auf die Endtemperatur. Bis zu zwei Drittel der Energie zur Warmwassererzeugung kann somit übers Jahr solar erzeugt werden.

So funktionieren solarthermische Anlagen

Bei solarthermischen Anlagen wandeln Solarkollektoren, die meist auf dem Dach installiert sind, die Sonnenstrahlung in nutzbare Wärme um. Solarkollektoren gibt es in verschiedenen Bauformen, grundsätzlich muss zwischen Flach- und Vakuumröhrenkollektoren unterschieden werden.

Der in den Kollektoren vorhandene Wärmeträger – oft ein Wasser-Frostschutz-Gemisch – nimmt die Wärmeenergie auf und transportiert sie über eine Umwälzpumpe in einen Warmwasserspeicher, der sich normalerweise im Heizraum befindet. In diesem Speicher gibt die Trägerflüssigkeit die in ihr gespeicherte Wärme über einen Wärmetauscher an das Heizwasser (Trinkwasser) ab und wird zurück zum Kollektor geführt. Der Warmwasserspeicher enthält einen zweiten Wärmetauscher, mit dem das Wasser in Zeiten geringer Sonneneinstrahlung durch den Heizkessel weiter erwärmt wird. Der Wärmeträger ist durch ein eigenständiges Rohrsystem vollständig vom Trinkwasserkreislauf getrennt. In Frostperioden sorgt er dafür, dass die Kollektoren nicht einfrieren und dadurch beschädigt werden.

Wie groß die Kollektorfläche und das Volumen des Speichers sein müssen, hängt von der Anzahl der Personen und dem weiteren Bedarf durch Haushaltsmaschinen wie Wasch- oder Spülmaschinen ab.

Einsparpotenzial

Etwa 60 bis 70 % des jährlichen Energiebedarfs für die Warmwasserbereitung lassen sich mit Solaranlagen einsparen. Je nach Dimensionierung der Anlage kann mit ihr auch der Energiebedarf für die Gebäudeheizung abgedeckt werden. Dafür ist natürlich sowohl eine größere Kollektorfläche als auch ein höheres Speichervolumen als bei der Warmwasserunterstützung notwendig. Hier kommen Tank-in-Tank-Speicher oder Kombispeicher mit innenliegendem oder externem Wärmeübertrager zur Trinkwassererwärmung zum Einsatz. Die solare Unterstützung der Heizung beschränkt sich überwiegend auf die Übergangszeiten, also Frühjahr und Herbst, in den Wintermonaten steht kaum Sonnenwärme zur Verfügung. Abhängig von der Ausführung und dem Zustand der Wärmedämmung des Gebäudes können so bis zu 20 % des gesamten Heizenergiebedarfs eingespart werden. Bei Passivhäusern kann der solare Anteil bei über 50 % liegen.

Hinweis !

Heizungsunterstützende Solarwärmeanlagen sind besonders dann sinnvoll, wenn das Heizsystem im Haus sowieso einen Pufferspeicher benötigt – wie etwa bei Holzheizungen.

5.2 Heizen mit Holz

Holz ist ein natürlicher, nachwachsender und CO_2-neutraler Rohstoff. Denn bei der Verbrennung wird nur so viel Kohlendioxid abgegeben, wie zuvor vom Baum gebunden und in Biomasse umgewandelt wurde. In Einfamilienhäusern werden zunehmend Einzelöfen mit heimischem Nutzholz befeuert. Bei kleineren Wohngebäuden kann ein Kaminofen oder ein Holzpelletofen als alleinige Raumheizung genutzt werden. Letztere werden oft mit einer Solarthermieanlage kombiniert.

Für größere Wohngebäude oder komplette Wohnanlagen hat sich die Holzpelletheizung bewährt. Holzpellets sind naturbelassenes, zerkleinertes und in eine einheitliche Größe gepresstes Material, das einfach und vollautomatisch in speziellen Heizanlagen eingesetzt wird. Solche Anlagen können in Altbauten problemlos nachträglich eingebaut werden. Die dafür notwendige Technik ist heute ausgereift und arbeitet energieeffizient und klimaschonend. Die Öfen haben einen integrierten Vorratsbehälter, aus dem die Pellets über ein Schneckengetriebe oder eine Saugleitung automatisch zum Brenner transportiert werden.

Wird das ganze Haus mit Holzpellets beheizt, bieten sich größere Pelletkessel im Heizraum an. Zur Lagerung müssen geeignete trockene Räume im oder am Gebäude vorhanden sein. Bei Altbauten kommt dafür beispielsweise der ehemalige Öllagerraum infrage. Eigentümer können auch auf dem Grundstück einen entsprechend druckfesten Lagerraum bauen oder industriell vorgefertigte Pellettanks in das Erdreich einlassen.

Angeliefert werden Pellets ähnlich wie Heizöl mit einem speziellen Tankwagen. Dieser leert seine Fracht über einen Schlauch mit Druckluft in den Lagerraum. Deshalb muss die für das Fahrzeug notwendige Anfahrmöglichkeit auf dem Grundstück vorhanden sein oder neu geschaffen werden.

! **Hinweis**

Einfluss auf die Ökobilanz der Holzpelletheizung hat unter anderem auch, wo das Holz herkommt. Günstiges Brennholz aus dem Baumarkt, auf langen Transportwegen teilweise sogar illegal geschlagen, bringt eine höhere Umweltbelastung mit sich. Nachhaltiger ist der Kauf vom regionalen Händler vor Ort. Das spart Anfahrtskosten und schont die Umwelt.

Bei der Verbrennung von Holz wird naturgegeben mehr Feinstaub freigesetzt als bei einer Öl- oder Gasheizung. Bei automatischen Pelletheizungen fällt jedoch deutlich weniger Feinstaub an als bei einem Kaminofen, nämlich nur ein Zehntel. Grundsätzlich gilt: Je größer und automatisierter die Heizungen, desto geringer die Schadstoffemissionen. Verbessern lässt sich die Bilanz weiter durch den Einbau von Partikelabschneidern, hierfür kann staatliche Förderung beantragt werden. Sie gibt es ab etwa 1.500 EUR, das BAFA zahlt 750 EUR dazu. Nach dem Einbau liegen die Feinstaubemissionen nur noch leicht über denen einer Ölheizung.

5.3 Wärmepumpen

Natürlich vorkommende Wärmeenergie kann mit einer Wärmepumpe auch ohne Feuerstelle genutzt werden. Das Gerät arbeitet im Prinzip wie ein Kühlschrank, der über einen elektrisch betriebenen Motor Wärme aus dem Innenraum abzieht und nach außen ableitet. Wärmepumpen entziehen der Umgebungsluft, dem Grundwasser oder dem Erdreich Energie und wandeln diese in Wärme für den Heizkreislauf um.

In Deutschland werden bei größeren Wohn- oder Bürogebäuden am häufigsten Erdwärmepumpen eingesetzt. Diese ziehen über Erdkollektoren oder Sonden, die im Erdreich verlegt sind, die Umgebungswärme aus dem Boden und befördern sie umgewandelt in den Heizkreislauf des Gebäudes mit einem Gemisch aus Wasser und Frostschutzmittel (Sole) zum Verdampfer der Wärmepumpe. Um die Temperatur aus dem Erdreich auf Heizniveau anzuheben, benötigt die Wärmepumpe etwas Strom. Sie gibt dann die Wärme zusammen mit der elektrischen Antriebsenergie an den Heiz- und Warmwasserkreislauf des Hauses ab. Erdwärmesonden können im Winter zum Heizen und im Sommer zum Kühlen genutzt werden.

Wärmepumpen arbeiten äußerst effizient. Mit einer Kilowattstunde (kWh) Strom kann man bei fachgerechter Planung und Ausführung etwa 3 bis 5 kWh Wärme erzeugen. Auch die Warmwasserbereitstellung erfolgt über die Wärmepumpe.

Um oberflächennahe Erdwärme zu nutzen, werden Wärmetauscher (horizontale Erdwärmekollektoren) im Erdreich verlegt. Dafür muss ausreichend Grundstücksfläche vorhanden sein. Ist das nicht der Fall, können Erdsonden, Energiepfähle, Grundwasserbrunnen und erdberührende Betonbauteile (zum Beispiel Kellerfußböden und -wände) als Wärmetauscher genutzt werden. Unabhängig von Wind und Wetter liefern diese Geothermieanlagen zuverlässig Wärmeenergie.

Tipp !

Wärmepumpen werden mit elektrischem Strom betrieben. Je nach Größe der Anlage können die Kosten abhängig von Region und Anbieter unterschiedlich hoch ausfallen. Bei der Planung sollten Hauseigentümer oder Käufer also über einen Tarifvergleich den günstigsten Stromanbieter ausfindig machen. Es gibt inzwischen besondere Tarife für Wärmepumpenstrom.

Wer möglichst niedrige CO_2-Emissionen anstrebt, sollte sich zudem darüber informieren, auf welche Art von Stromerzeugung der Anbieter setzt. Werden dafür in erster Linie erneuerbare Energien wie Wind, Wasser oder Solarenergie genutzt? Dann trägt der Hauseigentümer mit dem Betrieb der Wärmepumpe mehr zur Energiewende bei. Soll der Stromverbrauch noch weiter verringert werden, kann eine Photovoltaikanlage installiert werden, die die Wärmepumpe mit selbst erzeugtem Strom versorgt.

5.4 Kraft-Wärme-Kopplung

Die Kraft-Wärme-Kopplung (KWK) ist eine Technologie, die Strom und zugleich Wärme auf hocheffiziente Weise produziert und nutzt. Durch die Verbrennung von Gas, Öl, Diesel oder Biomasse – Holz oder Pellets – erzeugen KWK-Anlagen, auch Blockheizkraftwerk (BHKW) genannt, über einen Motor oder eine Turbine Strom. Die dabei gleichzeitig entstehende Wärme wird als Heizenergie und zur Warmwasserbereitung verwendet. Deshalb sind diese Anlagen wesentlich effizienter und umweltfreundlicher als die herkömmliche getrennte Erzeugung von Strom und Wärmeenergie. Es gibt sie als Großkraftwerke oder als Kleinstanlagen für Hauseigentümer.

! **Hinweis**

Auch Geothermie und Solarenergie lassen sich mit einer KWK-Anlage effizienter nutzen.

Das Spektrum der elektrischen und thermischen Leistung von KWK-Anlagen reicht von wenigen Kilowatt bis zu einigen Megawatt. Im Gegensatz zu thermischen Heizanlagen, die nur auf Wärmeerzeugung ausgelegt sind, wird bei KWK-Anlagen durch die gleichzeitige Abgabe von Strom ein sehr viel höherer Nutzungsgrad von bis zu 98 % erzielt, wodurch Brennstoff eingespart werden kann.

Doch nicht nur wegen des sparsamen Einsatzes von Brennstoffen gilt die KWK als effizient. Ein weiterer Vorteil ist der geringe Ausstoß von Schadstoffen. Die KWK lässt sich zudem einfach mit den in den meisten Wohngebäuden vorhandenen Öl- oder Gasheizungsanlagen kombinieren, was zu einer Reduzierung des Heizenergieeinsatzes um 50 % und mehr führen kann. Die Industrie bietet dafür seit geraumer Zeit sofort einsetzbare Bauteile an. Seit 2008 werden Mini-KWK-Anlagen außerdem durch staatliche Zuschüsse gefördert. Es gibt also viele Gründe, die Kraft-Wärme-Kopplung zu nutzen und dadurch Energie zu sparen.

Brennstoffzellenheizung

Brennstoffzellenheizungen gelten als eine Form der Kraft-Wärme-Kopplung, obwohl es sich aus technischer Sicht nicht um ein Blockheizkraftwerk handelt. Da sie gleichzeitig Wärme und Strom erzeugen, nennt man die Geräte aber meist in einem Atemzug mit KWK- und BHKW-Anlagen. Eine Brennstoffzellenheizung allein reicht allerdings nicht zur kompletten Wärmeerzeugung aus. Deshalb ergänzen ein

Spitzenlastkessel – meist ein Gasbrennwertgerät – und ein Warmwasserspeicher die Anlage.

Die Brennstoffzellenheizung nutzt die chemische Reaktion zwischen Sauerstoff aus der Luft und Wasserstoff aus Erdgas. Beim Aufeinandertreffen der beiden Elemente entstehen Wärme und Strom. Überschüssig produzierter Strom kann gegen eine Einspeisevergütung gewinnbringend an das öffentliche Stromnetz abgegeben werden.

Die Kosten für Brennstoffzellenheizungen sind zwar gesunken, seitdem die Geräte in größeren Serien produziert werden, sie sind aber trotzdem noch eher teuer: Ab 30.000 EUR sind sie inklusive Einbau zu haben, Ausgaben für bauliche Veränderungen, zum Beispiel für das Verlegen eines Gasanschlusses, können hinzukommen. Angesichts staatlicher Zuschüsse und des deutlich sinkenden Energieverbrauchs kann sich eine Brennstoffzellenheizung dennoch lohnen.

5.5 Biogasanlagen

In einer Biogasanlage wird Biogas aus Biomasse erzeugt. Ein Nebenprodukt ist Dünger. Meist wird das entstandene Gas zur Strom- und/oder Wärmeerzeugung in angeschlossenen Kleinkraftwerken, sogenannten Biogaskraftwerken, genutzt. Verwendet werden Rohstoffe wie Bioabfälle, Gülle, Klärschlamm, Fette oder Pflanzen, weshalb solche Anlagen fast nur in ländlichen Regionen zu finden sind. Mittlerweile gibt es auch Kommunen, die fast ihr gesamtes Dorf auf diese Weise kostengünstig mit Energie versorgen. In städtischen Ballungsräumen wird Biogas dagegen nur selten erzeugt, eine Möglichkeit sind hier Kläranlagen. Für den allgemeinen Wohnungsbau werden Biogasanlagen sicherlich auch künftig kaum großflächig genutzt werden.

5.6 Fernwärme

Die Fernwärmeversorgung wird besonders in Ballungsräumen angeboten. Ein nachträglicher Anschluss kann durchaus auch für Altbauten wirtschaftlich sein. In einigen Kommunen sind Eigentümer durch eine entsprechende Satzung dazu gezwungen, ihre Immobilie an das vorhandene Fernwärmesystem anzuschließen. Deshalb sollten sich Käufer frühzeitig vor dem Erwerb erkundigen, ob solche Vorgaben existieren und eingehalten werden müssen. Die Fernwärme wird im Gebäude an einer sogenannten Übergabestation an die Gebäudezentralheizung abgegeben. Die technischen Einzelheiten dazu erfahren Sie von Ihrem regional zuständigen Wärmelieferanten.

Egal ob Sie umbauen, sanieren oder modernisieren wollen – bei sorgfältiger Vorbereitung und sachkundiger Planung haben Sie immer die Möglichkeit, die laufenden Kosten für Heizenergie und Warmwasserbereitung zu minimieren. Die folgende Checkliste hilft Ihnen dabei.

ARBEITSHILFE ONLINE

Checkliste: Energiekosten senken
1. Legen Sie Ziele fest
Bereits im Vorfeld der Planung baulicher Umbau-, Sanierungs- oder Modernisierungsmaßnahmen sollten Sie alle Wunschvorstellungen schriftlich festhalten. Gehen Sie dabei jedoch nicht nur von Ihren eigenen Interessen aus, sondern befragen Sie alle Beteiligten. Das können Hausbesitzer, Hausverwalter, Wohnungsinhaber, Mieter, Hausmeister und andere Personen sein. Notieren Sie deren Wünsche und Vorstellungen, ohne sie zu bewerten. So erhalten Sie ein Energiewunschprofil, mit dem Sie weiterarbeiten können.
2. Prüfen Sie die Alternativen
Erkundigen Sie sich, welche erneuerbaren Energien für Ihr Bauvorhaben örtlich zur Verfügung stehen bzw. welche Möglichkeiten es für Sie gibt, auf alternative Energien umzusteigen. Beratungsstellen dafür sind meist bei den Landesministerien für Wirtschaft, Energie oder Bauen angesiedelt. Sie können aber auch die Internetseiten des Bundesbau- oder Bundesumweltministeriums konsultieren. Die örtlich zuständigen Baubehörden Ihrer Kommune helfen Ihnen ebenfalls weiter.
3. Sprechen Sie mit Fachleuten
Besprechen Sie das erstellte Energieprofil mit Fachleuten, zum Beispiel mit Energieberatern, Architekten, Sonderfachleuten, Bauunternehmen usw. Ziel dieser Vorgespräche ist es, eine finanziell realistische und wirtschaftlich vertretbare Basis für die zu planenden Maßnahmen zu definieren. Sie können auch eine Machbarkeitsstudie anfertigen lassen.
4. Schreiben Sie Ihre Qualitätsansprüche fest
Bereits im Auftrag an den Fachberater bzw. das Unternehmen, das die jeweiligen Arbeiten ausführen soll, sollten Sie sämtliche Qualitätsstandards der Materialien und Leistungen einzeln benennen. Nur so können Sie während der Ausführungsphase oder nach Bauabschluss festgestellte Mängel oder Falschausführungen rechtsverbindlich reklamieren und beheben lassen.

5. Kontrollieren Sie die Baustelle
Nehmen Sie entweder persönlich die täglich notwendige Kontrolle auf der Baustelle vor oder beauftragen Sie einen unabhängigen Fachmann damit. Für die Qualität der Ausführung ist es wichtig, den direkten Kontakt mit den ausführenden Unternehmen zu pflegen, sich einen stetigen Überblick über den Fortschritt bei den zu erbringenden Leistungen zu verschaffen und Unklarheiten sofort zu beseitigen.
6. Führen Sie ein Bautagebuch
Oftmals wird das Führen eines Bautagebuches (handschriftlich oder am PC) als veraltet bzw. überholt betrachtet. Doch je präziser Sie den Bauzustand samt jeweiligem Datum notieren, desto besser können Sie sich im Nachhinein die Einzelheiten wieder vergegenwärtigen. Hilfreich sind dabei auch Fotos.
7. Lassen Sie Ausführungsfehler sofort beseitigen
Ist der Termindruck sehr hoch, werden gerade bei Altbauten mangelbehaftete Arbeitsergebnisse oft übersehen. Deshalb ist es wichtig, dass Sie täglich kontrollieren. Entdecken Sie dabei Mängel, sollten Sie darauf bestehen, dass sie umgehend behoben werden – und das tun Sie am besten in schriftlicher Form. So wahren Sie Ihre Rechtsposition und können jederzeit nachweisen, dass Sie eine Korrektur verlangt haben. Das ist vor allem dann wichtig, wenn Sie später feststellen, dass die tatsächliche Energieeinsparung geringer ist als die vereinbarte.

6 Sanierung oder grundlegende Modernisierung?

Jeder Käufer einer Altimmobilie sollte sich vor dem Kauf die Frage stellen, ob sich das Gebäude zu vertretbaren wirtschaftlichen Konditionen an die Anforderungen heutiger Normen und Vorschriften sowie an die eigenen Vorstellungen und Bedürfnisse anpassen lässt: Reicht eine Sanierung oder wollen bzw. müssen Sie grundlegend modernisieren? Wenn Sie eine Immobilie selbst nutzen wollen, kann es sein, dass Sie sich in ein Gebäude »verlieben«, sodass die Frage der Wirtschaftlichkeit – anders als bei einer beabsichtigten Vermietung – nachrangig ist. In diesem Kapitel beschäftigen wir uns mit nötigen und möglichen baulichen Veränderungen, auch in Hinblick auf Ihre finanziellen Möglichkeiten.

Da im Zusammenhang mit dieser Thematik so wichtige Begriffe wie »baufällig«, »Sanierung«, »Kernsanierung«, »Modernisierung« und »Reparatur« häufig unterschiedlich verwendet werden, möchten wir diese zunächst verständlich beschreiben: Worum geht es jeweils? Was ist mit den Begriffen gemeint?

Baufällig

Baufällig sind Gebäude grundsätzlich, wenn ihre Bausubstanz – das Zusammenspiel zwischen Baustoffen und Bauteilen – derart marode oder beschädigt sind, dass eine gefährdungsfreie Nutzung (Wohnen, Arbeiten, Lagern) nicht mehr möglich ist, beispielsweise weil Fassadenteile herabstürzen könnten. In diesem Fall ist eine weitreichende Sanierung der Gebäude notwendig.

Sanierung

Sanierung bedeutet im Bauwesen unter anderem die bauliche und haustechnische Wiederherstellung einer Immobilie, um sichtbare und unsichtbare Mängel sachgemäß zu beseitigen. Dies kann sich auf ein komplettes Gebäude oder einzelne Etagen beziehen, auch eine energetische Sanierung ist möglich. Dazu wird zunächst eine Voruntersuchung durchgeführt, um die Schadensursache, das Schadensbild und notwendige Sanierungsmaßnahmen in einem Gutachten zusammenzufassen. Mit der Sanierung soll eine Wiederherstellung des statischen und zweckbestimmten Nutzungszustands erfolgen.

Gebäudesanierung

Die Gebäudesanierung beinhaltet die umfassende Reparatur oder Erneuerung ganzer Baukonstruktionen, von Bauteilen, Gebäudeteilen oder des gesamten Bauwerks. Bei der Sanierung von als Baudenkmäler registrierten Gebäuden muss dabei der Denkmalschutz berücksichtigt werden.

Kernsanierung

Eine Kernsanierung ist immer dann fällig, wenn die bauliche Grundsubstanz eines Gebäudes angegriffen scheint. In diesem Fall werden Maßnahmen durchgeführt, um die bauliche Substanz vollständig wiederherzustellen und in einen fast neuwertigen Zustand zu versetzen. Dazu wird ein Gebäude bis auf seine statisch tragenden Strukturen (Fundamente, Wände, Decken, Stützen, aussteifende Konstruktionen usw.) zurückgebaut. Die ursprüngliche Form, Größe und Bauhöhe werden nicht verändert und auch die Geschosshöhe und -zahl beibehalten. Der Gebäudekern wird an die heutigen Anforderungen angepasst. Eine solche bauliche Maßnahme kann nur im unbewohnten Zustand erfolgen. Bei größeren Objekten kann geschossweise vorgegangen werden.

Entkernung

Die Kernsanierung wird oft mit der Entkernung eines Gebäudes verwechselt. Bei Letzterer wird der gesamte Baukörper mit Ausnahme der sichtbaren Fassadenfläche abgetragen und dann mit geänderten Grundrissen, Geschosshöhen, haustechnischen Einrichtungen, Installationen, Elektroausrüstungen usw. völlig neu aufgebaut.

Altbausanierung

Mit dem Begriff »Altbausanierung« wird allgemein die Sanierung eines bestehenden Gebäudes bezeichnet. Dabei muss das Gebäude nicht unbedingt im herkömmlichen Sinne »alt« sein. Die durchgeführten Maßnahmen können sowohl die Gebäudestatik der Baukonstruktion, einzelne Bauteile, die Grundrissgestaltung als auch die äußere Gebäudehülle betreffen. Neben der rein wirtschaftlichen Betrachtung kann eine Altbausanierung auch aus ökologischer Sicht sinnvoll sein, wenn Ressourcen geschont und bereits vorhandene Baustoffe oder Bauelemente genutzt werden können. Dies zahlt sich mittel- und langfristig durch die eingesparten Kosten aus.

Modernisierung

Unter Modernisierung werden im Mietrecht sämtliche baulichen Maßnahmen des Eigentümers und/oder Vermieters einer Immobilie verstanden, die das Ziel haben, den Gebrauchswert der Mietsache nachhaltig zu erhöhen, die allgemeinen Wohnverhältnisse auf Dauer zu verbessern und/oder nachhaltige Einsparungen beim Energie- oder Trinkwasserverbrauch zu bewirken. Alle anderen Maßnahmen und durchzuführenden Arbeiten werden als Instandhaltungs- bzw. Instandsetzungsmaßnahmen verstanden. Die Abgrenzung von »Modernisierung« und »Instandhaltung« ist oft ein Streitpunkt zwischen Vermietern und Mietern, da die Kosten der Instandhaltung nicht auf die Mieter umgelegt werden dürfen, die für eine Modernisierung dagegen schon.

Reparaturen
Reparaturen sind Maßnahmen, die aus Gründen der allgemeinen Gefahrenabwehr oder bei Nutzungsminderung unmittelbar ausgeführt werden müssen. Sie sind sozusagen eine Reaktion auf kurzfristig und unvorhersehbar eingetretene Zustände.

6.1 Sanierungsmaßnahmen am Gebäude

Jedem Besitzer einer Immobilie stellt sich irgendwann die Frage, ob eine Komplettsanierung ausreicht oder ob eine grundlegende Modernisierung notwendig ist. Möglicherweise muss sogar eine noch radikalere Variante – Entkernung oder Totalabriss und Neubau – gewählt werden. Fachleute gehen davon aus, dass rund die Hälfte aller nach dem Krieg wieder aufgebauten Gebäude sanierungsbedürftig ist. Dabei müssen vor allem die heutigen höheren Anforderungen bei der Haustechnik sowie beim Feuchte-, Schall- und Wärmeschutz erfüllt werden. Bei Änderungen im Bestand sind zudem die Vorgaben der EnEV zu beachten. Auch hat sich die Nutzung von Wohnflächen, was Größe und Ausstattung angeht, grundlegend geändert. Grundsätzlich empfiehlt es sich, für die im Folgenden vorgestellten Maßnahmen und Möglichkeiten Fachkräfte zu beauftragen, die eine professionelle Einschätzung abgeben und die Maßnahmen dann fachgerecht durchführen.

Auf diese Sanierungsmaßnahmen am Gebäude wird in den beiden folgenden Kapiteln näher eingegangen:

- Dachsanierung: Dazu zählen der Austausch der Dachhülle und ggf. des Dachstuhl sowie die Dämmung des Daches.
- Deckenbalkensanierung.

- Energetische Sanierung oder thermische Sanierung: Hierunter fallen Maßnahmen, mit denen Sie den Energiestandard eines Gebäudes verbessern und den Wärmeverbrauch verringern.
- Fassadensanierung: Hierunter fällt der Austausch ebenso wie die Wärmedämmung.
- Fenstersanierung: Der Austausch von alten Fenstern gegen neue, besser isolierte.

Weitere Sanierungsmaßnahmen können sein:
- Mauerwerkssanierung,
- Betonsanierung,
- Asbestsanierung.

6.1.1 Die beteiligten Gewerke

Die eigentlichen Arbeiten verteilen sich auf viele Bereiche (Mauerwerks- oder Betonbau, Erdarbeiten, Abdichtungen im Erdreich, Fassadenbau mit Wärmedämmung, Putz und Stuck, Elektro- und Heizungsbau, Fenster und Türen, Treppen, Innenausbau, Trockenbau, Metallbau, Aufzugsbau, Brandschutz usw.) und Berufsgruppen (Zimmerer und Schreiner, Dachdecker, Klempner, Installateure, Fliesenleger, Maler usw.) Die Aufzählung ist nicht komplett, vermittelt aber einen Eindruck, wie umfassend die zu treffenden Maßnahmen sein können. Deshalb sollten Sie immer einen Fachmann einschalten und nicht den Versuch unternehmen, ohne die notwendige Fachkenntnis auszukommen. Eine vermeintlich preiswerte Ausführung kann sich schnell als wesentlich teurer erweisen, wenn das Ergebnis nicht gut ist und nachgebessert oder ganz neu angesetzt werden muss.

Mit den Ausführungen zu den Bestandsaufnahmen in Kapitel 4 können Sie sich einen Überblick über den baulichen Istzustand des Gebäudes verschaffen. Daraus lässt sich einfach ableiten, was angegangen werden muss und was noch aufgeschoben werden kann.

Beispiel: Wann muss eine Sanierung durchgeführt werden?

Eine Sanierung ist immer dann durchzuführen, wenn gravierende bauliche Schäden am Gebäude vorhanden oder bald zu erwarten sind. Solche Mängel können beispielsweise die Ablösung größerer Flächen des Fassadenputzes, die Aussandung der Fugen bei Sichtmauerwerk in der Fassade, Roststellen und Absprengungen an Betonwänden oder -decken sowie herabfallende Fassadenplatten sein. Auch kann wegen nachträglich veränderter Deckenbelastungen durch Umbau des ursprünglichen Grundrisses die statische Tragfähigkeit nicht mehr ausreichen.

In der EnEV sind zudem bestimmte Sanierungspflichten vorgeschrieben, die beim Neuerwerb einer Immobilie gelten. Dies betrifft vor allem Immobilien, die von den Vorbesitzern schon vor dem 1.2.2002 bewohnt wurden. Sie waren von den Sanierungspflichten zunächst ausgenommen. Neueigentümer müssen deshalb unter Umständen innerhalb von zwei Jahren einige Sanierungsmaßnahmen ausführen lassen, zum Beispiel den Austausch sogenannter Standard- und Konstanttemperaturkessel, die Dämmung der Rohrleitungen und das Dämmen des Daches oder Dachbodens.

Die einzuleitenden Sanierungsmaßnahmen sollen den ursprünglich verlässlichen Zustand des Gebäudes wiederherstellen. In der Regel sind sie mit einem hohen Kostenaufwand verbunden, weil viele bautechnische Arbeiten ausgeführt werden müssen. Sie als Besitzer erzielen am Ende eine entsprechende Wertsteigerung Ihrer Immobilie und verbessern auch Ihre Wohnqualität. Zudem lassen sich durch Sanierungsmaßnahmen langfristig Heiz- und Energiekosten einsparen.

6.1.2 Vor Sanierungsbeginn: Denkmalschutzauflagen prüfen

Bevor Sie mit der Planung von Sanierungsmaßnahmen beginnen, sollten Sie sich mit dem Denkmalschutzamt in Verbindung setzen und prüfen, ob Denkmalschutzauflagen bestehen. Bei Gebäuden, die unter Denkmalschutz stehen, gelten die Anforderungen der EnEV nicht, wenn die zuständige Landesbehörde einen Ausnahmebescheid ausstellt.

Wurde für das Baugebiet oder das Gebäude Denkmalschutz festgeschrieben und Sie möchten dennoch umfassende Veränderungen vornehmen, bleibt in den meisten Fällen nur eine Entkernung. Dabei werden die sichtbaren Fassadenteile technisch so abgefangen, dass sie während der Sanierungsmaßnahmen stehen bleiben. Der innere Bereich des Gebäudes wird dagegen komplett abgetragen (Entkernung).

Anschließend erfolgt ein komplett neuer Innenausbau. Dazu müssen neue Decken und Wände eingezogen, die Treppen bzw. Aufzugsschächte den geänderten Geschossen angepasst sowie die gesamte Haustechnik (Elektro- und Wasserinstallation, Heizrohre) und eine optimierte Zentralheizung eingebaut werden. Angepasst an die neue Gebäudestruktur werden auch Fenster und Türen. Im umgebenden Gelände werden eventuell (Tief)Garagen errichtet. Auf diese Weise wird aus einem ungepflegten Altbau eine moderne Immobilie mit hohem Wert- und Komfortzuwachs.

Zu einer Gebäudemodernisierung zählen alle baulichen Maßnahmen, die den Marktwert hinsichtlich einer Vermietung erhöhen:
- Umbau von Bad und Toilette,
- Auswechseln alter Heizkörper,
- Verlegen neuer Bodenbeläge,
- Verbesserung der Wärmedämmung durch Einbau neuer wärmedämmender Fenster und Türen,
- verbesserte Dämmung der Fassade und der Dachfläche,
- Umstellung der Zentralheizung auf erneuerbare Energien,
- Veränderung der Wohnungsgrundrisse.

Probleme entstehen oft dadurch, dass bei der Modernisierung notwendige Reparaturen mit ausgeführt werden. Bauliche Maßnahmen, die den normalen Verschleiß betreffen und deshalb zu einer vorausschauenden Instandhaltungsplanung gehören, sind nicht Bestandteil einer Modernisierung.

6.1.3 Nachhaltigkeit bei den Baustoffen

Vernachlässigen Sie auch bei der Altbaupflege niemals den Aspekt der Nachhaltigkeit. Darunter versteht man das energie-, material- und kostensparende Bauen unter ökologischen Gesichtspunkten. Damit ist nicht nur gemeint, generell den Heizwärmebedarf zu reduzieren und den CO_2-Ausstoß zu senken. Es geht auch darum, auf die Gesamtbilanz der verwendeten Baustoffe zu achten:
- Werden die Baustoffe umweltschonend produziert und verarbeitet?
- Sind sie später trennbar, wieder nutzbar, recycelbar oder unbedenklich abbaubar?
- Sind die eingesetzten Baustoffe und Bauteile gesundheitlich unbedenklich für die Bewohner?

Die Verwendung solcher Baustoffe kann natürlich etwas teurer werden als die billig am Markt zu bekommenden Massenprodukte, doch auf lange Sicht ist Nachhaltigkeit immer empfehlenswert. Eine Orientierung können Ihnen Gütesiegel wie der Blaue Engel oder entsprechende TÜV-Siegel geben.

6.1.4 Nachhaltige Haustechnik

Für die Haustechnik sollten Sie regenerative Energieträger und örtlich vorkommende, möglichst regenerierbare Materialien verwenden, außerdem dezentrale, umweltschonende Ver- und Entsorgungssysteme. Durch wartungsarme, klimagerechte und energiegewinnende Planungskonzeptionen können Sie den künftigen Bauunterhaltsaufwand senken. Wenn Sie ortsnahe Firmen beauftragen, wirkt sich dies wegen der kurzen Wege bei der Anlieferung der Baumaterialien ebenfalls positiv auf die Umweltbilanz aus. Nachhaltige Haustechnik kann in verschiedenen Bereichen zum Einsatz kommen, beispielsweise in Form von Blockheizkraftwerken, bei der Nutzung von Regenwasser, regenerativen Energien, wassersparenden Armaturen und Ähnliches mehr.

6.1.5 Smarte Haustechnik

Unter smarter Haustechnik bzw. Smart Home versteht man die Vernetzung von Heizung, Elektronik und Lüftung. Dabei werden Haustechnik, Unterhaltungselektronik und Haushaltsgeräte miteinander verknüpft und über ein Tablet, Smartphone oder eine Fernbedienung gesteuert. Der Vorteil eines Smart Homes liegt in den Einsparungen, die sich durch intelligente Systeme erreichen lassen. So ist es möglich, die Heizung von unterwegs zu steuern, um sie nach Bedarf ein- und auszuschalten. Sie läuft also nicht, wenn die Wärme nicht benötigt wird, dadurch sparen Sie Heizkosten und Heizenergie. Intelligente Lichtsysteme schalten sich über Sensoren dann ein, wenn Sie in einem Raum sind und künstliches Licht benötigen. Sie schalten sich selbstständig ab, wenn kein Licht gebraucht wird, weil sich niemand im Raum aufhält. Mittels intelligenter Technik können alle technischen Geräte zudem auf ihren Energiebedarf kontrolliert werden, durch entsprechende Regelung lässt sich unnötiger Energieverbrauch verhindern.

Ein typisches Beispiel für smarte Haustechnik sind automatisierte Rollläden, die per Knopfdruck gesteuert werden. So spielt smarte Technik auch beim barrierefreien Wohnen eine Rolle, da mit ihr vieles im Alltag leichter fällt. Zudem können in Notfällen, beispielsweise nach einem Sturz oder bei einem Brand, bestimmte Personen oder Einrichtungen benachrichtigt werden. Smarte Lösungen tragen zum Einsparen von Energie bei, sie sind aber nicht grundsätzlich nachhaltig, da die Produktion der Komponenten nicht unbedingt auf nachhaltigen Kriterien beruht.

6.1.6 Umbau eines Altbaus zu einem Niedrigenergiehaus

Durch die Kombination verschiedener Maßnahmen kann auch aus einem Altbau ein Passivenergiehaus werden. Möglich wird dies durch das Zusammenspiel von Dämmung, neuen Fenstern und neuer Heizungsanlage. Wesentlich ist dabei die Dicke der Dämmung, es kommt also darauf an, ob an der Konstruktion die notwendigen Voraussetzungen gegeben sind oder geschaffen werden können.

6.1.7 Die Wohneigentümerversammlung

Anders als bei Immobilien mit einem Eigentümer können viele Sanierungs- und andere Baumaßnahmen an Immobilien mit mehreren Wohnungseigentümern nur durchgeführt werden, wenn eine entsprechende Erlaubnis der Wohnungseigentümerversammlung vorliegt. Sie ist das Organ, das durch Selbstverwaltung Beschlüsse fasst. Die formalen Voraussetzungen sind im Wohnungseigentumsgesetz (WEG) festgelegt. Mindestens einmal im Jahr muss die Wohnungseigentümerversammlung durch einen von ihr gewählten Vertreter einberufen werden, sie darf nicht öffentlich stattfinden. Viele der hier vorgestellten Maßnahmen setzen einen Beschluss der Versammlung voraus. Das kann auch Vorhaben betreffen, die Sie in Ihrer eigenen Wohnung durchführen wollen. Schauen Sie deshalb im Grundbuch in die Gemeinschaftsordnung. Dort finden Sie die Regelungen, die für die in Betracht kommende Wohnung gelten.

6.2 Grundrissanpassung: Ressourcen sparen, Raum gewinnen

Wohnungskäufer legen immer mehr Wert auf energiesparende und umweltschonende Gebäude. Diese Forderungen lassen sich zum einen mit technischen Maßnahmen erfüllen, zum anderen durch eine sinnvolle und ressourcenschonende Ausrichtung des Wohnungsgrundrisses.

6.2.1 Lange Leitungen verkürzen und Energie sparen

So waren zum Beispiel in den großbürgerlichen Wohngebäuden der Jahre 1900 bis etwa 1930 die Grundrisse auf eine Großfamilie und deren Bedienstete ausgerichtet. Im Lauf der Jahrzehnte glich man durch Um- und Anbauten den Flächenbedarf an die kleiner werdenden Familien an. Die Haustechnik wurde dabei nicht immer an die geänderten Grundrisse angepasst. Beispielsweise mussten oft lange Leitungsstränge von der Toilette oder dem Bad zur Fallleitung des Abwassers geführt werden.

6.2.2 Ungeregelte Lüftung abstellen und Heizkosten senken

Etwa ab den 1950er-Jahren wurden besonders im sozialen Wohnungsbau von außen belüftete Abstellräume in die Küchen eingebaut, das war verbindlich vorgeschrieben. Sie sind in vielen Altbauwohnungen bis heute vorhanden, werden aber angesichts moderner Küchentechnik nicht mehr benötigt und lassen über die Außenlüftung viel teure Heizenergie nutzlos verpuffen. Werden diese Räume in einen geänderten Wohngrundriss eingepasst, bedeutet das also nicht nur Flächengewinn, sondern auch eine Minderung des Heizwärmeverlusts. Für Küchen- und Badräume kann sich der Einsatz einer dezentralen Lüftungsanlage mit Wärmetauscher, durch die Heizenergie eingespart wird, empfehlen.

6.2.3 Mehr Wohnraum: Verteiler- und Sicherungskästen in den Keller verlegen

Noch immer befinden sich in manchen Altbauwohnungen Kammern in den Dielen, in denen die Strom- oder Gaszufuhr sowie alle Verteiler- und Sicherungseinrichtungen untergebracht sind. Da es sich dabei um potenzielle Brandherde handelt, gehören sie in einen dafür ausgewiesenen Übergaberaum im Keller. Durch eine entsprechende Änderung des Grundrisses wird außerdem Wohnraum gewonnen.

6.2.4 Fensterflächen verkleinern und Heizwärmebedarf mindern

Große Fensterflächen und ungedämmte Rollladenkästen trifft man in alten Geschosswohngebäuden häufig an. Werden im Zuge einer Grundrissanpassung kleinere Fensterflächen mit stark wärmedämmenden Fensterstöcken und Gläsern sowie wärmegedämmten Rollladenkästen eingebaut, lässt sich der Heizwärmebedarf mindern. Auch moderne große Fenster, beispielsweise mit Dreifachverglasung, weisen deutlich bessere Eigenschaften hinsichtlich der Wärmedämmung auf als alte Fenster.

6.2.5 Für Hauseigentümer: Welche Maßnahmen müssen Mieter dulden?

Grundsätzlich sollten Wohngrundrisse nur angepasst werden, wenn die Bewohner dauerhaft oder vorübergehend umgezogen sind und die Wohnung freigegeben ist. In Einzelfällen kann aber auch, mit Zustimmung des Wohnungsinhabers, eine raumweise Verbesserung durchgeführt werden. Sie ist jedoch immer mit einer starken Lärm- und Schmutzbelastung verbunden.

Nach § 554 Abs. 2 Bürgerliches Gesetzbuch (BGB) hat ein Mieter Maßnahmen zur Verbesserung der Mietsache, zur Einsparung von Energie oder Wasser sowie zur Schaffung neuen Wohnraums zu dulden. Bedeuten die Maßnahmen für den Mieter, seine Familie oder einen Angehörigen seines Haushalts eine Härte, die auch unter Würdigung der berechtigten Interessen des Vermieters und anderer Mieter in dem Gebäude nicht zu rechtfertigen ist, kann der Mieter Einspruch erheben. Ob eine Verbesserung der Mietsache erfolgt, muss objektiv bestimmt werden, und zwar unabhängig von den Auswirkungen auf das bestehende Mietverhältnis.

! **Hinweis**

Klären Sie rechtzeitig, ob Ihre aufzuwendenden Kosten und die zu erwartende Erhöhung der finanziellen Belastung für den Mieter in einem angemessenen Verhältnis stehen.

6.2.6 Maßnahmen zur Verbesserung der Mietsache

Im rechtlichen Sinne versteht man unter »Maßnahmen zur Verbesserung der Mietsache« bauliche Maßnahmen, die den Gebrauchs- und Substanzwert einer Wohnung erhöhen oder die allgemeinen Wohnverhältnisse verbessern. Sie können folgende Bereiche betreffen:

- räumliche Veränderung (Anpassung des Wohngrundrisses),
- Verbesserung der Belichtung und Belüftung (Fenster, Lüftungsanlagen, Abluft),
- Anhebung des vorhandenen Schallschutzes,
- Umstellung der Energieversorgung, zum Beispiel von fossilen Brennstoffen auf erneuerbare Energien,
- Wasserversorgung und Entwässerung (Trinkwasser, Abwasser),
- Raumheizung und Kochmöglichkeiten,
- Funktionsabläufe in der Wohnung (Raumanordnung, Zugang),
- Sicherung gegen Diebstahl, Gewalt, Vandalismus.

Eine Verbesserung beschränkt sich nicht allein auf die Räume, sondern umfasst auch bauliche Maßnahmen, die die allgemeinen Wohnverhältnisse verbessern. So gibt es beispielsweise in vielen Altbauten keine Balkone oder Personenaufzüge. Technisch ist es problemlos möglich, nachträglich Balkone anzubauen, ohne in die Baukonstruktion eingreifen zu müssen. Sie werden einfach statisch frei stehend vor der Fassade mit direktem Zugang zur Wohnung errichtet. Allerdings ist zu beachten, dass sich dadurch der durch die Bauordnung vorgeschriebene Abstand zum Nachbarhaus verändert. Bei enger Grenzbebauung sollten Sie deshalb vor dem Umbau gemeinsam mit dem zuständigen Bauamt nach einer Lösung suchen. Dasselbe gilt für den nachträglichen Anbau statisch selbsttragender Personenaufzüge vor der Fassade. Für derartige Umbauten in einem Mehrfamilienhaus mit mehreren Wohnungseigentümern benötigen Sie – wie für viele andere Maßnahmen auch – die Zustimmung der Wohneigentümerversammlung. Nur sie als Gremium kann dies entscheiden.

6.3 Bei Heizung und Warmwasser Kosten senken

Planen Sie bei Altbauten auf jeden Fall eine Umstellung bzw. Verbesserung der vorhandenen Anlage für Heizung und Warmwasser ein, falls daran nicht bereits in den letzten Jahren gearbeitet wurde. Heizkessel, die nicht der EnEV 2014 entsprechen – zum Beispiel Gas- oder Ölkessel, die älter als 30 Jahre sind –, müssen ausgetauscht werden. Eine moderne Heizungsanlage verbraucht außerdem bis zu 40 % weniger Energie als die Altanlagen. Wegen des hohen Sparpotenzials und der damit verbundenen Verbesserung lohnt es sich also auch dann, wenn die Anlage noch nicht defekt ist, Kessel und Brenner auszutauschen.

6.3.1 Umstellung auf erneuerbare Energien

Ziehen Sie bei einer notwendigen Änderung der Heiztechnik auch eine Umstellung auf erneuerbare Energien in Betracht, denn in absehbarer Zeit werden die Vorkommen an fossilen Brennstoffen erschöpft sein und die Preise extrem steigen. Die technischen Voraussetzungen sind mittlerweile gegeben, sodass sich jeder Altbau problemlos umstellen lässt und Sie sogar zwischen verschiedenen Energiearten wählen können: Ob Holzpellets, Erdwärme, Solarthermie, Biogas oder Kraft-Wärme-Kopplung – für sie alle gibt es technisch ausgereifte und wirtschaftlich vertretbare Anlagenkonzepte.

Die Nutzung erneuerbarer Energien ist in Baden-Württemberg bereits vorgeschrieben. Dort gilt das Erneuerbare-Wärme-Gesetz (EWärmeG), das festlegt, dass auch in vor 2009 errichteten Gebäuden beim Austausch der Heizungsanlage 15 % der Wärme durch erneuerbare Energien gedeckt sein oder Ersatzmaßnahmen nachgewiesen werden müssen. Das Bundeskabinett hat am 23.10.2019 einen Entwurf vorgestellt, der den Einbau von Ölheizkesseln ab dem Jahr 2016 verbietet. Vom Verbot ausgenommen sind lediglich Gebäude, die nicht mit Gas oder Fernwärme versorgt werden und deren Heizung auch nicht mit erneuerbaren Energien betrieben werden können. Dies würde den Betrieb bereits vorhandener Ölheizungen nicht betreffen, dennoch stellt sich heute schon die Frage, ob die Umstellung einer alten Heizungsanlage auf eine modernere Ölheizung ökologisch nicht sowieso eine sinnvolle und zukunftsfähige Lösung ist.

Beispiel: Energiebilanz von Gebäuden

In der EnEV 2014 werden in der Energiebilanz von Gebäuden auch die Energieverluste berücksichtigt, die durch die Erzeugung, Verteilung, Speicherung und Übergabe der entsprechenden Energieart anfallen. Um wirtschaftlich ausbeutbare Erdölquellen zu finden, müssen zunächst umfangreiche geologische Untersuchungen und viele Probebohrungen vorgenommen werden. Später erfolgt der Transport des Öls von der Förderplattform zur Raffinerie über kilometerlange Leitungstrassen und mit riesigen Tankschiffen. Dabei muss der Umweltschutz beachtet werden. Probleme gibt es immer wieder durch Tankerunglücke. In der Raffinerie entstehen Verluste durch die Umwandlung, beispielsweise in Heizöl. Verluste ergeben sich zudem beim Weitertransport von der Raffinerie zum Verbraucher und bei der Einlagerung des Heizöls im Gebäude. Die Endenergie des Heizöls ist also geringer als seine ursprüngliche Energie plus die Energie, die für Förderung, Transport, Lagerung usw. erforderlich ist.

6.3.2 Hohe Energieeffizienz bei Holz(pellets)

Der Primärenergiefaktor ist der Quotient aus Primärenergie und Endenergie, also das Verhältnis von eingesetzter zu abgegebener Energie. Die folgende Tabelle führt die Werte einiger Energiearten auf.

Energieart	Primärenergiefaktor
Braunkohle	1,2
Brennholz	0,2
Holzpellets	0,2
Erdöl	1,1
Erdgas	1,1
Strom	1,8

Tab. 6.1: Primärenergiefaktoren von Energiearten

Der Energieverlust bei Strom fällt am höchsten aus. Im Gegensatz dazu ist die Energieeffizienz bei Holz(pellets) sehr hoch. Die Primärenergiefaktoren müssen bei der Berechnung gemäß EnEV zur Bestimmung der energetischen Qualität der Heizungsanlage berücksichtigt werden. Seit 2017 ist die Anbringung eines Effizienzlabels an älteren Heizkesseln verpflichtend. Seit dem 26.9.2019 umfasst die Skala die Klassen A+++ bis D, vor diesem Datum reichte sie von A++ bis E. Das Label dient zur Information.

Moderne Heizkessel

Heizkessel werden noch immer oft genutzt, um fossile Brennstoffe wie Erdgas oder -öl zu verbrennen. Zukunftsfähiger und nachhaltiger sind Heizkessel, die mit Holz oder Holzpellets funktionieren. Rein energetisch betrachtet sind diese Heizsysteme recht günstig. Mit einem modernen Heizkessel können Sie aber auch gute energetische Werte erzielen, wenn Sie noch fossile Brennstoffe nutzen.

Niedertemperaturkessel

Bei Niedertemperaturkesseln wird die Kesseltemperatur nicht wie bei konstant betriebenen Altkesseln ständig auf 70 bis 90 °C gehalten, sondern an die Außentemperatur angepasst. Eine elektronische Regeleinrichtung sorgt dafür, dass das Kesselwasser jeweils nur aufgeheizt wird, bis die gewünschten Raumtemperaturen erreicht sind. Die Kesseltemperatur ist also an kalten Tagen höher als an warmen.

Werden alte Kessel mit Konstanttemperaturen gegen Niedertemperaturkessel ausgetauscht, muss sowohl die Rauchgasabführung als auch der vorhandene Schornsteinzug auf Eignung geprüft werden. Besonders im Altbau, wo es noch oft gemauerte Kamine gibt, kann es durch die niedrigen Abgastemperaturen der Niedertemperaturkessel zur Kondensatbildung im Schornsteinzug und am Kaminkopf kommen, was zur sogenannten »Versottung« (Bildung dunkler Flecken auf der Außenfläche des Schornsteins) führt. Insbesondere bei alten gemauerten Schornsteinzügen werden deshalb Rauchrohre aus Metall, Glas oder keramischen Baustoffen mit einem schwächeren Querschnitt nachträglich eingezogen. Solche Umrüstungen werden meist vom Kaminkopf oder vom Dach aus durchgeführt. Die einzelnen Wohnungen sind davon nicht betroffen. Allerdings kann es vorkommen, dass ein alter Schornstein nicht mehr genutzt werden kann und ein neuer gebaut werden muss. Für solche Fälle gibt es verschiedene Systeme aus Metall oder keramischen Baustoffen, die auch außen vor der Fassade angebracht werden können.

Brennwertkessel

Durch einen Brennwertkessel wird der Wirkungsgrad der Heizung wesentlich stärker erhöht. Hier wird zusätzlich die Restwärme aus dem Kondensat der Abgase genutzt. Bei Gasbrennern ergeben sich damit beispielsweise energetische Einsparungen von rund 10 bis 12 %, da im Gas relativ viel Wasser enthalten ist. Bei Heizöl liegt das Sparpotenzial etwas niedriger – bei etwa 4 bis 5 %.

Blockheizkraftwerke

Unter Blockheizkraftwerken (BHKW) versteht man eine modular aufgebaute Anlage zur Erzeugung von Strom und Wärme. Sie werden im Normalfall in direkter Nähe zu dem Gebäude betrieben, das mit Wärme versorgt werden soll. Ein BHKW verfügt im Vergleich zur üblichen Kombination aus Heizungsanlage im Gebäude und Kraftwerk über einen höheren Gesamtnutzungsgrad, weil hier die Abwärme der Stromerzeugung über einen Wärmetauscher genutzt wird. Ein BHKW funktioniert auf Basis der Kraft-Wärme-Kopplung.

Den erzeugten Strom können Sie selbst nutzen, nicht benötigter Strom kann gegen Vergütung ins Stromnetz eingespeist werden. Die Wirtschaftlichkeit eines BHKW hängt von einer möglichst langen Betriebsdauer ab. Diese wäre beispielsweise gegeben, wenn darüber in einem Mehrfamilienhaus auch das Wasser erwärmt wird. Sogenannte Nano-BHKW eignen sich für den Einsatz in einem Einfamilienhaus, zudem besteht die Möglichkeit, dass sich die Eigentümer mehrerer Einfamilienhäuser zusammenschließen, um ein BHKW nachbarschaftlich zu nutzen. Betreiben lassen sich die Anlagen mit Diesel, Gas oder Öl, manche auch mit regenerativen Energieträgern wie Rapsöl, Holzpellets oder Biodiesel.

Einen Kamin mit regenerativen Brennstoffen einbauen

Mit dem Einbau eines Kamins sorgen Sie einerseits für Behaglichkeit im Wohnraum, andererseits ist ein mit Holz beheizter Kamin eine CO_2-neutrale Möglichkeit, Wärme zu erzeugen. Beim Verbrennen von Holz wird lediglich die Menge an CO_2 frei, die durch das Holz bereits gebunden wurde.

Unterschieden wird zwischen herkömmlichen und wassergeführten Kaminen. Ein herkömmlicher Kamin bringt Wärme in den Raum, in dem er steht. Mit wasserführenden Kaminen hingegen kann Wärme für das gesamte Gebäude erzeugt werden, sie werden daher auch vom BAFA gefördert (siehe Kapitel 8.1). Mit diesen Kaminen lässt sich nicht nur ein Raum beheizen, sondern sie erzeugen mehr Wärme, die über einen Wärmetauscher (Wassertasche) und Pufferspeicher in das zentrale Heizungssystem eines Gebäudes eingespeist wird. Der Pufferspeicher dient dazu, die Wärme aufzunehmen und zeitversetzt in das Heizungssystem einzuspeisen, da der Kamin natürlich nur Wärme erzeugt, wenn er befeuert wird.

! **Achtung**

Jeder Kamin muss mit dem Schornstein verbunden sein. Prüfen Sie deshalb, ob an der gewünschten Stelle ein Anschluss möglich ist.

Schornsteine lassen sich bei Bedarf nachrüsten, dazu werden zumeist Systeme aus Edelstahl über das Dach oder die Fassade geführt. Bei wasserführenden Kaminen spielen zwei Faktoren eine Rolle: die heizseitige und die raumseitige Leistung. Erstere bezieht sich auf die Wärmeabgabe in das Heizungssystem, Letztere auf die direkte Wärmeabgabe in den Raum. Außer auf die Leistung ist beim Kauf eines neuen Kaminofens auf einen hohen Nutzungsgrad und geringe Emissionen zu achten. Ein hoher Nutzungsgrad bedeutet, dass weniger Brennmaterial verbraucht wird, so lassen sich die höheren Anschaffungskosten ausgleichen. Am besten wählen Sie einen Kamin der Energieeffizienzklasse A+ mit einem Energieeffizienzwert von etwa 120 %.

Problem Schadstoffemissionen

Auch wenn das Verbrennen von Holz oder Holzpellets im Idealfall CO_2-neutral ist, wird dadurch doch eine relativ hohe Menge an Schadstoffen freigesetzt, vor allem Feinstaub. Deshalb muss ein neuer Kaminofen die zweite Stufe der Verordnung über kleine und mittlere Feuerungsanlagen (Erste Verordnung zur Durchführung des Bundes-Immissionsschutzgesetzes (1. BImSchV)) einhalten. Dies gilt auch für bereits vorhandene Kamine, die zwischen 1985 und 1994 errichtet wurden. Sie müssen zum 1.1.2020 stillgelegt, durch einen neuen emissionsarmen Ofen ersetzt oder nachgerüstet werden, wenn der vorhandene Kamin die geltenden Grenzwerte nicht einhält.

! **Hinweis**

Prüfen Sie unbedingt, ob ein vorhandener Kamin diese Werte einhält, bevor Sie ihn möglicherweise wieder in Betrieb nehmen. Ausnahmen gelten bei Öfen, die vor 1950 gebaut wurden, sowie für Kamine, die nur gelegentlich benutzt werden. Grundsätzlich sollten Sie zum Befeuern nur trockenes Holz mit einem Wasseranteil zwischen 15 und 20 % verwenden. Feuchtes oder behandeltes Holz ist zum Verbrennen nicht geeignet. Mit Blick auf die Nachhaltigkeit sollten Sie zudem Holz aus Ihrer Region verwenden, da sich lange Transportwege negativ auf die CO_2-Bilanz auswirken. Auch der Einbau eines Staubabscheiders hilft, die Schadstoffemissionen zu verringern.

6.3.3 Einsparpotenziale bei der Warmwasserbereitung

Generell wird im Wohnungsbau der größte Anteil der Energiegesamtmenge für die Warmwasserbereitung verbraucht. In einem energetisch nicht angepassten Bestandsgebäude mit Baujahr um 1985 beispielsweise liegt der benötigte Energieanteil für die Warmwasserbereitung zwischen 15 und 25 %. Wird bei diesem Gebäude die Energieeffizienz zum Beispiel durch eine Verbesserung der Gebäudehülle erhöht, kann der Anteil auf bis zu 60 % steigen. Da Warmwasser, im Gegensatz zur Raumheizung, das gesamte Jahr über zur Verfügung stehen muss, können Sie hier durch Nutzung der Einsparpotenziale die Kosten und den Energieverbrauch deutlich senken.

Nutzerverhalten

Das Nutzerverhalten hinsichtlich der verbrauchten Wassermenge wirkt sich selbstverständlich unmittelbar auf den Energieverbrauch aus. Wollen Sie also Energie sparen, sollten Sie sparsam mit Warmwasser umgehen. Rüsten Sie zum Beispiel alle Warmwasserzapfstellen wie Duschköpfe mit wassersparenden Minderungseinsätzen aus. Auch berührungslose Armaturen, Wasserbremsen oder Start-Stopp-Spülungen helfen, den Wasserverbrauch zu verringern.

Solarthermieanlagen können Kosten bis zu 50 % senken

Erfolgt die zentrale Warmwasserbereitung über den vorhandenen Heizkessel, ergibt sich eine gute Energieeffizienz. Nutzen Sie erneuerbare Energien, beispielsweise eine Solarthermieanlage, kann der Energieverbrauch bis zu 60 % niedriger liegen als bei dezentralen Anlagen. Besonders geeignet für die Nutzung eine Solarthermieanlage zur Warmwasserbereitung sind Gebäude, die eine Dachfläche nach Süden haben und deren Dach über einen Winkel von rund 50 Grad verfügt. Sonnenkollektoren an Nordseiten anzubringen ist nicht sinnvoll.

Für die Warmwasserbereitung an einem idealen Standort eignen sich Flachkollektoren. Wenn Sie mit der Solarthermieanlage zusätzlich Heizwärme erzeugen wollen oder die Kollektoren nicht unter Idealbedingungen angebracht werden können, sollten Sie Vakuumröhrenkollektoren wählen, die zwar teurer, aber effizienter sind. Die Kollektoren wandeln Sonnenstrahlung in Wärme um, diese wird durch ein Rohrnetz in einen mit Trinkwasser gefüllten Speicher geleitet. Bei Anlagen zur Warmwassererzeugung können Sie mit einem Flächenbedarf von etwa 1 bis 1,5 m^2 pro Person rechnen, für einen Vierpersonenhaushalt benötigen Sie ungefähr 300 Liter Speicher. Damit können rund 60 % des jährlichen Warmwasserbedarfs gedeckt werden, im Sommer 100 % (zur Nutzung von erneuerbaren Energien siehe auch Kapitel 5).Kombinierte Solarthermieanlagen zur Erzeugung von Warmwasser und Heizenergie sind förderfähig (siehe Kapitel 8).

Steuerungsanlagen für Zirkulationsleitungen

Besonders bei Großwohnanlagen und Mehrgeschosshäusern mit zentraler Warmwasserversorgung sind die Leitungstrassen sehr weitläufig. Abhilfe schaffen Zirkulationsleitungen, die jedoch mit ihren notwendigerweise dauernd laufenden Pumpen viel Strom und damit viel Energie verbrauchen. Zudem muss das in den Leitungen zirkulierende Wasser immer wieder neu erwärmt werden. Häufig kommt es aber vor, dass über längere Zeiträume kein Warmwasser benötigt wird. Deshalb lohnt es sich, mit einem Steuerungssystem die Pumpen vorübergehend abzuschalten und erst anfahren zu lassen, wenn Wasser gebraucht wird. Dabei können auch Zeit- oder Impulssteuerungen eingesetzt werden. So können Sie einen Teil der Stromkosten einsparen.

Rohr-an-Rohr-System und Isolierung sparen Energie

Energiesparend ist auch das sogenannte Rohr-an-Rohr-System. Dabei werden sowohl die Warmwasser- als auch die Zirkulationsleitungen für die Gebäudeheizung nebeneinander verlegt und gemeinsam in einer doppelten Isolierschale geführt. Das spart nicht nur Platz, sondern reduziert auch die Wärmeverluste um bis zu 18 %.

! **Tipp**

Wenn die Leitungen nebeneinander verlegt sind, wie es in Bestandsgebäuden oft der Fall ist, lässt sich durch eine dickere Isolierung der Leitungen mit geeigneten Wärmedämmstoffen ebenfalls sehr viel Energie einsparen. Dazu gibt es spezielle vorgeformte Dämmstoffschalen, mit denen sich die Energieeffizienz bei der Warmwasserbereitung wesentlich verbessern lässt. Eine Isolierung der Leitungen legt übrigens auch die EnEV fest. Je dicker die Isolierung ist, desto höher fallen die Einsparungen aus.

6.4 Energiecheck: die optimale Größe der Heizanlage

Um den Energieverbrauch möglichst gering zu halten, ist neben dem bestmöglichen Schutz vor Wärmeverlusten die Größe der Heizanlage entscheidend. Diese muss immer optimal auf den Bedarf des gesamten Gebäudes ausgerichtet sein. Zur überschlägigen Bedarfsabschätzung können Sie die nachfolgenden Formeln nutzen. Sie finden auch im Internet Seiten, auf denen Sie diese Berechnungen durchführen lassen können, nachdem Sie die entsprechenden Kennziffern eingegeben haben.

Hinweis

Beachten Sie, dass es sich hier um eine Faustformel handelt. Mit der exakten Berechnung müssen Sie einen Heizungsfachmann beauftragen.

So berechnen Sie die Energiekennzahl
Um die Höhe des Heizenergieverbrauchs und die Kennzahl für die verbrauchte Endenergie (EKZ_{Brenn}) zu ermitteln, gehen Sie bei Bestandsgebäuden vom mittleren Energieverbrauch der letzten drei Jahre aus.
1. Berechnen Sie zunächst den Gesamtenergieverbrauch
Wie viel Heizöl (in Litern) bzw. Gas (in Kubikmetern) wurde durchschnittlich pro Jahr benötigt? Da ein Kubikmeter Gas bzw. ein Liter Heizöl ungefähr 10 kWh Heizleistung entspricht, multiplizieren Sie nun den Jahresverbrauch an Öl bzw. Gas mit zehn und erhalten den Gesamtenergieverbrauch pro Jahr in kWh.
Verbrauch Gas bzw.Heizöl × 10 ≈ Gesamtenergieverbrauch
2. Errechnen Sie die benötigte Energiemenge für die Warmwasserbereitung (ebenfalls in kWh)
Dazu multiplizieren Sie die Anzahl der Personen pro Haushalt mit 1.000. Zur Vereinfachung können Sie bei Großwohngebäuden drei Personen pro Haushalt annehmen.
3 Personen × Anzahl der Haushalte × 1.000 ≈ Energieverbrauch Warmwasser
3. Berechnen Sie den Heizenergieverbrauch
Ziehen Sie den Wert für die Warmwasserbereitung von der ermittelten Gesamtenergiemenge ab und Sie erhalten den Heizenergieverbrauch (in kWh).
Gesamtenergieverbrauch – Energieverbrauch Warmwasser ≈Heizenergieverbrauch
4. Berechnen Sie die Energiekennzahl
Schließlich teilen Sie den Heizenergieverbrauch durch die zu beheizende Gesamtwohnfläche, also die Summe der Bodenflächen aller zu beheizenden Räume (in m^2). So erhalten Sie die Energiekennzahl.
$\frac{\text{Heizenergieverbrauch}}{\text{Gesamtwohnfläche}} \approx \text{Energiekennzahl}$

Was sagt das Ergebnis aus?
Bei Bestandsgebäuden sollte dieser Wert nicht mehr als 120 kWh/m² betragen. Andernfalls sollten Sie dringend eine energetische Sanierung vornehmen. Je kleiner der Wert ausfällt, desto geringer ist der Energieverbrauch und desto mehr Fördergelder für eine Modernisierung der Heizanlage können Sie in Anspruch nehmen.

6.5 Energiecheck: die passende Heizkesselgröße

Um die passende Heizkesselgröße zu ermitteln, teilen Sie den Gesamtenergieverbrauch durch die geplante oder vorhandene Kesselleistung. Diese lassen Sie sich von Ihrem Heizungsbauer nennen oder lesen sie vom Typenschild des Heizkessels ab. So ergibt sich die Anzahl der Volllaststunden Ihres Heizkessels. Dies ist zwar nur ein theoretischer Wert, der aber eine Schätzung zulässt, ob Sie einen kleineren Kessel mit geringerem Energieverbrauch einsetzen sollten.

Wird auch das Warmwasser über den Heizkessel erhitzt, sollten die angenommenen Volllaststunden mehr als 1.600 betragen. Bei dezentraler Warmwasseraufbereitung sollten mindestens 1.400 Stunden pro Jahr angesetzt werden. Der Heizkessel ist zu groß, wenn die errechnete Anzahl der Volllaststunden deutlich unter diesen Werten liegt. In diesem Fall sollten Sie Ihre Heizung an den wirklichen Bedarf des Gebäudes anpassen und einen kleineren Kessel mit besserer Energienutzung einbauen lassen.

6.6 Deckenkonstruktionen prüfen, reparieren und sanieren

In Altgebäuden finden sich oft Holzbalkendecken und Systemdecken aus Stahl- oder Betonträgern mit Einschubhohlkörpern aus Beton oder Ziegeln. Diese Deckenkonstruktionen entsprechen meist nicht mehr den modernen Anforderungen, was Schallschutz und statische Tragfähigkeit betrifft. Moderne Wohnungseinrichtungen haben beispielsweise ein höheres Flächengewicht als frühere und auch die Belastung durch hohe Drehzahlen von Waschmaschinen wurde ursprünglich nicht eingerechnet. Altbaudecken sind solchen Beanspruchungen manchmal nicht gewachsen. Ziehen Sie deshalb immer einen Statiker hinzu, der die Deckenkonstruktion und Tragfähigkeit prüft.

6.6.1 Holzbalkendecken

Bei Holzbalkendecken ist das tragende Element die Balkenlage aus Holz – meist in Form gesägter oder behauener massiver Deckenbalken. Diese liegen auf den statisch tragenden Außen- und Innenwänden auf, manchmal auch auf sogenannten Kragsteinen, die aus der Wand nach innen ragen.

Der Balkenabstand (die Balkenlage) ist unterschiedlich – abhängig von der Traglast, der Balkenabmessung, konstruktiven Erfordernissen (zum Beispiel Auswechslung im Bereich des Schornsteinzugs und der Treppenöffnungen) und der angestrebten freien Spannweite. In der Regel beträgt der Abstand zwischen 0,50 und 1,25 m.

Die Balkenabmessung errechnet sich aus der tragenden Belastung und der freien Spannweite. Der Zwischenraum zwischen den Balken wird als Füllung bezeichnet. Bei einer Füllungsdecke sind die Balken sichtbar, während die geschlossene Decke an der Balkenunterseite mit Holz verkleidet ist (Holzvertäfelung).

Nachteile alter Holzbalkendecken sind die geringe Schall- und Wärmedämmung, der geringe Brandschutz und die geringe statische Belastbarkeit. Außerdem neigen sie stark zu Schwingungen und können von Pilzen (Hausschwamm) und Insekten (Hausbock) befallen sein.

Tipp !

Da Holzbalkendecken einem natürlichen Alterungsprozess unterliegen, sollten Sie sie regelmäßig auf Schädlinge und Pilzbefall untersuchen sowie ihre Tragfähigkeit (Statik) überprüfen (lassen).

6.6.2 Hourdisdecke

Diese Deckenkonstruktion besteht aus Ziegelelementen (Hourdis), die zwischen Trägern aus Stahl (Doppel-T-Träger), Holz oder Stahlbeton eingelegt bzw. eingehängt werden. Je nach Konstruktion wird für die raumseitig begehbare Fläche eine Ortbetonschicht mit einer Stärke von bis zu 5 cm gegossen. Nach dem Austrocknen folgt darauf eine Dämmmatte aus Mineralwolle- oder Polystyrolplatten als Schall- und Wärmeschutz. Abschließend werden in der Regel ein Zementestrich und ein Bodenbelag aufgebracht.

Ein Vorteil der Hourdisdecke besteht darin, dass die Bauelemente einzeln montiert und ohne zusätzliche Hilfsmittel schnell ohne Deckenschalung verlegt werden können. Unterseitig sind sie entweder nicht (Kellerdecke) oder mit einem normalen Deckenputz verputzt.

6.6.3 Flachdecke

Diese Konstruktion wird auch als unterzuglose Decke bezeichnet. Die Deckenplatte trägt ihre Lasten nicht mithilfe von Unterzügen, sondern ist punktförmig durch Stützen und Wände gesichert. Flachdecken zeichnen sich durch eine geringere Konstruktionshöhe als Trägerdecken und eine glatte Deckenuntersicht aus. Zudem erlauben sie mehr Flexibilität bei der Raumaufteilung. Allerdings haben sie ein relativ hohes Deckengewicht, eine größere Verformungsempfindlichkeit und eine zweiachsige Lastabtragung.

Schall- und Wärmedämmung
Betondecken leiten Schall und Wärme relativ gut weiter. Deshalb müssen sie entsprechend gedämmt werden. Dazu wird üblicherweise eine Trittschalldämmung mit entsprechend ausgewiesenen Matten auf die Betondecke aufgebracht. Diese muss unbedingt an den Wandseiten durch Schallschutzstreifen ergänzt werden, da sonst eine Schallübertragung von der Decke in die Wandfläche und umgekehrt stattfindet, was zu einer Hellhörigkeit des Gebäudes führt.

Wärmebrücken: Kragplatten müssen »eingepackt« werden
Problemzonen bei diesen Decken sind auskragende Deckenplatten, zum Beispiel von Balkonen, die bei Altbauten sehr oft nicht von der Raumdeckenplatte getrennt sind. So entsteht eine Wärmebrücke. Abhilfe schafft nur eine komplette thermische Abtrennung von der Deckenplatte, was nachträglich oft nicht möglich ist, oder das »Einpacken« der Kragplatte mit Wärmedämmstoffen sowohl von unten als auch von oben. Dabei muss die Wärmedämmung bis an die Anschlüsse zur Wand weitergeführt werden.

Bei allen Bestandsgebäuden sollte grundsätzlich in regelmäßigen Abständen die auskragende Deckenplatte auf ihre vorhandene Tragfähigkeit (Statik) überprüft werden. Zu beachten ist, dass die Qualität des alten Betons und der Stahleinlagen nicht heutigen Standards entspricht. Zudem unterliegt jeder Baustoff einem natürlichen Alterungsprozess.

6.6.4 Deckengewölbe

Auf gewölbte Decken trifft man häufig bei Gebäuden bis etwa Baujahr 1940 im Untergeschoss bzw. Keller, die Steindecken des Raums sind dann (bogenförmig) gekrümmt. Die häufigsten Gewölbeformen sind das Tonnen- und das Kreuzgewölbe, zudem gibt es das Kreuzrippen-, Stern-, Netz-, Fächer-, Kloster-, Mulden- und Spiegelgewölbe. Eine Sonderform ist die Kuppel.

Die verarbeiteten Baumaterialien unterliegen einem natürlichen Alterungsprozess, besonders in feuchten Räumen kann es daher sowohl zu Ausblühungen als auch zur Zersetzung von Stein und Mörtel kommen. Die regelmäßige Sichtprüfung ist also unumgänglich. Zerstörte bzw. bröckelnde Steine müssen ausgewechselt und offene Mörtelfugen geschlossen werden. Da heute kaum ein Handwerker mehr die Technik der Gewölbeherstellung beherrscht, muss meist ein Spezialist beauftragt werden, was recht teuer werden kann.

6.7 Dachgeschoss: durch Ausbau Raum gewinnen

Noch heute findet man in vielen Bestandsgebäuden nicht ausgebaute Dachgeschosse, die als Abstell- oder Wäschetrockenräume genutzt werden. Diese lassen sich relativ wirtschaftlich zu vollwertigen Wohnungen oder zusätzlichen Wohnräumen aus- bzw. umbauen. Beachten Sie dabei aber, dass die in der jeweiligen LBO geforderte Deckenhöhe erreicht wird. Der Ausbau des Dachgeschosses ist zudem in vielen Fällen genehmigungspflichtig. Die Regelungen hierzu enthält die für Ihr Bundesland gültige LBO. Wenn Sie das Dachgeschoss zu einer kompletten Wohnung umbauen, müssen Sie sich dies auf jeden Fall genehmigen lassen. Dabei ist auch auf die Geschossflächenzahl zu achten, die angibt, wie viele Quadratmeter Geschossfläche je Quadratmeter Grundstücksfläche zulässig sind (§ 20 BauNVO). Ist das Dachgeschoss bereits ausgebaut, sollten Sie überprüfen, ob der Ausbau den heute geltenden Normen, Vorschriften und Gesetzen entspricht. Beachten Sie vor allem die Anforderungen des Brand-, Schall- und Wärmeschutzes.

Da die meisten Dachgeschosse eine Holzkonstruktion als Dachtragwerk haben, müssen das Gebälk und die Decke regelmäßig auf Schädlings- und Pilzbefall überprüft werden. Hinzu kommt, dass bei Altdächern manchmal Feuchtigkeit durch Regen- oder Schneeeintrieb an das Gebälk gelangt und dieses stellenweise durchfeuchtet. So kann im Lauf der Zeit eine Zerstörung durch Fäulnis eintreten und damit die statische Tragfähigkeit gemindert werden.

Die früher übliche offene Bauweise von Dachgeschossen erlaubt einen ungehinderten Wind- und Wettereinfluss. Solche Dächer sind zwar wegen der ständigen Durchlüftung und dem Vorkommen von Fledermäusen weniger anfällig gegen Pilz- und Insektenbefall, entsprechen aber nicht mehr den heutigen Anforderungen des Wärmeschutzes. Bei Einfamilienhäusern gehen durch solche Dächer rund 30 % der Heizenergie verloren. Deshalb müssen sie entsprechend der EnEV 2014 umgebaut werden, sodass deren Anforderungen bezüglich Luftdichtheit und Wärmedämmung erfüllt sind.

! **Tipp**

Bei Bestandsgebäuden müssen Sie generell die gesamte Dachfläche überprüfen, und zwar mindestens einmal jährlich. Dabei werden außenseitig die Dachbaustoffe auf Frostabplatzungen, Absprengungen, Durchfeuchtungen, Ausblühungen, Verfärbungen untersucht und nach losen bzw. verschobenen Pfannen geschaut. Gecheckt werden auch alle Regenrinnen und Regenfallrohre sowie die über Dach mündenden Lüftungsrohre, Schornsteinköpfe und deren Abdeckungen. Außerdem werden die Anschlüsse der Dachflächenfenster sowie die für den Schornsteinfeger vorgesehenen Ausstiege, Leitern, Dachtritte und Dachroste auf Rost und Festigkeit überprüft. Blitzschutzanlagen und Schneefanggitter oder -balken müssen Sie ebenfalls kontrollieren (lassen).

Vom innen begutachten Sie die Luftdichtheit des gesamten Dachraums. Dabei prüfen Sie die Klebebänder an den Anschlussbereichen auf Beschädigung oder Ablösung. Dies kann durch ein etwas aufwendigeres Verfahren, den Blower-Door-Test, erfolgen. Dabei wird der gesamte Dachraum unter Überdruck gesetzt und der Druckabfall gemessen, alternativ werden mittels Rauchpatronen undichte Stellen sichtbar gemacht. Ist Luftdichtheit nicht gegeben, müssen Sie entweder nachbessern oder komplett sanieren.

6.7.1 Mehr Licht durch Dachfenster

Als Dachfenster werden alle Fenster bezeichnet, die in ein Dach eingebaut sein können. Zum Teil kann man sie öffnen (als Ausstieg für den Schornsteinfeger, zur Dachinspektion usw.) oder sie sind dauerhaft verschlossen (Lichtöffnungen). Sie können sich aus dem Dach herausheben, (zum Beispiel Dachgauben, Erker, Kuppelfenster, Lichtkuppeln) oder in der Dachebene verbleiben (Wohndachfenster, Oberlichter usw.).

Ihr besonderer Vorteil ist, dass sie eine bis zu dreimal höhere Lichtausbeute ermöglichen als vergleichbare senkrechte Fensterflächen. Dachfenster lassen sich neben- und übereinander anordnen und als Kassettenfenster oder Lichtkuppeln ausgestalten. Je höher im Raum sich ein Fenster befindet, desto heller wird dieser ausgeleuchtet. Überfirstverglasungen bieten einen grandiosen Blick in den Himmel.

Unter 90 cm Einbauhöhe ist feste Verglasung vorgeschrieben
Beachten Sie beim Einbau von Wohndachfenstern, dass die DIN 18008 bei einer Einbauhöhe von 0,9 m und weniger eine feste Verglasung (zum Beispiel mit Sicherheitsglas) vorschreibt. Die obere Kante des Dachfensters sollte auf 2 m Höhe liegen, das betrifft besonders Dachflächenfenster, die über einen oben am Fenster angebrachten Griff geöffnet und geschlossen werden. Dagegen können Fenster, deren Griff sich im unteren Fensterbereich befindet, auch über 2 m Höhe eingebaut werden. Bei dieser Konstruktion lassen sich auch lange Fenster benutzerfreundlich bedienen.

Die Länge eines Dachfensters sollte abhängig von der Dachneigung festgelegt werden. Für steilere Dächer sind kürzere Fenster geeignet, für Dächer mit geringer Neigung dagegen längere. Wegen der höheren Lichtausbeute empfiehlt es sich, möglichst große Fenster einzubauen. Wählen Sie die Fensterkonstruktion am besten so, dass sowohl hochgewachsene als auch kleinere Menschen sie gut bedienen können.

Dachfenster werden meist zwischen den Dachsparren angeordnet. Sonderlösungen sind aufgesetzte Laternenfenster oder hereingezogene Dachbalkone. Außerdem gibt es Kipp-, Dreh-, Schiebe- und Ausstellfenster.

6.7.2 Wärmegedämmte Dachflächenfenster

Dachflächenfenster sollten schall- und wärmegedämmt sein und müssen den Anforderungen der Bauregelliste entsprechen. Aufgrund der witterungsbedingt höheren Anforderungen müssen sie außerdem Schlagregensicherheit gewährleisten. Bei zweistufigen Systemen sind Regen- und Windsperre räumlich getrennt voneinander angeordnet. Je größer der Abstand ist, desto mehr Schlagregensicherheit ist gegeben. Die zweistufige Abdichtung muss auch den Druckausgleich zwischen Außenluft und Falzraum sowie die kontrollierte Wasserabführung sichern. Bei unsachgemäßem Einbau kann Regen eindringen, zum Beispiel wenn Dichtungen nicht richtig anliegen oder Verschraubungen von Abdeck- und Glasprofilen undicht sind.

Bei den Fenstern können Sie zwischen Zweifach- und Dreifachverglasung wählen. Mit einer Dreifachverglasung geht weniger Wärme verloren als mit einer Zweifachverglasung, deshalb sollten Sie zur ersten Variante greifen. Die Kosten liegen im Vergleich nur etwa 10 % höher. Für dreifach verglaste Fenster kann bei der KfW eine Förderung beantragt werden.

! **Tipp**

Wichtig ist, dass der Blendrahmen des Fensters fachgerecht wärmegedämmt oder ausreichend Raum für eine den Rahmen umlaufende Wärmedämmung vorhanden ist. Diese Dämmung sollte fugenlos an die Dachdämmung anschließen. Dampfbremsen müssen bis zur inneren Verkleidung geführt werden. Auch die Verglasung sollte eine bestimmte Wärmedämmung gewähren. Wählen Sie am besten Dreifachisolierglas mit wärmetechnisch verbessertem Randverbund und einer Beschichtung, die Infrarotlicht reflektiert und zusätzlich UV-Schutz bietet.

Kondenswasserbildung vermeiden

An den Rändern der Scheiben ist die Oberflächentemperatur zwangsläufig geringer als in der Scheibenmitte. Deshalb bildet sich hier meist Kondenswasser. Um dies zu vermeiden, sollten Heizkörper im Fensterbereich sachgemäß angeordnet werden – also so, dass warme Luft an der Fensterscheibe zirkulieren kann.

Belüftung durch integrierte Fensterlüfter

Eine wichtige Grundlage für komfortables Wohnen ist der Austausch von Luft zwischen Innen- und Außenraum. Das Ziel einer guten Wohnraumbelüftung besteht darin, das aus der menschlichen Atmung stammende Kohlenstoffoxid, aus Möbeln austretende Schadstoffe, sonstige Gase und Aerosole sowie überschüssige Luftfeuchtigkeit nach außen zu leiten und Sauerstoff in den Raum zu führen. Dazu trägt nicht nur ein angepasstes Lüftungsverhalten der Bewohner bei. Auch fachgerecht angeordnete und ausgeführte Öffnungen und Fenster im Dach helfen mit, ein angenehmes Wohnklima zu schaffen. Moderne Dachflächenfenster sind so ausgerüstet, dass eine kontinuierliche Raumlüftung ohne große Temperaturverluste gewährleistet wird.

Die kontrollierte Lüftung gewinnt immer mehr an Bedeutung, da wegen der laufend erhöhten energetischen Anforderungen an die Gebäudehülle Fenster immer dichter ausgeführt werden. Deshalb ist auch bei Dachflächenfenstern eine konkrete Lüftungsplanung wichtig. Empfehlenswert sind dezentrale, ins Fenster integrierte Lüftungssysteme, sogenannte Fensterlüfter, die eine nutzerunabhängige Lüftung sicherstellen. Eine dezentrale Lüftung mit Wärmerückgewinnung spart zudem Heizkosten, indem sie Abluftwärme zurückgewinnt und auf die kalte Luft überträgt, die von außen einströmt. Dadurch muss weniger Heizenergie aufgewendet werden.

Es existieren auch zentrale, integrierte Lüftungssysteme, mit denen der gesamte Wohnraum gelüftet wird. In Altbauten kommen solche Systeme seltener zum Einsatz, das kann aber sinnvoll sein, wenn in einem Gebäude, beispielsweise nach einer energetischen Sanierung, der nötige Luftaustausch nicht gewährleistet ist. Da der Einbau im Vergleich zur dezentralen Lüftungsanlage einen Eingriff in die Bausubstanz erfordert, bietet es sich an, dies direkt im Zuge der Sanierungsarbeiten einzuplanen.

Sorgen Sie für ausreichend Tageslicht

Die fachgerechte Anordnung sowie die Anzahl der Wohndachfenster und Gauben sind entscheidend für die sachgemäße Ausleuchtung der Wohnräume mit Tageslicht. Abhängig von der Grundfläche eines Raums sowie vom gewünschten Wohnkomfort lässt sich die Gesamtgröße der verglasten Öffnungsflächen ermitteln.

Mindestflächen von 10 bis 12,5 % gefordert

In den meisten LBOs wird eine Mindestlichtfläche von 10 bis 12,5 % der Grundfläche gefordert. Diesem Wert entspricht der heute in Gebäuden vorhandene Standard meistens. Beachten Sie außerdem die DIN 5034 »Tageslicht in Innenräumen«: Die Summe der Breiten aller vorhandenen Fenster in einem Wohnraum sollte mindestens 55 % der Breite des Raums ausmachen. Das heißt: Je größer der Raum ist, desto größer sollte die gesamte Lichtfläche sein. Dadurch ergeben sich auch bessere Lüftungsmöglichkeiten.

Vorschriften oder Normen, die die Größe von Dachflächenfenstern vorschreiben, gibt es nicht. Die Fensterbreite muss nicht unbedingt der Sparrenbreite entsprechen, bautechnisch ist es jedoch vorteilhaft, da ansonsten Wechsel- und Hilfssparren eingebaut werden müssen. Normalerweise beträgt die Fensterbreite maximal zwei Sparrenabstände, also rund 1,3 m, und die Höhe bis zu 1,6 m. Die kleinsten Abmessungen liegen bei rund 0,5 m Breite und 0,8 m Höhe – dies ist der sogenannte Arbeitsausstieg zur Dachfläche, zum Beispiel für den Schornsteinfeger.

Sonnenschutz durch Außen- oder Innenjalousien

Da Wohndachfenster meist dem Neigungswinkel der Dachfläche folgen, sollte auf ausreichenden Sonnenschutz durch Außen- oder Innenjalousien bzw. Stoffmarkisen geachtet werden. Außenjalousien schützen am besten vor Hitze, sind aber in der Anschaffung kostenintensiver. Innenjalousien verhindern das Aufheizen von Räumen weit weniger.

Sind die Fenster im Raum weit oben angeordnet, müssen die Jalousien eventuell mechanisch bedient werden. Inzwischen gibt es auch zahlreiche sensorgesteuerte Systeme, bei denen sich die Jalousie abhängig von den äußeren Temperaturen, der Raumtemperatur und dem Stand der Sonne automatisch schließen oder öffnen. Die Steuerung der Jalousien ist per Spracherkennung oder über eine App möglich. Auf dem Markt existieren Modelle mit Solarsteuerung, die den Stromverbrauch entsprechend verringern. An Dachgauben, deren Lichtfläche senkrecht ist, können Sie außen Markisen, Klappläden oder Rollläden anbringen. Gleiches gilt für Dachbalkone. Und: Sollten Sie den Dachraum zum Schlafen nutzen, ist auf eine ausreichende Verdunklungswirkung zu achten.

6.7.3 Überfirstverglasungen

Bei der Überfirstverglasung handelt es sich um eine relativ neue besondere Architekturvariante für Dachwohnungen. Dabei werden auf einer oder beiden Seiten des Steildaches Fenster angeordnet, die bis in den Firstbereich verlaufen. So eröffnet sich ein beeindruckender Blick in den Himmel, dafür muss aber verstärkt auf Sonnenschutz geachtet werden. Besonders bei einer Ausrichtung nach Süden oder Südwesten sowie bei flacher Dachneigung ist er unverzichtbar. Hersteller empfehlen für die Dachfirstverglasung elektrisch betriebene Dachwohnfenster mit Fernbedienung. Wegen der hohen Witterungsbelastung und der Windsogkräfte sollte eine Sicherheitsverglasung verwendet werden.

6.8 Schadstoffe erkennen und entsorgen

In Bestandsgebäuden gibt es häufig gefährliche Stoffe, die einzelne Räume oder das gesamte Gebäude belasten und laut Schadstoffverordnung als »gesundheitsgefährdend« eingestuft werden. Bekannte Raumluftschadstoffe sind:

- Asbest,
- flüchtige organische Verbindungen (VOC),
- polychlorierte Biphenyle (PCB),
- Holzschutzmittel (zum Beispiel Pentachlorphenol (PCP) und seine Derivate),
- polyzyklische aromatische Kohlenwasserstoffe (PAK),
- künstliche Mineralfasern (KMF),
- Isocyanate,
- staubgebundene Allergene von Pflanzen, Tieren und Pilzen,
- Flammschutzmittel,
- Weichmacher,
- Kunststoffmonomere und ähnliche Stoffe.

6.8.1 Auftrag an ein Fachinstitut für Schadstoffermittlung und -sanierung

Viele dieser Innenraumschadstoffe können bei dauerhaftem Kontakt zu erheblichen chronischen Erkrankungen führen, Krebs erzeugen, das Erbgut verändern oder die Fruchtbarkeit gefährden. Beauftragen Sie deshalb selbst bei dem geringsten Verdacht ein anerkanntes Fachinstitut für Schadstoffermittlung und -sanierung. Es wird sich auch um die Entsorgung vorgefundener Schadstoffe kümmern, denn bei unsachgemäßer Handhabung oder Anwendung können die Umwelt oder Personen gefährdet werden. Deshalb ist die Abfallentsorgung durch zahlreiche nationale und internationale Gesetze und Verordnungen geregelt, beispielsweise durch die Abfallverbringungsverordnung, das Kreislaufwirtschafts- und Abfallgesetz oder die Nachweisverordnung.

6.8.2 Recycling

Während Schadstoffe und belastete Bauteile beseitigt werden, also unter Einhaltung vorgeschriebener Grenzwerte an die Umwelt abgegeben oder in ein ausgewiesenes Endlager bzw. eine Sondermülldeponie überführt werden müssen, kann unbelasteter Bauschutt recycelt und als Füllmaterial wiederverwendet werden. Auch alte Aluminiumbleche, Kunststoffrohre und Glas können recycelt und erneut verwendet werden. Aus Altglas lässt sich beispielsweise Schaumglas herstellen, ein ausgezeichneter Schüttdämmstoff.

6.9 Auflagen des Denkmalschutzes

Auf die Anforderungen des Denkmalschutzes wurde bereits an anderer Stelle eingegangen (siehe Kapitel 3). Das wichtigste Anliegen besteht darin, das Gebäude in seinem ursprünglichen Zustand zu erhalten. Die sich daraus ergebenden baupraktischen Auswirkungen können sehr umfangreich sein. Ist die Gesamtsubstanz des Gebäudes noch in Ordnung, müssen nur regelmäßig einfache Pflegearbeiten vorgenommen werden, beispielsweise die sachgemäße Säuberung der Fassade und ihrer Bauteile. Oft genügt das einfache Abfegen mit einem Besen.

Bei starker Verschmutzung sollten Sie eine gründliche Reinigung mit einem speziellen Wasserstrahlverfahren vornehmen lassen. Verzichten Sie jedoch auf den Einsatz einfacher Heißwasserstrahlgeräte, noch dazu mit einem chemischen Zusatz, denn dies ist bei denkmalgeschützten Fassaden höchst problematisch. Durch den Wasserdruck und das heiße Wasser wird die Farbschicht des Anstrichs oder die Oberfläche von Altputzen beschädigt. Dadurch kann sich Schmutz auf der gereinigten Oberfläche schneller ablagern, auf dem wiederum Moose und Flechten wachsen und sich ein grünlicher Film bildet.

!

Tipp

Müssen vorhandene Anstriche ausgebessert werden, darf immer nur das Originalfarbmaterial verwendet werden. Lassen Sie deshalb vorher von einem Fachmann prüfen, worum es sich handelt.

Generell müssen wertvolle Fassaden oder Fassadenbilder im Denkmalschutz erhalten bleiben. Das ist mit verschiedenen technischen Verfahren möglich, doch auch hier kann nur ein Fachmann entscheiden, welche Maßnahmen durchführbar und wirtschaftlich sind. Lassen Sie sich in solchen Fällen von der ausführenden Firma oder vom Materialhersteller immer eine schriftliche Garantie bezüglich Verträglichkeit und Ausführung geben.

Das sind nur einige wenige Beispiele. Die Denkmalschutzbestimmungen sind umfangreich und müssen von Ihnen als Immobilienbesitzer unbedingt beachtet und eingehalten werden. Ansonsten kann die zuständige Behörde rechtliche Schritte gegen Sie einleiten.

7 Bauteile und Baustoffe

Wer langfristig die Kosten für Heizung und Warmwasser reduzieren möchte, sollte das Gesamtgebäude so umbauen, dass der Wärmeverlust über Außenwand, Dach und Keller so niedrig wie möglich gehalten wird. Was beim Neubau von Anfang an in die Planung einfließt, muss bei Bestandsgebäuden nachträglich verbessert werden. Dabei sind bautechnisch nur solche Maßnahmen empfehlenswert, die den vorhandenen Gebäudebestand nicht gefährden. Außerdem sollten die Kosten wirtschaftlich vertretbar sein.

Wärmeverluste mit Thermografie aufdecken

Um ein Gebäude auf Energieverluste über die Außenhülle zu prüfen, sind Aufnahmen mit einer Infrarotkamera sinnvoll. Auf den dabei entstehenden Bildern ist erkennbar, an welchen Stellen Wärme aus dem Gebäude entweicht. Sie werden jeweils unterschiedlich farbig dargestellt, sodass Sie sehen können, wo wenig und wo viel Wärme verloren geht. Dieses Verfahren kann optimal nur im Winter eingesetzt werden, eine Außentemperatur von etwa 5 °C ist ideal. Die Räume des Gebäudes müssen beheizt werden, der Unterschied zwischen Innen- und Außentemperatur muss mindestens 10 bis 15 °C betragen. Auch das Wetter spielt eine Rolle: Sonnenstrahlen verfälschen das Ergebnis, da durch sie die Gebäudehülle aufgeheizt wird, Regen oder Wind lassen ebenso keine aussagekräftigen Ergebnisse zu. Am besten werden die Aufnahmen bei bedecktem Himmel in den frühen Morgenstunden oder spät am Abend.

Tipp !

Dieses Verfahren kann auch genutzt werden, um zu prüfen, ob bereits erfolgte Sanierungsmaßnahmen korrekt durchgeführt wurden. Falls nicht, können Sie das beauftragte Unternehmen gleich zur Nachbesserung auffordern.

Es gibt viele Anbieter, die eine solche Messung übernehmen. Für eine fachgerechte Durchführung und die anschließende aussagekräftige Auswertung liegen die Kosten zwischen 400 und 600 EUR.

7.1 Altbaufassaden energetisch sinnvoll dämmen

Erhält ein Altbau nachträglich eine wärmedämmende Fassadenkonstruktion, verändert sich dadurch die Wanddicke insgesamt. Dies führt sehr oft zu Problemen, denn auch der vorherige Grenzabstand zum Nachbargebäude wird wegen der dickeren Wand und der dadurch veränderten Baukörperabmessung geringer. Deshalb gilt: Prüfen Sie vor Baubeginn unbedingt die Abstandfläche. Im Zweifelsfall sollten Sie beim zuständigen Bauamt nachfragen bzw. sich vom ausführenden Planer schriftlich zusichern lassen, dass der Grenzabstand nach Durchführung der Arbeiten im gesetzlich zulässigen Rahmen liegt.

Einen weiteren Problembereich bilden alle Anschlüsse an Fenstern, Türen, Vordächern, Dachüberständen, Regenfallrohren, Balkonplatten usw. Auch hier müssen Sie bereits im Planungsstadium, also bevor die Ausschreibung und Auftragsvergabe erfolgt, konstruktive Lösungen finden.

7.1.1 Technische Möglichkeiten der Fassadendämmung

Um eine Fassade nachträglich zu dämmen, gibt es verschiedene technische Möglichkeiten:

- Vorgehängte Fassadenkonstruktion.
- Wärmedämmverbundsystem: Hier werden auf dem festen Altputz zunächst Wärmedämmplatten befestigt und anschließend mit einem geeigneten Kunststoffputz beschichtet.
- Zusätzlicher mineralischer Wärmedämmputz: Der Wärmedämmputz enthält Zuschlagstoffe, die Luftporen bilden und – im Vergleich mit herkömmlichen mineralischen Putzen – die Wärmedämmung verbessern.
- Kerndämmung: Bei zweischaligem Mauerwerk, beispielsweise außenliegender Klinkerwand und dahinterliegender Tragwand, können Dämmstoffe in den dazwischenliegenden Hohlraum eingebracht werden.
- Vor die Altfassade gemauerte Wandscheibe aus frostbeständigen Steinen mit zwischenliegender Wärmedämmschicht (mit oder ohne Luftschicht).

Im Folgenden gehen wir auf die ersten beiden Möglichkeiten ein: die vorgehängte Fassadenkonstruktion und das Wärmedämmverbundsystem.

7.1.2 Vorhangfassade: die sicherste Lösung

Jede Baukonstruktion an der Fassade muss – insgesamt und in ihren Einzelkomponenten – dem »Stand der Technik« entsprechen. In den Normen und Verarbeitungshinweisen der Hersteller ist dieser dokumentiert, er muss bei der Ausschreibung und der Verarbeitung beachtet werden. In Deutschland hat der Zentralverband des Deutschen Dachdeckerhandwerks (ZVDH) auf bestimmte Baustoffe abgestimmte Fachregeln entwickelt, die kontinuierlich überarbeitet und veröffentlicht werden. Weiterhin hat der ZVDH folgende »Merkblätter« erarbeitet:

- Merkblatt »Wärmeschutz bei Dach und Wand«,
- Merkblatt »Äußerer Blitzschutz für Dach und Wand«,
- Merkblatt »Solartechnik für Dach und Wand«.

Diese Merkblätter und die Fachregeln enthalten bestimmte Mindestanforderungen und die zu beachtenden Normen. Da augenblicklich die nationale Normung (DIN bzw. ÖNorm) auf das gesamteuropäische Normenwerk umgestellt wird, müssen Sie die jeweils gültigen bzw. in Bearbeitung befindlichen EN-Regelwerke beachten. Für Vorhangfassaden gelten die Regelungen der EN 13830, die in Deutschland als DIN-Norm veröffentlicht ist.

Repräsentativ, konstruktiv einwandfrei und nachhaltig

Mit einer vorgehängten Fassade können Sie nicht nur repräsentativ und äußerst langlebig Gebäude umbauen und gestalten, sondern auch konstruktiv einwandfrei die Forderungen des Wärmeschutzes und der Energieeinsparung erfüllen. Zur Wärmedämmung werden Fassadendämmplatten aus Mineralfasern (Steinwolle), Polystyrol oder anderen geeigneten Dämmstoffen zwischen einer Unterkonstruktion aus Metall oder Holzkonterlattung verlegt. Auch ökologische Dämmmaterialien werden immer häufiger verwendet, zum Beispiel Kork oder Hanf. Da die Dämmwirkung im Vergleich zu konventionellen Dämmstoffen noch geringer ist, sind die Dämmschichten zumeist dicker. Vorhangfassaden sind teurer als beispielsweise Wärmedämmverbundsysteme, bieten im Gegenzug aber mehr Gestaltungsmöglichkeiten und eine lange Lebensdauer.

Für die Außenwand stehen klein- oder mittelformatige Bekleidungen zur Auswahl, zum Beispiel aus Aluminium, Kupfer, Edelstahl, Blei, verzinktem Stahlblech, Faser- oder Holzzement, Keramik, Feinsteinzeug, Holzwerkstoffen oder verschiedenen Werkstoffkombinationen.

! **Tipp**

Generell gilt eine sachgemäß geplante und fachgerecht ausgeführte hinterlüftete Vorhangfassade als bauphysikalisch sicherste Lösung. Eine hinterlüftete Fassade ist mehrschichtig und wird bei fachgerechter Ausführung lange erhalten bleiben. Die konsequente Trennung der Wetterhaut von Wärmedämmung und Tragwerk schützt das Gebäude vor Witterungseinflüssen.

- Der zwischen den Konstruktionsteilen angeordnete Hinterlüftungsraum reguliert den Feuchtehaushalt im Baukörper. Tragende Außenwände und die Dämmung bleiben trocken und daher voll funktionsfähig.
- Selbst durch offene Fugen eindringender Schlagregen wird durch die Luftzirkulation im Belüftungsraum abgetrocknet.
- Die vorgehängte hinterlüftete Fassade schützt alle Bauteile vor starken Temperaturbelastungen. Wärmeverluste im Winter sowie Aufheizungen im Sommer werden gemindert.
- Vorsicht ist bei nicht fachgerechter Ausführung geboten. So kann es bei einem Brand der Fassade zur sogenannten Kaminwirkung kommen, bei der warme Luft über einem Feuer aufsteigt und abzieht. Der dadurch entstehende Unterdruck wird mit neuer Luft ausgeglichen, die mehr Sauerstoff enthält, der wiederum das Feuer weiter anfacht. Die Löscharbeiten werden so erschwert.

Luftdichtheit

Luftdichtheit ist keine generelle Anforderung an die hinterlüftete Fassade, dieses Bauteil selbst kann gar nicht luftdicht sein. Das Gebäude muss vor der Montage einer hinterlüfteten Fassade die erforderliche Luftdichtheit aufweisen. Massives Mauerwerk oder Beton beispielsweise erfüllen diese Forderung. Durchdringungen wie Fenster, Lüftungsrohre usw. erfordern eine Luftdichtheit vom Einbauteil zum Tragwerk. Besonderes Augenmerk gilt der Luftdichtheit bei Skelettbauweise, da hier zusätzlich die Wandfläche abzudichten ist. Durch eine undichte Gebäudehülle entstehen bei Windsog oder -druck hohe Energieverluste und Zugluft. Auf der Windschattenseite des betroffenen Gebäudes ist außerdem mit Tauwasser zu rechnen.

Die Luftdichtheit eines Gebäudes kann mit dem Differenzdruckmessverfahren – der Blower-Door-Methode – ermittelt werden. Dabei wird mit einem Gebläse, das im Rahmen einer Außentür befestigt wird, Unter- oder Überdruck im Gebäude erzeugt. Mit einem Unterdruck von 50 Pascal werden Leckagen ermittelt, die anschließend beseitigt werden können. Das Verfahren ist durch die DIN EN 13829:2001-02 genormt.

Wetterschutz

Auch der Wetterschutz stimmt: Eine vorgehängte hinterlüftete Fassade ist schlagregendicht. Ihre Bekleidung schützt die tragende Konstruktion, die Wärmedämmung und die Unterkonstruktion. Aufgrund der physikalisch sauber getrennten Einzelkomponenten ist weder ein kapillarer Wassertransport noch eine direkte Beregnung der wärmedämmenden Schichten möglich. Hinzu kommt die ständige Feuchtigkeitsabfuhr durch den Belüftungsraum. Bei besonderen Witterungsbedingungen, beispielsweise bei starker Belastung durch salzhaltiges Regenwasser in Meeresnähe, empfiehlt es sich, bestimmte Baustoffe zusätzlich mit einer witterungsseitig aufgebrachten Beschichtung zu schützen. Dafür liefern manche Hersteller entsprechend vorbereitete Bekleidungen.

Schlagregen- und Feuchteschutz

Wie bereits erwähnt, wirkt die hinterlüftete Fassadenbekleidung als Schlagregen- und Feuchteschutz. Feuchtigkeitseinwirkung durch Diffusion tritt kaum auf. Bei vorhandener Luftdichtheit des Tragwerks ist die Diffusionsstromdichte zu gering, um eine Unterschreitung der Taupunkttemperatur zu verursachen.

Sommerlicher Wärmeschutz

Sommerlicher Wärmeschutz soll für Behaglichkeit im Wohnbereich sorgen: Es geht darum, dass die außen vorherrschende Hitze möglichst nicht nach innen gelangt. Dazu tragen eine gute Wärmedämmung sowie eine ausreichende wärmespeichernde Masse in der Konstruktion bei.

Wärmebrücken

Wärmebrücken sind Stellen an der Gebäudehülle, an denen ein erhöhter Wärmefluss stattfindet. Bei einer hinterlüfteten Fassade ist diesbezüglich die Montage der Unterkonstruktion zu überprüfen. Eine Minderung des Wärmeflusses wird durch den Einbau einer dämmenden Unterlage zwischen Tragwerk und Unterkonstruktion erreicht. Die fachgerechte Verlegung und Montage der Dämmschicht vermindert das Entstehen von Wärmebrücken.

Als Dämmstoffe kommen alle handelsüblichen für die Vorhangfassade zugelassenen Materialien infrage, beispielsweise Polystyrolhartschaumplatten, Mineralwolledämmplatten usw.

! **Tipp**

Die Anforderungen an den Blitzschutz bzw. die Gebäudeabschirmung sind heutzutage insbesondere wegen des Schutzes von EDV-Anlagen sehr hoch. Die üblichen Maßnahmen sind jedoch recht kostenaufwendig. Bei hinterlüfteten Fassaden mit einer Aluminiumunterkonstruktion kann dagegen auf die üblichen Blitzableitungen verzichtet und trotzdem eine elektromagnetische Abschirmung hergestellt werden. Das ist besonders dann wichtig, wenn elektronische Geräte im Gebäude vorhanden sind. Haben Sie zudem eine Fassadenbekleidung aus Metall gewählt, erhalten Sie einen wirksamen Gebäude- und Elektronikblitzschutz.

7.1.3 Das richtige Metall für eine Vorhangfassade

Im gehobenen Wohnungsbau und an repräsentativen Gebäudefassaden werden aus gestalterischen Gründen oft Fassadenoberflächen aus Metall eingesetzt. An Bestandsgebäuden findet man solche Fassaden ebenfalls. Dazu werden Metalle nicht nur in ihrer natürlichen Farbgebung eingesetzt, sondern auch mit farblicher Beschichtung oder künstlicher Patina. In der Regel sind derartige Oberflächen langlebig und relativ pflegeleicht, außer bei schwierigen Umweltbedingungen. Auch eine Fassadenoberfläche aus Holz kann in Betracht kommen.

Kupfer

Kupferbekleidungen gibt es walzblank oder vorpatiniert. Während sich die walzblanke Kupferbekleidung durch Oxidation selbst gegen Umwelteinflüsse schützt und die braune Kupferfarbe annimmt, werden vorpatinierte Bekleidungen im typischen Patina-Grün geliefert. Für die Befestigung der Banddeckung werden in der Fassadenkonstruktion die gleichen Haften eingesetzt wie bei der Dachkonstruktion.

Aluminiumverbundplatte

Ein leichtes Verbundmaterial aus zwei Aluminiumdeckschichten und einem Kunststoffkern stellt Alcan mit Alucobond her. Der flexible Fassadenwerkstoff mit leichter Verformbarkeit, Planebenheit und großer Farbpalette ist handwerksgerecht einfach zu verarbeiten. Seine Oberfläche ist witterungsbeständig, schlag- und bruchfest und wird sowohl im Wohnhausbau als auch bei großen Architekturprojekten eingesetzt.

Zinkfassadenplatten

Die meisten Hersteller setzen Titanzink nach DIN EN 988 ein. Die Legierung besteht aus Elektrolytfeinzink nach DIN EN 1179 mit einem Reinheitsgrad von etwa 99 % und genau bestimmten Anteilen von Kupfer und Titan. Achten Sie darauf, dass die am Gebäude verarbeiteten Produkte nach DIN EN ISO 9001:2015 zertifiziert sind und eine freiwillige Prüfung durch ein zugelassenes Institut erfolgt.

Holz

Holzfassaden bieten viele Gestaltungsmöglichkeiten. Bei der Entscheidung für diese Variante ist zu beachten, dass sich nicht jedes Holz eignet. Grundsätzlich können Vollhölzer und Holzwerkstoffplatten verwendet werden. Die eingesetzten Hölzer müssen eine hohe Toleranz gegen Feuchtigkeit aufweisen, Lärche oder Douglasie können hier die richtige Wahl sein. Der Schutz der Holzteile vor zersetzenden Pilzen oder Insekten ist durch die DIN 68800 geregelt.

Aluminium-Holz-Fassade

Die Kombination von Aluminium und Holz bietet Vorteile. Durch das Aluminium als äußeren Fassadenteil ist das Gebäude vor Wettereinflüssen wie Regen und Wind geschützt, während das Holz im inneren Fassadenbereich positive Effekte auf die Fassadendämmung hat und so zu einer besseren Energiebilanz beiträgt.

7.1.4 Befestigung der Außenwandbekleidung

Befestigungsmittel sind die Teile, mit denen die Bekleidung an der Unterkonstruktion mechanisch befestigt wird. Für hinterlüftete Außenwandbekleidungen dürfen nicht rostender Stahl (auch »Edelstahl« genannt) nach DIN 267-11 und Kupfer nach DIN 17672-1 ohne besonderen Korrosionsschutznachweis verwendet werden, bei Aluminiumkonstruktionen Nieten aus Aluminium nach DIN 4113-1 und DIN 1725-1.

Im Überdeckungsbereich bei Außenwandbekleidungen mit kleinformatigen Platten, die nach anerkannten und bewährten Handwerksregeln verbaut werden, können auch aus Stahl hergestellte und mit einem feuerverzinkten Überzug versehene Befestigungsmittel eingesetzt werden.

Generell gilt: Jede Fassadenbekleidung sollte mit einem in Form, Größe und Gewicht speziell auf den Baustoff abgestimmten Befestigungsmittel gesichert werden. Die auf dem Markt angebotenen Bauteile der Markenhersteller wurden meist in Abstimmung mit der Baustoffindustrie entwickelt. Im Zweifelsfall – und wegen der eigenen Sicherheit – sollten Sie sich jedoch eine entsprechende schriftliche Erklärung vom Hersteller geben lassen.

7.1.5 Fassadenbegrünung: ökologisch sinnvoll

Die Begrünung vorgehängter, hinterlüfteter Fassaden ist eine anspruchsvolle und ökologisch sinnvolle Maßnahme. Begrünte Fassaden schmücken nicht nur das Gebäude, sie tragen auch zur Verbesserung der Stadtluft und des Klimas in der Stadt bei. Zu den positiven Auswirkungen zählen Kühlung, Filterung und Bindung von Staub und Schadstoffen in der Luft, Verhinderung des schnellen Versickerns von Wasser, Abmilderung extremer Temperaturen sowie Schall-, Strahlungs- und Witterungsschutz. Außerdem tragen begrünte Fassaden positiv zur Biodiversität bei. Grundsätzlich sind hier zusätzliche technische Hilfskonstruktionen wie Rankhilfen und Pflanztröge erforderlich.

Unterschieden werden zwei Möglichkeiten: bodengebunden und wandgebunden. Die bodengebundene Begrünung ist die klassische Variante. Dabei werden die Pflanzen in den Boden eingepflanzt und ranken entweder selbst die Fassade hoch oder mithilfe von Rankgittern. Noch relativ neu auf dem Markt sind wandgebundene Systeme, die direkt an der Fassade angebracht werden. Sie bestehen beispielsweise aus Vliestaschen oder Kunststoffbehältern, die mit Steinwolle zur Wasserspeicherung gefüllt sind. Diese Lösung ist allerdings kostenintensiver und in der Pflege aufwendiger.

!

Tipp

Wählen Sie für die Fassadenbegrünung Pflanzen aus, deren Triebe die Fassade nicht beschädigen können. Das heißt, die Pflanzen dürfen nicht in die offenen Fugen der vorgehängten, hinterlüfteten Fassade hineinwachsen.

Alte Fassadenelemente korrekt entsorgen oder recyceln

Eine alte, demontierte Fassadenbekleidung darf nicht einfach im Hausmüll entsorgt werden. Die Metallbaustoffe sind grundsätzlich wiederverwertbar und werden über den Schrotthandel entsorgt. Asbesthaltige Fassadenplatten müssen als Sondermüll gemäß der Gefahrstoffverordnung behandelt und auf eine Sondermülldeponie gebracht werden.

Prüfen Sie, inwieweit die Materialien der Altfassade recycelt werden können. Das gilt sowohl für die Unterkonstruktion als auch für Dämmstoffe und Bekleidungen. Falls Ihnen der Hersteller des Baustoffs bekannt ist, fragen Sie ihn nach Wiederverwertungsmöglichkeiten, viele Hersteller bieten ein Recyclingsystem für ihre Produkte an.

7.1.6 Wärmedämmverbundsystem (WDVS)

Mit einem WDVS wird das Gebäude von außen gedämmt, dazu werden bestimmte Komponenten auf einen tragfähigen Untergrund der Gebäudefassade handwerklich aufgebracht (auch als Wärmedämmverbundfassade bezeichnet). Folgende Komponenten sind grundsätzlich Bestandteile eines WDVS:

- Dämmstoffe wie expandierter Polystyrolhartschaum (EPS) oder mineralische Dämmstoffplatten,
- Befestigungsmittel der Dämmstoffe auf dem Untergrund, zum Beispiel durch Kleben, Dübeln oder eine mechanische Befestigung,
- eine Armierungsmasse, die zur Verstärkung der Dämmplatten aufgebracht und in die ein entsprechendes Gewebe eingelegt wird, das die Rissbildung vermindern soll,
- eine Schlussbeschichtung aus auf den Untergrund abgestimmten Kunststoffputzen, keramischen Baustoffen, Holz oder Metall.

Dämmstoffe

Wärmedämmstoffe für ein WDVS müssen wesentlich höhere Ansprüche erfüllen als die, die im Innenausbau eingesetzt werden. Deshalb kommen meist nur industriell hergestellte Massendämmstoffe infrage. Nachwachsende bzw. natürliche Dämmstoffe wie Holzfasern, Naturkork (Korkeiche), Hanf, Schilf, Gräser und Perlitgestein (Perlite) sind aufgrund ihrer Eigenschaften nicht immer geeignet. Mittlerweile gibt es aber Dämmsysteme aus Holz oder Hanf, die den Ansprüchen durchaus genügen. Zu den anorganischen Dämmstoffen zählen Mineralwolle (Stein- oder Glaswolle) und Mineralschaum (Kalziumsilikathydrate). Organisch-synthetisch sind Polystyrolhartschaum (PS), Polystyrolpartikelschaum (EPS), Polystyrolextruderschaum (XPS), Polyurethanhartschaum (PUR) und Vakuumdämmplatten (VIP).

Montage

Der Wärmedämmstoff wird in Form von Dämmstoffplatten oder -lamellen mit einem speziell für das Material entwickelten Kleber und zusätzlichen Tellerdübeln auf dem vorhandenen tragfähigen und von Staub befreiten Untergrund befestigt. Die Wandoberfläche muss von losen Partikeln und Staub befreit sein, damit der Kleber sicher haftet. Bei bestimmten Systemen kann auf den Kleber verzichtet und nur gedübelt werden.

Die Armierungsschicht besteht aus einem speziellen Armierungsmörtel als Unterputz. Dafür darf kein Normalmörtel verwendet werden. In das obere Drittel des Mörtels wird ein Armierungsgewebe so eingebettet, dass es nicht mehr sichtbar ist. Nach sorgfältiger Abtrocknung der Armierungsebene wird abschließend ein auf das System abgestimmter witterungsbeständiger Außenputz aufgetragen. Der Putz kann farbig gestaltet, mit einer Körnung versehen (Reibeputzoptik) oder einfach nur gestrichen werden. Entscheiden Sie sich für eine möglichst helle Farbe, da die Pigmente dunkler Farben schneller ausbleichen.

! **Hinweis**

Die bei Kunststoffoberflächen übliche elektrostatische Aufladung kommt auch bei einem WDVS vor. Das wird durch Schlierenbildung im Bereich der Fensterbänke oder anderer Anschlüsse sichtbar.

Nachweis: bauaufsichtliche Zulassung für die Komponenten

Wärmedämmverbundsysteme sind sogenannte nicht geregelte Bauarten. Da es für sie keine entsprechende nationale (deutsche) oder europäische Norm und auch keine »anerkannten Regeln der Technik« gibt, kann ein Nachweis zur Verwendbarkeit eines solchen Systems nur durch eine bauaufsichtliche Zulassung (AbZ) oder in Kombination mit einer Europäischen Technischen Zulassung (ETZ) bzw. Europäischen Technischen Bewertung (ETB) oder eine Zustimmung im Einzelfall (ZiE) erbracht werden.

Eine bauaufsichtliche Zulassung bezieht sich immer auf sämtliche in der Systembeschreibung enthaltenen Komponenten (Kleber, Dübel, Wärmedämmplatten, Armierungsschicht und -gewebe, Außenputz). Sie stellt baurechtlich betrachtet eine Bauart dar. In Deutschland wird eine AbZ ausschließlich vom Deutschen Institut für Bautechnik (DIBt) in Berlin vergeben.

Es dürfen allgemein nur Materialien verwendet werden, die eine entsprechende Zulassung haben. Leider kommt es in der Praxis immer wieder vor, dass aus Kostengründen billige No-Name-Materialien verschiedener Hersteller miteinander kombiniert werden. Eine solche Anwendung ist rechtswidrig und im Schadensfall haben Sie keinen Anspruch auf Entschädigung. Grundsätzlich sollten Sie Experten beauftragen, wenn Sie selber nicht über das notwendige Fachwissen verfügen, da das unsachgemäße Anbringen zu Schäden am Gebäude führen kann.

Wichtig ist außerdem, den von innen nach außen abnehmenden Wasserdampfdiffusionswiderstand zu beachten. Bauschäden treten auf, wenn feuchte Raumluft die häufig luftdurchlässige Mineralwolle, ausgehend von undichten Stellen, durchströmt. Mineralwolle kann im Winter in der Dämmschicht kondensierende Luftfeuchtigkeit nicht kapillar abführen. Dies kann eine vollständige Durchnässung zur Folge haben, sodass andere Baustoffe durchfeuchten und in der Folge Fäulnis und Schimmelbildung auftreten.

Feuerschutz

Achten Sie auch darauf, ob Baustoffe der Klassen A (A1 und A2 nicht brennbar) oder B (B1 schwer entflammbar bzw. B2 normal entflammbar) eingesetzt werden. Welcher Klassifizierung die verwendeten Baustoffe entsprechen müssen, ergibt sich durch die Höhe des Gebäudes. So dürfen Baustoffe der Klasse B2 nur in Gebäuden mit einer Höhe von maximal 7 m eingesetzt werden, bei einer Höhe zwischen 7 und 22 m müssen die verwendeten Stoffe mindestens der Klasse B1 angehören. Die häufig verwendeten Polystyroldämmstoffe und Polyurethan (PU) fallen in die Klasse B, Mineralwolle in die Klasse A1 nicht brennbar.

Dasselbe gilt für die Kommunetrennwand, also die Wand zum Nachbarn, etwa in Reihen- oder Doppelhäusern. Um ganz sicherzugehen, sollten Sie grundsätzlich nur nicht brennbare Materialien der Baustoffklasse A zur Wärmedämmung in der Fassade einsetzen.

Tipp !

In Bestandsgebäuden finden sich oft Materialien, die heute nicht mehr hergestellt, in Verbindung mit anderen Stoffen nicht mehr verarbeitet oder grundsätzlich aus gesundheitlichen Gründen nicht mehr eingesetzt werden dürfen. Prüfen Sie deshalb penibel genau, welches Material vorhanden ist. Müssen Sie zum Beispiel nach einer Sanierung Baustoffe entsorgen, sind dabei einige Vorgaben zu beachten. Klären Sie grundsätzlich vor Beginn

der Maßnahme mit der für Sie zuständigen Baubehörde, wie eine Entsorgung zu erfolgen hat.
Dämmstoffe dürfen nach einem Bauabbruch nicht in den Hausmüll gelangen und müssen entweder auf eine Bauschuttdeponie gebracht oder dem Materialhersteller zugeliefert werden. Mittlerweile haben viele Baustoffhersteller für ihre Produktlinien ein eigenes Recyclingsystem entwickelt und nehmen alte Materialien zurück. Die Regelung gilt nicht nur für industriell hergestellte Massendämmstoffe, sondern auch für Dämmstoffe aus natürlichen Stoffen. Diese Materialien wurden oft aus technischen Gründen beschichtet oder chemisch behandelt. Manche Baustoffe, beispielsweise die oft im Altbau mit Holzbalkendecken vorhandenen Schüttungen aus Hochofenschlacke oder ähnlichen mineralischen Materialien, müssen meist sogar auf einer Sondermülldeponie entsorgt werden.

7.2 Fußboden

Als Fußboden wird im Bauwesen das Bauteil bezeichnet, das als begehbare Fläche auf der statisch tragenden Schicht oder einem waagerechten Bauteil verlegt ist. Zwar können Fußböden auch aus nur einer Schicht bestehen, doch in modernen Gebäuden haben sie meist mehrere Schichten. Die Einzelschichten dienen dem Wärme-, Brand- und Schallschutz. Hinzu kommt die obere Verschleißschicht. Der Fußbodenaufbau umfasst die Gesamtheit aller Einzelschichten.

Berücksichtigen Sie die Raumnutzung
Die Schichtenfolge einer Fußbodenkonstruktion hängt im Wesentlichen von der Gebäude- bzw. Raumnutzung ab. Üblich sind Konstruktionen, bei denen ein Estrich (Zementestrich, Trockenestrich, Gussasphalt) als Tragschicht auf die dämmende Unterlage aufgebracht wird. Auf dem Estrich wird dann ein Bodenbelag als Verschleißschicht verlegt.

Eine andere Konstruktionsart ist der Hohlboden, der allerdings selten in Wohngebäuden vorkommt. Bei diesem System sorgt eine entsprechende Unterkonstruktion für einen Hohlbereich zwischen Deckenplatte und Tragschicht, in den Installationen, Kabel usw. verlegt werden.

Wie werden die Maße angegeben?
In den Bauplänen wird die Maßangabe zwischen Oberkante Rohfußboden (OKRF) und Oberkante Fertigfußboden (OKFF) angegeben. Als Rohfußboden wird der obere Abschluss der statisch wirksamen Tragschicht, als Fertigfußboden der obere

Abschluss der darauf befindlichen Verschleißschicht bezeichnet. Die lichte Raumhöhe wird immer von Oberkante Fertigfußboden bis Unterkante der Decke (UKD) angegeben.

Bei Türschwellen, die unmittelbar ins Freie führen, zum Beispiel zu Balkon, Terrasse oder Außentreppe, muss die Oberkante Fertigfußboden mindestens 5 cm über dem außen anschließenden Bodenbelag liegen. Andernfalls besteht die Gefahr, dass Regenwasser oder Flugschnee in den Raum gelangt.

7.2.1 Bodenbeläge

Als Belag wird die Fußbodenschicht bezeichnet, die gleichzeitig die begehbare Verschleißebene und die optisch gestaltende Oberfläche bildet. Bodenbeläge werden eingeteilt in textile (Teppichboden) und nicht textile Beläge. Abhängig von der Nutzung wird das Material für Bodenbeläge in Beanspruchungsklassen unterteilt.

Textile und nicht textile Beläge

Zu den textilen Belägen zählen Web-, Tuft-, Wirk- und Bondingteppiche sowie Nadelvliesbeläge. Sie werden in unterschiedliche Verschleißgruppen eingeteilt. Bei besonderen hygienischen Anforderungen, zum Beispiel in Krankenzimmern, muss ein spezieller Nachweis vorliegen.

Nicht textile Beläge werden in elastische Beläge, Hartbeläge und mineralische Beläge unterteilt.

- Elastische Beläge sind beispielsweise homogene Kunststoffbeläge (aus Polyvinylchlorid (PVC), Polyolefin), mehrschichtige Kunststoffbeläge (aus PVC oder Cushioned Vinyls (CV)), Kautschukmaterialien, Linoleum, Korkplatten oder -bahnen.
- Zu den Hartbelägen zählt man unter anderem Laminatböden, Fertig- und Holzparkett, Holzdielen und -pflaster.
- Mineralische Beläge sind zum Beispiel Naturstein bzw. Naturwerkstein, Terrazzo, Betonwerkstein, keramische Bodenfliesen, Steinpflaster oder Gussasphalt.

> **!** **Tipp**
>
> Rutsch- und Trittsicherheit sind bestimmte Eigenschaften von Bodenbelägen, die den sicheren Tritt unter definierten Bedingungen gewährleisten, beispielsweise bei einem Wasser- oder Ölfilm. In diesem Zusammenhang werden Bodenbeläge nach DIN 51130 geprüft und in Gruppen unterteilt. Für Nassbereiche wie Bad, Dusche oder Waschküche erfolgt die Prüfung nach DIN 51097.
> Um die Rutschsicherheit eines Bodens in Nassbereichen zu gewährleisten, muss der Bodenbelag eine angepasste raue Oberfläche oder entsprechende konstruktive Merkmale haben. Natursteine können beispielsweise gestockt, sandgestrahlt oder mit anderen Methoden oberflächlich rutschsicher aufgeraut sein. Keramische Bodenbeläge für Nass- oder Außenbereiche (Bodenfliesen, -klinker und Ähnliches) gibt es poliert oder gelasert. Meist haben diese Bodenbeläge eine strukturierte Oberfläche (Noppen, Rillen usw.), die direkt bei der Herstellung erzeugt wird. Für nassbelastete Barfußbereiche wird meist eine spezielle Glasur verwendet.

7.2.2 Fußbodenheizung

Etwa seit den 1980er-Jahren gibt es Fußbodenheizungen im Wohnungsbau. Räume mit Fußbodenheizung werden als sehr behaglich empfunden und selbst bei kalten Außentemperaturen kann man barfuß gehen. Zudem ist die innenarchitektonische Freiheit – es stören keine aufgestellten oder in Wandnischen integrierte Heizkörper – ein Argument für eine solche Flächenheizung. Die Regelungen für Fußbodenheizungen finden sich in der DIN EN 1264.

Trockensystem besonders bei Altbausanierung

Je nach Estrich unterscheidet man Nasssysteme, die in Zement-, Anhydrit- oder Fließestrich verlegt werden, und Trockensysteme mit Trockenestrichplatten. Bei einem Trockensystem liegen die Rohre unterhalb des Bodenbelags. Sie werden unmittelbar auf der Trägerdämmung befestigt, die mit Nuten und Wärmeleitlamellen ausgestattet ist. Die sogenannten Wärmeleitbleche sollen eine gleichmäßige Wärmeverteilung ermöglichen. Das Trockensystem eignet sich für relativ dünne Fußbodenkonstruktionen, besonders aber zur Gebäudesanierung im Altbau. Die Oberböden (Estrichziegel, Fliesen, Laminat usw.) können unmittelbar auf dem System ausgeführt werden, die schnelle Aufheizung erlaubt eine Nutzung von Niedertemperaturheizungen.

Für Altbauten eignen sich Trockenestrichplatten mit unterseitig vorgefrästen Rillen, die die Heizungsrohre fixieren, am besten. Dieses System ist nicht allein wegen der kurzen Montagezeit recht wirtschaftlich, sondern Sie können die Trockenestrichplatten mit den Rohren sogar selbst verlegen. Nur für die Rohranschlüsse brauchen Sie einen Heizungsbauer.

Bei Nassestrich können die Rohre zwischen einer Stahlwabenplatte eingefädelt oder auf Klemmschienen aus Stahl oder Kunststoff befestigt werden. Weitere Möglichkeiten sind die Befestigung mit Klammern auf Trägermatten aus Stahl oder auf einer Trägerdämmung. Die letztgenannte Variante ist nicht zu empfehlen, da die Schutzschicht beschädigt werden kann.

Zwei Varianten: Warmwasserheizung oder Elektroheizung

Bei einer Warmwasserheizung werden unter oder im Heizestrich Kunststoff- oder Kupferrohre verlegt. Die bei den ersten Fußbodenheizungen oft aufgetretene Leckage der Heizrohre war zum einen auf mangelnde Erfahrung hinsichtlich der sachgemäßen Verarbeitung, zum anderen auf die technisch noch nicht ausgereiften Rohrsysteme zurückzuführen. Diese Probleme bestehen heute nicht mehr. Ausgewiesene Fachbetriebe verlegen die Rohre sachgemäß, sodass von einer langen Lebens- und Nutzungsdauer ausgegangen werden kann.

Die Rohrverlegung kann objektbezogen modular, mäanderförmig oder schneckenartig (bifilar) erfolgen. Meist werden die Rohre bifilar verlegt, da dies eine gleichmäßige Wärmeverteilung im Raum ermöglicht. Eine modulare Verlegung ist beispielsweise bei der Betonkernaktivierung empfehlenswert, bei der Betondeckenplatte und Betonaußenwände bei der Raumbeheizung genutzt werden. Dadurch lässt sich eine sehr gleichmäßige Temperaturverteilung im Bauteil erreichen. Außerdem wird so die Wärmespeicherkapazität der Baukonstruktion genutzt.

Bei einer anderen Verlegeart kommen Kunststoffkapillarrohrmatten zum Einsatz. Dabei werden parallel angeordnete Röhrchen aus Polypropylen (PP) gleichzeitig durchflossen. Die sehr kleinen Abstände zwischen diesen von 15 bis 30 mm bewirken, dass der Fußboden relativ gleichmäßig erwärmt wird.

Elektrisch betriebene Heizungen kommen wegen der hohen Stromkosten bei Modernisierung und Neubau kaum noch infrage, für selten genutzte Räume oder Ferienhäuser sind sie aber eine Alternative. Für sie werden Widerstandskabel oder Folien mit eingearbeiteten Heizleitern unter, in oder auf einem Estrich verbaut. Wegen ihrer geringen Aufbauhöhe lassen sie sich auch direkt unter Fußbodenbelägen verlegen.

Heizkabel mit nur 3 mm Durchmesser passen sogar in das Klebebett von Fliesen oder Folien unter Laminatböden. Für Nassräume wie Bad und Dusche gibt es Leitungen mit geerdetem Schirm, um Elektrounfälle zu verhindern. Alle Verlegungsarten, die beim Warmwassersystem üblich sind, eignen sich auch für die Elektroheizung.

Zu beachten: die EnEV und andere Normen

Für alle Fußbodenheizungen müssen neben der DIN EN 1264 und der EnEV folgende Normen beachtet werden: DIN EN 1264, DIN 18550 (Estrich), DIN 1055 (Lasten), DIN 18202 (Maßtoleranzen), DIN 4109 (Schallschutz) und DIN 4102 (Brandschutz). Zudem gelten diese Regelungen: Die Vorlauftemperatur des Heizwassers muss 35 °C betragen. Die Oberflächentemperaturen bei einem Fertigfußboden dürfen 29 °C im Aufenthaltsbereich, 33 °C im Bad und 35 °C in den Randzonen nicht übersteigen. Bei textilen Bodenbelägen ist unbedingt darauf zu achten, dass sie vom Hersteller zugelassen und mit dem Fußbodenheizsymbol gekennzeichnet sind.

! **Tipp**

Haben Sie sich für eine Fußbodenheizung entschieden und wollen andere Bodenbeläge nutzen, lassen Sie sich die Zulässigkeit vom Materialhersteller oder -verarbeiter immer schriftlich bestätigen.

Nachteile einer Fußbodenheizung

Bei dauerhaft genutzten Systemen können die Leitungsrohre verkalken oder durch Unreinheiten verstopfen – wie bei jeder anderen Warmwasserheizung. Ist eine Reparatur nötig, muss in den meisten Fällen der Fußboden aufgebrochen werden. Ein weiterer Nachteil der Fußbodenheizung ist, dass die Raumaufheizung und entsprechend die Abschaltung nur verzögert erfolgen. Achten Sie außerdem darauf, dass jeder einzelne Raum des Gebäudes getrennt vom Gesamtkreislauf der Heizung separat über Thermostate regelbar ist.

7.3 Gestalterisches Potenzial bei nicht tragenden Innenwänden

Beim Umbau von Altbauten bietet sich häufig viel gestalterisches Potenzial, da nicht tragende Bauteile problemlos entfernt werden können, ohne die Standsicherheit des Gebäudes zu beeinträchtigen. Nicht tragende Innenwände sind Raumtrennwände, die keine statisch tragende Funktion haben, also beispielsweise keine Deckenlasten tragen oder nicht zur Gebäudeaussteifung beitragen. Die Standsicherheit solcher Innenwände ist durch ihre Verbindung mit angrenzenden Bauteilen (Decken, Wände) gegeben.

Die zulässige Wandlänge hängt vom Baustoff, von der Konstruktion sowie von der drei- oder vierseitigen Halterung (Wand-Decke-Wand) ab. Im Mauerwerksbau liegen die üblichen Wanddicken für nicht tragende Innenwände bei 5 bis 24 cm.

Anforderungen an nicht tragende Innenwände

Nach DIN 4103-1 werden an nicht tragende Innenwände folgende Anforderungen gestellt: Sie müssen statischen, also vorwiegend ruhenden, sowie stoßartigen Belastungen widerstehen – das heißt, sie dürfen weder bei harten noch bei weichen Stößen zerstört oder durchstoßen werden. Neben ihrer Eigenlast einschließlich Putz oder Bekleidung müssen sie die auf ihre Fläche wirkenden Lasten aufnehmen und auf andere Bauteile (Decken, Wände, Stützen) abtragen. Weiterhin müssen sie leichte Konsollasten aufnehmen können. Kleinere Regale, Bilder, Ablagekonsolen, Wandschränke, Küchengeräte usw. sollten Sie mit einer entsprechend geeigneten Befestigung also problemlos montieren können.

Schallschutz

Um einen möglichst guten Schallschutz zu erzielen, etwa zu angrenzenden Wohnungen, zum Treppenhaus und bei Kommunetrennwänden in Reihen- oder Doppelhäusern, sollten schwere Baustoffe, Mauerwerk mit Vollsteinen ohne Lochanteil und Schalldämmstoffe verarbeitet werden.

Zu beachten ist, dass die nicht tragenden Innenwände aus dem gleichen Baustoff bestehen sollten wie die angrenzenden Außenwände. Andernfalls kann es leicht zu Rissschäden durch Verformung kommen, da jedes Material andere bauphysikalisch-technische Eigenschaften aufweist.

7.4 Dachsanierung

Leider werden Dachflächen nur selten kontinuierlich gewartet und gepflegt – sei es, weil den Eigentümern die Zeit oder das Interesse fehlt oder einfach das erforderliche Kapital nicht vorhanden ist. Doch jedes Dach wird irgendwann einmal undicht und muss teilweise repariert, saniert oder komplett erneuert werden.

Baustoffe, die zur Dachkonstruktion, -eindeckung und -dämmung verwendet werden, müssen grundsätzlich den nationalen oder europäischen Normen entsprechen. In Deutschland ist zudem das Regelwerk des Dachdeckerhandwerks zu berücksichtigen. Darüber hinaus muss das im und auf dem Dach verarbeitete Material für den objektbezogenen Anwendungsfall zugelassen sein.

Viele Baumaterialien sind nicht miteinander kombinierbar. Beispielsweise dürfen auf Dachbahnen, die Weichmacher enthalten, nur solche mit den gleichen Produkteigenschaften aufgebracht werden. Auch bei bituminösen (alten) Abdichtungsbahnen dürfen Sie nicht einfach »mischen«, sondern müssen sich vom Bahnenhersteller die Verträglichkeit mit der vorhandenen – zu sanierenden – Dachabdichtung bestätigen lassen. Dies gilt nicht nur für Dachbahnen, sondern für alle angebotenen Stoffe und Systeme, die bei der Dachkonstruktion und bei Dachsanierungen eingesetzt werden.

7.4.1 Flachdach

Um abschätzen zu können, wie umfangreich eine Sanierung sein sollte, kontrollieren Sie vorab, ggf. zusammen mit einem Fachmann, die Gesamtkonstruktion der Dachfläche, also die folgenden drei Ebenen:

- die Tragwerkskonstruktion (oberste Geschossdecke oder Dachtragwerk),
- den Bereich der Wärmedämmung und den bauphysikalischen Feuchteschutz (von innen nach außen sind das der Voranstrich, die Ausgleichsschicht, die Dampfsperre, die Wärmedämmung, die Unterlage und der Dampfdruckausgleich) sowie
- die eigentliche Abdichtungsebene gegen äußere Witterungseinflüsse (Oberflächenschutz, Auflast).

Tragwerkskonstruktion

Im Industrie-, Gewerbe- oder Hallenbau ist die Tragwerkskonstruktion meist direkt vom Innenraum aus zugänglich. Schauen Sie hier zunächst nach angerosteten (Metall) oder angefaulten (Holz) Stellen, sichtbaren Beschädigungen, Anrostungen an Nieten, Nägeln, Schrauben, Schweißnähten und/oder anderen Verbindungsstellen. Bei Betondecken bzw. -trägern kontrollieren Sie, ob Abplatzungen und Roststellen sichtbar sind, die auf Schäden der Eisenarmierung hinweisen. Eventuell müssen auch eine statische Überprüfung und eine Neuberechnung durchgeführt werden.

Unter Umständen stellt sich dabei heraus, dass sich eine »normale« Sanierung, also ein Auswechseln einzelner Teile oder eine stellenweise Ausbesserung, nicht mehr lohnt und ein kompletter Neuaufbau notwendig ist.

Unzureichende Dämmung

Bei Altgebäuden entspricht die Dämmung oft nicht mehr den Anforderungen der gültigen EnEV 2014 bzw. der DIN V 4108. Auch kann es durch Schwund der ursprünglichen Dicke alter Wärmedämmschichten zu bauphysikalisch bedingten Feuchteschäden innerhalb des Konstruktionsaufbaus kommen. Durchfeuchtete Wärmedämmschichten weisen nicht immer auf eine beschädigte Dachabdichtung hin. Sie können aber eine Ursache für Ablösungen im Dachtragwerk sowie ständig steigende Heizkosten durch unnötig hohen Wärmeverlust über die Dachfläche sein.

Durchfeuchtete Dämmstoffschichten sollten aus bautechnischen und bauphysikalischen Gründen komplett entfernt und durch eine neue Wärmedämmung ersetzt werden. Generell ist es sinnvoll, die Wärmedämmschicht nicht nur punktuell auszubessern, sondern immer ganzflächig zu sanieren. Da dazu die Dachabdichtung (der Witterungsschutz) entfernt werden muss, kann gleichzeitig die Oberfläche der Tragkonstruktion gereinigt, ausgebessert und mit neuem Schutz versehen werden.

Auch bei Dämmstoffen sollten aus chemischen und/oder physikalischen Gründen nicht einfach unterschiedliche Materialien in direktem Kontakt zueinander eingebaut werden. Stattdessen muss eine wirksame Trennschicht – zum Beispiel eine Vliesbahn – so eingefügt werden, dass die Stoffe nicht miteinander reagieren können. Dies ist nicht notwendig, wenn der Dämmstoff die gleichen Eigenschaften hat. Da sich aber Bewegungen in der Dachkonstruktion nicht ausschließen lassen, sollte auf die Altdämmung zunächst eine Trennschicht, zum Beispiel aus Vlies, folgen und darauf dann die Neudämmung.

Wasserabführung

Dachflächen mit einer Neigung von weniger als 2 % gelten als Sonderkonstruktion. Hier sind spezielle Maßnahmen erforderlich, damit keine Schäden durch stehendes Wasser entstehen. Innenliegende Rinnen müssen grundsätzlich ein ausreichendes Gefälle zur Wasserabführung aufweisen, besonders in Hinblick auf die Schneeschmelze. Bei der Dachbegehung sollten Sie dies unbedingt überprüfen. Kontrollieren Sie auch, ob die regional anfallenden Regen- bzw. Schneemengen wirksam abgeführt werden können. Dabei macht es technisch gesehen keinen Unterschied, ob es sich um ein Flachdach oder eine geneigte Dachfläche handelt. Prüfen Sie kritisch die Abflussgeschwindigkeiten der eingebauten Gullys, Regenrinnen und Fallrohre. Vor allem innenliegende Entwässerungssysteme müssen regelmäßig gewartet und gereinigt werden.

Beanspruchungen der Dachkonstruktion

Bedenken Sie auch, wie viele äußere und innere Einflüsse auf die Dachkonstruktion einwirken können. Neben Wind, Regen, Wärme, Kälte, Sonne, Eis und Schnee zählen dazu Umwelteinflüsse wie UV-Strahlung und Luftverschmutzung, aber auch Laub, Moose und Algen. Wasserdampf und aggressive Produktionsdämpfe aus dem Rauminneren sowie stark wechselnde Temperaturen können der Dachkonstruktion ebenfalls zusetzen. Diese breite Belastungspalette macht deutlich, dass Dächer zu den Pflegebauteilen zählen, die Sie mindestens einmal jährlich überprüfen sollten.

Besonders die Temperaturbelastung flacher Dächer ist in unseren Klimabereichen sehr hoch. Jahresmittelwerte von bis zu 100 °C sind durchaus möglich. Dadurch entstehen Längenänderungen in der Konstruktion, vor allem in der dünnen Dachabdichtung. Zusätzlich belastet die hohe Oberflächentemperatur die Beständigkeit – und damit die Lebensdauer – von Dachabdichtungsbahnen. Intensive Sonneneinstrahlung führt nicht nur zur Aufheizung der Dachhaut und ggf. zur Versprödung der Abdichtungsbahnen, sondern kann auch chemische Prozesse in organischen Belägen bewirken, zum Beispiel die Ausgasung von Treibmitteln oder Weichmachern bei Kunststoffen.

Dachabdichtungen werden mechanisch stark beansprucht durch flächige Spannungen, Bewegungen, Schwingungen und/oder hohe Punktlasten, verursacht zum Beispiel durch Dämmschichten, bewegliche Unterlagen, begeh- oder befahrbare Beläge sowie Dachbegrünungen. Bei festen und flächig stabilen Unterlagen fällt die Belastung dagegen mäßig aus.

Flugfeuer und strahlende Wärme

Nach den deutschen LBOs müssen Bedachungen generell gegen Flugfeuer, also thermisch aufgewirbelte brennende Teile, und strahlende Wärme, beispielsweise durch einen Brand in der näheren Umgebung, widerstandsfähig sein (harte Bedachung). Beachten Sie zusätzlich die Sonderbestimmungen, zum Beispiel für Garagen und Kfz-Einstellplätze, sowie die Auflagen der Versicherer.

Dachabdichtung

Bei den Dachabdichtungen muss vor Beginn der Sanierungsarbeiten die Oberfläche der Unterlage überprüft werden. Dabei ist darauf zu achten, wo Bewegungsfugen nötig sind, damit diese entsprechend ausgebildet werden; vorhandene Fugen dürfen keinesfalls überklebt werden. Zu beachten ist auch, dass Gefälleschichten und Dampfsperren aus nicht wärmedämmenden Stoffen hergestellt sind, ansonsten muss die Funktionsfähigkeit nach DIN V 4108 (Wärmeschutz) nachgewiesen werden. Unterkonstruktionen bzw. statisch tragende Unterlagen müssen den Flachdachrichtlinien des Dachdeckerhandwerks entsprechen und die dort geforderten Eigenschaften aufweisen.

Der Voranstrich soll die Klebehaftung auf dem Untergrund verbessern. Trenn- und Ausgleichsschichten helfen, geringfügige Schwind- und Spannungsrisse in der Tragkonstruktion zu überbrücken. Gleichzeitig schützen sie gegen Rauigkeit und chemische Einwirkungen aus der Unterlage. Eine Dampfsperre muss so ausgeführt sein, dass sie wirksam die Diffusion von Wasserdampf verhindert, da dieser Schäden an den Schichten des Dachaufbaus verursachen kann. Die Bahnenstöße müssen langlebig sicher verklebt werden. Generell dürfen bei der Wärmedämmung von Dächern nur genormte oder bauaufsichtlich zugelassene Dämmstoffe zum Einsatz kommen.

Eine Dampfdruckausgleichschicht ist eine zusammenhängende Luftschicht unter der Dachabdichtung. Sie soll örtlichen Dampfdruck verteilen sowie die Eigenbeweglichkeit der Dachabdichtung bei Temperaturschwankungen ermöglichen. Gleichzeitig vermindert sie die Übertragung von Bewegungen und Spannungen aus den unteren Schichten.

Für Dächer werden häufig (Polymer)Bitumenbahnen verwendet. Neue Dachabdichtungen mit Bitumenbahnen sollten mehrlagig, Reparaturen oder Sanierungen dagegen einlagig ausgeführt werden. Für die Oberlage eignen sich Polymerbitumenbahnen mit oder ohne Splittbestreuung. Heutzutage werden meist genormte Dachbahnen verarbeitet, auf den Verpackungen finden sich entsprechende Kennzeichnungen. Auch andere Dachbahnen, die der europäischen Normung entsprechen oder eine bauaufsichtliche Zulassung haben, können verwendet werden.

In früheren Jahren hat sich gezeigt, dass Dachbahnen aus Kunststoff oft sehr anfällig für Schäden sind, die mit chemischen und/oder physikalischen Zusammenhängen zu tun haben. Heute ist dies nicht mehr der Fall. Nahtverbindungen bei Kunststoffbahnen mit thermoplastischen Eigenschaften lassen sich durch Quell-, Warmgas-, Hochfrequenz- oder Heizkeilschweißen sowie geeignete Dichtungs- bzw. Abdeckbänder einwandfrei herstellen. Bei Kautschukbahnen erfolgt die Nahtverbindung durch Kontaktkleber, Dichtungs- bzw. Abdeckbänder oder Heißvulkanisierung (»hot bonding«). Haben Kautschukbahnen zum Zeitpunkt der Verarbeitung thermoplastische Eigenschaften, wird die Nahtverbindung sachgemäß durch Quell-, Warmgas- oder Heizkeilschweißen hergestellt. Bei Kunststoffbahnen sind besonders die Verlegehinweise der Hersteller zu beachten.

Windsogsicherung

Bei der Windsogsicherung, also der Sicherung von Dachabdichtungen und deren Schichtaufbau gegen Abheben durch Windlast, sind verschiedene Einflüsse zu berücksichtigen. Deutschland ist in vier Windzonen unterteilt. Besonders hoch ist die Windlast im direkten Küstenbereich sowie bei Gebäuden mit Standorten über 800 m über Normalnull (NN). Die Gebäudehöhe ist ebenfalls ein Faktor, so ist für Gebäude mit einer Höhe von mehr als 25 m grundsätzlich ein Einzelnachweis erforderlich. Dies gilt auch für Gebäude in besonderen Lagen über 1.100 m Höhe oder mit besonderen Strömungsverhältnissen, etwa in der Nähe eines Flughafens. Die Windsogsicherung kann durch Auflasten, Verklebungen und/oder mechanische Befestigungen erfolgen. Bezüglich der Windlasten ist in Deutschland die DIN 1055-4 zu berücksichtigen, für die Dachabdichtung muss ein Sicherheitsfaktor eingerechnet werden.

7.4.2 Planung einer Photovoltaikanlage

Wenn eine Dachsanierung ansteht, können Sie auch die Installation einer Photovoltaikanlage in Betracht ziehen, die aus Sonnenlicht Strom erzeugt. Zur Verwendung kommen monokristalline und polykristalline Module. Daneben existieren Dünnschichtmodule, die aber einen relativ geringen Wirkungsgrad aufweisen und deshalb nur bei großen Flächen sinnvoll eingesetzt werden können.

Photovoltaikanlagen produzieren Gleichstrom. Mit einem Wechselrichter wird der erzeugte Gleichstrom in Wechselstrom umgewandelt und so nutzbar gemacht. Üblicherweise werden Stringwechselrichter eingesetzt, an die ein ganzer Strang von Modulen angeschlossen ist. In schwierigeren Lagen mit geringerer Lichteinstrahlung oder besonderer Anfälligkeit für Verschmutzung können auch Modulwechselrichter hinter jedem Modul eingebaut werden, was allerdings mehr kostet. Für kleine Dachflächen eignen sich monokristalline Module, da sie leistungsfähiger sind, jedoch auch teurer.

Alles in allem werden am häufigsten polykristalline Module eingesetzt. Je mehr Licht auf ein Modul fällt, desto mehr Solarstrom wird erzeugt. Polykristalline Module sind in verschiedenen Tönungen erhältlich, wobei zu beachten ist, dass dunklere Modelle mehr Energie erzeugen. Bei der Installation können Sie zwischen Indach- oder Aufdachsystemen wählen. Welches im Einzelfall besser geeignet ist, richtet sich nach der Art des Daches und der Intensität der Sonneneinstrahlung. Lassen Sie sich bei diesem Thema von einem Fachbetrieb beraten.

Strom selbst nutzen oder einspeisen?

Grundsätzlich können Sie den Strom selbst nutzen und überschüssige Energie in das Stromnetz einspeisen. Dafür muss die Photovoltaikanlage den Vorschriften des Erneuerbare-Energien-Gesetzes (EEG) entsprechend an das Einpreismanagement angeschlossen sein. Die Anlage samt Stromspeicher muss zudem im Markenstammregister der Bundesnetzagentur eingetragen werden – auch dann, wenn Sie keinen Strom ins Netz einspeisen wollen. Die Einspeisevergütung ist ebenfalls im EEG festgelegt, sie ist in den letzten Jahren deutlich gesunken. Der zum Zeitpunkt der Eintragung gültige Preis wird für 20 Jahre garantiert. Sie sollten das Hauptaugenmerk darauf richten, möglichst viel Energie selbst zu verbrauchen, um Ihre Stromkosten dauerhaft zu reduzieren. Die in den letzten Jahren stark gesunkenen Preise für Photovoltaikanlagen ermöglichen es, diese weiterhin wirtschaftlich zu betreiben.

Kombination von Photovoltaikanlage und Solarstromspeicher

Photovoltaikanlagen erzeugen mittags den meisten Strom, also nicht unbedingt dann, wenn Sie ihn benötigen. Als Ergänzung empfiehlt sich deshalb ein Solarstromspeicher, dessen Batterien den gewonnenen Strom aufnehmen. Der Einsatz eines Stromspeichers ermöglicht die Verdoppelung Ihres Eigenverbrauchs, Sie verbessern dadurch die Wirtschaftlichkeit der Anlage trotz gesunkener Einspeisevergütung.

7.4.3 Die richtige Dämmung beim Steildach

Ein Dach ist das Ergebnis aus dem Zusammenspiel von Tragwerk und Dachbaustoff. Welche Baustoffe eingesetzt werden, entscheiden Bauherren, Architekten und

Dachdecker jedoch nicht allein. Der Ingenieur oder Statiker beispielsweise ist für den notwendigen Standsicherheitsnachweis zuständig und legt damit auch konstruktive Einzelheiten fest. Zudem sind die Anforderungen des Brand-, Schall- und Wärmeschutzes zu beachten und auch Belastungen, zum Beispiel durch Umweltverschmutzung in der Luft, erfordern bestimmte Bedachungsmaterialien.

Das Tragsystem in einem Bestandsgebäude ist hingegen bereits vorhanden und kann meist nur mit hohem finanziellem Aufwand geändert werden. Bei der Entscheidung für ein bestimmtes Tragsystem sind immer auch die Art der geplanten Nutzung des Dachraums sowie die jeweiligen Bauvorschriften, Normen und Gesetze zu beachten.

Wenn es um den baulichen Wärmeschutz geht, muss heute nicht mehr nur der Heizwärmeverlust reduziert, sondern auch das Gebäude im Sommer vor intensiver Wärmeeinstrahlung geschützt werden. Doch Sie sollten sich nicht einfach nur für Klimaanlagen zur Raumkühlung entscheiden. Diese verbrauchen viel Energie, die immer teurer wird und deren Erzeugung die CO_2-Belastung erhöht. Es lohnt sich, beim Bauen auf schwere, wärmespeichernde Baustoffe wie Kalksandstein oder Beton und eine zusätzliche Dämmung gegen Hitze und Kälte zu setzen. Dabei bildet das Dach, wie es heute üblicherweise gebaut wird, den wichtigsten Problembereich.

Bei Steildächern gilt: Um Kosten zu minimieren, werden sie konstruktiv immer leichter gebaut. Doch dicke Dämmstoffpakete und eine luftdichte Ausführung mindern bei dieser Konstruktionsweise den Heizwärmeverlust im Winter. Um Bauherren zu zwingen, eine solche Bauweise zu akzeptieren, wurden beispielsweise in Deutschland die EnEV schrittweise verändert, der Energieausweis der EU eingeführt sowie finanzielle Fördermaßnahmen gestaltet. Dies zielt allein darauf ab, den Verbrauch von Heizenergie im Winter zu senken. Im Sommer dagegen heizt die Sonneneinstrahlung auch normativ richtig ausgeführte Dachgeschosse extrem auf. Bei Außentemperaturen von 30 °C beispielsweise können die Temperaturen in Dachgeschossräumen über 40 °C betragen. Entscheiden Sie sich deshalb auch im Dachbereich für schwere Konstruktionen mit wärmespeichernden Eigenschaften. Ideal sind Dachtragwerke aus Beton, die außenseitig mit entsprechend dicken Dämmstoffpaketen und Dacheindeckungen ergänzt werden. Selbst alte Holzdachstühle lassen sich baulich so verändern, dass sich eine gute Wärmespeicherung erzielen lässt. Schwere Dämmstoffe, zementgebundene Leichtbauplatten oder Gipskartonplatten bringen beispielsweise ein gewisses Maß an Masse ins Dachgeschoss, was eine gute sommerliche Amplitudendämpfung – das Verhältnis der Temperaturschwankungen außerhalb und der Temperaturschwankungen innerhalb des Bauwerks – bewirken kann. Um die Amplitudendämpfung zu berechnen, teilt man die Temperaturschwankungen an der äußeren Oberfläche durch die der inneren Oberfläche. Je größer der Wert, desto besser die Dämpfung.

Laut Weltklimabericht der Vereinten Nationen (UN) müssen wir künftig besonders in den Ballungsräumen der Großstädte mit sehr hohen sommerlichen Temperaturen rechnen. Außerdem ist in unserer mitteleuropäischen Klimazone mit mehr Stürmen, großen Regenmengen und starken Schneefälle im Winter zu rechnen. All diese Naturphänomene setzen besonders dem Dach zu. Deshalb empfiehlt es sich, bei Dachgeschossen künftig nicht allein auf guten winterlichen Wärmeschutz, sondern auch auf Windsogsicherung, Regen- und Luftdichtheit sowie sommerlichen Hitzeschutz zu achten.

Holzdachtragwerk

Bei einem leichten Holzdachtragwerk können dicke Dämmstoffpakete auf der Dachaußenseite aufgebracht und zur Wärmespeicherung darunter, aber über den Sparren eine schwere Baustoffplatte angeordnet werden. Letztere kann gleichzeitig das wasserführende Unterdach bilden. Zwischen den Sparren wird dann die gesamte Sparrenhöhe mit einem schwergewichtigen mineralischen Dämmstoff ausgefüllt. Raumseitig folgt wieder eine schwere zementgebundene Leichtbauplatte oder eine Gipsbauplatte, deren glatte Oberfläche sich streichen oder tapezieren lässt.

Bei einer Sanierung oder einem Umbau kann die tragende Dachkonstruktion auch gleich als wärmespeichernde Betonplatte ausgeführt werden. Witterungsseitig werden darauf ein entsprechend dimensioniertes Dämmstoffpaket und die Dacheindeckung verlegt, raumseitig geeignete Leichtbauplatten. Eine solche Dachkonstruktion schützt wesentlich besser vor Kälte und Hitze als leichte Holzdächer. Außerdem werden die Forderungen des Brand- und Schallschutzes sowie der Windsogsicherung kostengünstig erfüllt.

In der DIN V 4108-2 wird außerdem ein sogenannter Sonneneintragskennwert benannt, der vor einer übermäßigen Aufheizung von Räumen schützen soll. Der angegebene Höchstwert darf nicht überschritten werden, sonst reicht der sommerliche Wärmeschutz eines Gebäudes nicht aus. In diesem Fall müsste Ihre Planung bzw. Bauausführung noch einmal überarbeitet werden.

Sparrendach

Beim traditionellen Sparrendach werden je nach Anordnung der Dämmschicht Unter-, Zwischen- und Aufsparrendämmung unterschieden. Hinsichtlich des winterlichen und sommerlichen Wärmeschutzes ist die Aufsparrendämmung die bauphysikalisch beste Lösung. Die Zwischensparrendämmung stellt in diesem Sinne einen Kompromiss dar, wogegen die Untersparrendämmung nur den winterlichen Wärmeschutz verbessert. Alle Konstruktionen müssen zusätzlich luft- bzw. winddicht ausgeführt werden.

Beispiel

Gemäß den Normen wird für Steildächer ein U-Wert (Wärmedurchgangskoeffizient) ≤ 0,25 Watt pro Quadratmeter und Kelvin (W/m^2K) gefordert, empfehlenswert ist ein U-Wert von ≤ 0,2 W/m^2K. Dieser lässt sich beispielsweise mit Mineralwolledämmstoffen (mit einer Wärmeleitfähigkeit von λ = 0,040 Watt pro Meter und Kelvin (W/mK)) von mindestens 200 mm Dicke erreichen. Gleichzeitig liegt die Amplitudendämpfung bei ≥ 15. Wird diese Dämmung mit einer schweren, wasserdichten Baustoffplatte als Unterdach (Aufsparrendämmung) und zudem raumseitig mit einer doppelten Gipskartonplatte (2 × 12,5 mm) angeordnet, verringert sich die Aufheizung durch Wärmeeinstrahlung im Dachraum wesentlich.

Wärmedämmstoffe für die Steildachdämmung

Grundsätzlich sind alle zurzeit am Markt erhältlichen und normativ für die Steildachdämmung als geeignet ausgewiesenen Wärmedämmstoffe geeignet. Die Hersteller dieser Dämmstoffe müssen dies durch Zulassungen bzw. Prüfzeugnisse gemäß der im europäischen Normenwerk festgelegten Vorgaben belegen. Im Zweifelsfall sollten Sie einen entsprechenden Nachweis vom Verarbeiter verlangen, denn dieser haftet im Schadensfall, wenn er nicht normgerechte Baustoffe einsetzt.

Im Folgenden werden natürliche und naturidentische Dämmstoffe, die für die Dachdämmung geeignet sind, genannt und ihre Eigenschaften kurz beschrieben. Auf die Darstellung der handelsüblichen Dämmstoffe wie Mineral- und Glaswolledämmstoffe, PP- und PU-Hartschaumplatten, Schaumglas usw. wird hier bewusst verzichtet, deren Eigenschaften sind branchenweit bekannt.

Die Beschreibungen im Folgenden beruhen auf Herstellerangaben, die Reihenfolge und die Ausführungen beinhalten keine irgendwie geartete Wertung. Für die Richtigkeit übernehmen die Autoren keine Haftung.

- Holzfaserdämmplatte: Dieser Dämmstoff aus organisch-natürlichen pflanzlichen Rohstoffen besteht aus Restnadelholzhackschnitzeln. Die Resthölzer werden thermisch-mechanisch zerfasert, dann wird der mit Wasser verdünnte Faserbrei gesiebt, die Fasern werden zu Vlies verarbeitet, gepresst und getrocknet. Der Dämmstoff hat folgende Eigenschaften: Wärmeleitfähigkeit $\lambda = 0{,}040$ W/mK, spezifische Wärmekapazität c = 2.100 Joule pro Kilogramm pro Kelvin (J/kg K), Wasserdampfdiffusionswiderstandszahl $\mu = 5$ bis 10, Rohdichte etwa 160 bis 230 Kilonewton pro Kubikmeter (kN/m^3), hohe Wärmespeicherfähigkeit, recycelbar.
- Flachsfaserdämmplatte: Bei diesem Dämmstoff aus organisch-natürlichen pflanzlichen Rohstoffen werden Flachsfasern mit natürlichem Stärkekleber zu Platten verbunden. Weitere Inhaltsstoffe sind Borsalz und teilweise Wasserglas. Eigenschaften: Wärmeleitfähigkeit $\lambda = 0{,}037$ W/mK, Rohdichte 30 kg/m^3, recycelbar.
- Cellulosedämmplatte: Dieser Dämmstoff besteht aus Zellulose (Altpapier und Jute), Ligninsulfonat, Tallharz, Aluminiumsulfat (Bindemittel), Borax und Borsäure (Brandschutzmittel). Eigenschaften: $\lambda = 0{,}040$ W/mK, $\mu = 1$, Rohdichte 70 bis 100 kg/m^3, hohe Wärmespeicherfähigkeit.
- Celluloseflocken-Einblasdämmstoff: Dieser Einblasdämmstoff aus organischen pflanzlichen Rohstoffen wird im Recyclingverfahren aus Tageszeitungspapier hergestellt. Weitere Inhaltsstoffe sind Borax und Borsäure. Der Dämmstoff ist geeignet zum Einblasen in Hohlräume in Dächern, Wänden und Decken. Eigenschaften: Wärmeleitfähigkeit $\lambda = 0{,}040$ W/mK, $\mu = 1$ bis 2, Rohdichte 35 bis 80 kg/m^3, nicht druckbelastbar, gute Wärmespeicherfähigkeit, bei Verarbeitung hohe Staubentwicklung möglich.
- Hobelspan-Einblasdämmstoff: Dieser Dämmstoff besteht aus Hobelspänen, die in einem Spezialverfahren aufbereitet und mit einem dünnen Zementsteinfilm umhüllt werden. Die Imprägnierung erfolgt mit Molke, Soda oder Zement. Der Dämmstoff ist einsetzbar als Schütt- und Blasdämmstoff in Dächern, Wänden und Decken. Eigenschaften: Wärmeleitfähigkeit $\lambda = 0{,}055$ W/mK, $\mu \leq 2$, Rohdichte 90 bis 140 kg/m^3, gute Wärmespeicherfähigkeit.
- Blähperlit-Schüttdämmstoff: Dieser Dämmstoff aus dem mineralischen Rohstoff Perlit ist vulkanischen Ursprungs. Durch eine Erhitzung auf über 1.000 °C entweicht chemisch gebundenes Wasser und bläht dabei das Korn um das 15- bis

20-Fache auf. Die herstellerbezogene Ummantelung aus Bitumen, Gips oder Paraffinharz sorgt für eine höhere Druckfestigkeit. Eigenschaften: $\lambda = 0{,}050$ W/mK, $\mu = \sim 3$, Rohdichte 90 bis 95 kg/m³.

- Resolhartschaum: Dieser Dämmstoff ist relativ neu, in Deutschland wird er seit 2007 vertrieben. Er wird aus Bakelit hergestellt, einem Kunstharz, das bei der Reaktion von Phenol mit Formaldehyd entsteht. Das Bakelit wird mit einem Treibmittel geschäumt und auf beiden Seiten mit Glasvlies kaschiert. Der Dämmstoff ist wegen der geschlossenen Struktur seiner kleinen Zellen und einer Rohdichte von 40 kg/m³ für Wärme und Kälte fast undurchdringlich. Außerdem verbessert das eingeschlossene Treibgas die Isolierungsleistung.

7.4.4 Wirksamer Blitzschutz

Gebäudeversicherer melden, dass Brände durch Blitzeinschlag besonders bei Steildachkonstruktionen vermehrt auftreten, da deren Dachstuhl meist aus Holz besteht. Auch wenn es keine gesetzlichen Vorschriften dazu gibt, empfiehlt sich deshalb immer ein wirksamer Blitzschutz in einer Immobilie. Der Kostenaufwand dafür ist weitaus geringer als der Nutzen. Bei notwendigen Sanierungen, Reparaturen oder Umbauten sollten Sie den Blitzschutz jedes Mal erneut überprüfen bzw. installieren (lassen). Schalten Sie dazu immer einen Fachmann ein, der ein verbindliches Konzept erarbeitet und die sachgemäße Umsetzung kontrolliert.

Das Risiko des direkten Blitzeinschlags in eine bauliche Anlage (Antenne, Schornsteinkopf, Blendrahmen der Dachflächenfenster, Solaranlagen auf dem Dach oder in der Fassade usw.) kann aufgrund der speziellen geometrischen Abmessungen und der örtlichen Umgebungssituation unter Einbeziehung der Blitzschutznorm VDE 0185-305:2006 (Deutschland) oder ÖVE/ÖNORM E 8049 (Österreich) abgeschätzt werden. Es ist anzunehmen, dass hohe Gebäude öfter vom Blitz getroffen werden als niedrige, großflächige häufiger als kleingliedrigere und frei stehende – womöglich noch auf einer Anhöhe oder im Gebirge – häufiger als Gebäude innerhalb von Wohnsiedlungen und Ballungszentren.

Folgende Schäden an baulichen Anlagen ohne Blitzschutzsystem treten bei Blitzeinschlag häufig auf: undichte Dacheindeckungen, beschädigte Solaranlagen, abgeschlagene Gebäudeteile und verschmorte Metallteile, zum Beispiel Antennen oder Satellitenschüsseln. Wie bereits erwähnt, häufen sich in letzter Zeit durch Blitzeinschlag verursachte Brände besonders in Dachgeschossen alter Steildächer. Grund hierfür sind Dacheindeckungen mit brennbaren Baustoffen, brennbare Dachdämmstoffe oder die Lagerung leicht entzündbarer Materialien im Dachbereich.

Solaranlagen auf Steildächern

Bei Solaranlagen auf Steildächern wird der Blitzschutz oft aus finanziellen Gründen nicht eingebaut. Dabei lassen sich gerade in der Planungsphase einer Solaranlage durch eine sachgemäße Konzeption Kosten sparen und vorbeugend Werte sichern. Klären Sie in jedem Fall, ob spezielle Anforderungen der Gebäudeversicherung oder Vorschriften einer LBO zu beachten sind. Auch sollten Solaranlagen mit zusätzlichen externen Überspannungsableitern vor einer Spannungseinkopplung geschützt werden. Eine bereits vorhandene Blitzschutzanlage am Gebäude darf nicht durch den Einbau einer Solaranlage in ihrer Funktion gestört werden. Grundsätzlich sollte immer möglichst viel Blitzstrom an der Gebäudehülle ins Erdreich abfließen können.

Bei Solaranlagen oder ähnlich aufgeständerten Bauteilen ist außerdem der Mindestabstand zur Dachoberfläche wichtig, fachlich als Trennungsabstand »s« bezeichnet. Bei einem direkten Blitzeinschlag in das Gebäude wird damit der Überschlag auf die Solaranlage verhindert, die Leitungsverbindungen (PV-Strangleitung oder Solarkreislauf) leiten auch keinen Blitzstrom in das Gebäudeinnere. Der Mindestabstand liegt normalerweise zwischen 5 und 10 cm. Damit ist auch für die Hinterlüftung der Solarmodule gesorgt.

Durch das Anpassen der Fangleitungen (Blitzableiter) lässt sich verhindern, dass Metallteile oder Solaranlagen auf dem Steildach direkt getroffen werden. Stattdessen schlägt der Blitz in die Fangeinrichtung ein. Für solch eine Einrichtung montiert ein Fachmann zusätzliche Fangstangen und -spitzen. Die Solaranlage befindet sich somit im Schutzbereich der äußeren Blitzschutzanlage.

Bei Metalldächern zählt die Dachfläche zur Fangeinrichtung. Hier ist ein sogenannter teilisolierter Blitzschutz nicht möglich. Deshalb muss die Solaranlage oder ein ähnliches Bauteil direkt mit der äußeren Blitzschutzanlage blitzstromfähig elektrisch leitend verbunden sein. Da die Leitungen der Solaranlage in diesem Fall blitzstrombehaftet sind, ist die Leitungsführung entscheidend für den technischen und finanziellen Aufwand. Bei Photovoltaikanlagen müssen die ins Gebäude führenden blitzstromgefährdeten Strangleitungen durch Blitzstromableiter geschützt werden.

Solarthermische Anlagen lassen sich nicht mit Überspannungsschutzgeräten ausstatten, hier wird der teilisolierte Blitzschutz auf vorhandene Solarkreislaufleitungen im Gebäudeinneren umgeleitet. Dabei ist zu beachten, dass keine Überschläge auf andere Installationen (Elektro- und Metallleitungen sowie Metallteile) erfolgen. In solchen Fällen sollten die Leitungen blitzstromtragfähig und abgeschirmt in einem Metallrohr oder einer Rinne an der Außenfassade angebracht werden, um die Spannung nahe dem Erdniveau ins Gebäude einzuleiten.

7.4.5 Dachentwässerung

Zur Ableitung von Regen- oder Tauwasser von einer Dachfläche empfiehlt sich eine sachgemäß geplante und fachgerecht montierte Dachentwässerungsanlage. Das gilt für Flachdächer und Steildächer gleichermaßen. Lassen Sie die Dachrinne so anlegen, dass Wassersäcke oder Gegengefälle vermieden werden, da diese den geregelten Abfluss behindern, wodurch Gebäudeschäden entstehen können.

Dachrinne

Als Regen- bzw. Dachrinne bezeichnet man eine Sammelrinne, die so montiert wird, dass sie das von der Eindeckung der Dachfläche ablaufende Wasser sammelt und über ein Fallrohr in den Abwasserkanal leitet. Nach DIN EN 12056-3 sollten Dachrinnen generell ein Gefälle von 1 bis 3 mm auf den laufenden Meter aufweisen. Bei einer vorgehängten Dachrinne darf das Gefälle nicht zu steil angelegt sein, da sonst die Rinne die Traufkante soweit unterschreiten kann, dass ablaufendes Wasser über die Vorderkante der Dachrinne hinausschießt und einen »Wasserfall« bildet. Ist die Vorderkante zu hoch, staut sich bei Starkregen das Wasser und kann dann im Traufbereich unter der Traufbohle hindurch in die Wärmedämmung eindringen. Die Folge ist ein nachhaltiger Durchfeuchtungsschaden, der sich nur mit hohem konstruktivem und finanziellem Aufwand beheben lässt.

In Regionen mit starkem Schneefall sollte die Vorderkante der Dachrinne nicht höher liegen als die Abrutschlinie des Schnees. Andernfalls kann sich hier Schnee anstauen. Bei Tauwetter wird er schwerer und durch die erhöhte Belastung kann es sogar zum Abriss der gesamten Dachrinne kommen. Selbst sachgemäß im Traufbereich und an der Dachfläche montierte Schneefanggitter oder ähnliche Konstruktionen helfen nur bedingt, solche Ansammlungen zu verhindern.

Fallrohr

Über den Dachrinnenauslass wird die Dachrinne mit dem Fallrohr verbunden. Dieses senkrechte Rohr zur Ableitung des Wassers in die Kanalisation kann innerhalb oder außerhalb des Gebäudes geführt werden. Innerhalb des Gebäudes werden dazu Rohre aus Gusseisen, Flussstahl, Steinzeug, Kunststoff oder Faserzement verwendet, außerhalb, also an der Fassade, Rohre aus verzinktem Stahlblech, Titanzink, Edelstahlblech, Kupferblech, Faserzement oder Kunststoff. Öffnungen zur Kontrolle und Reinigung des Fallrohrs sollten grundsätzlich oberhalb vom Ende und bei Richtungsänderungen angeordnet werden, allerdings nicht in der Nähe von Fenstern, Türen oder anderen Fassadenöffnungen, da sonst bei Überlauf Schadensgefahr besteht.

Bei bepflanzten Dachflächen sollte der Ablauf für Kontrollen immer zugänglich sein. Außerdem muss mit konstruktiven Maßnahmen verhindert werden, dass Schmutz und Pflanzsubstrat in den Ablauf gelangen. Zu beachten ist, dass Schmutzsiebe oder ähnliche Bauteile das Abflussvermögen des Ablaufs stark vermindern können. Das gilt selbst dann, wenn sie regelmäßig gesäubert werden.

Flachdächer mit Brüstung (Attika) sollten mindestens mit zwei Dachrinnenabläufen oder einem Ablauf plus Notablauf ausgestattet sein – also mit einem für jede Teildachfläche. Um zu verhindern, dass Regenwasser in das Gebäude eindringt, sind generell bei Flachdächern oder nicht vorgehängten Dachrinnen zusätzliche Notabläufe sinnvoll. Besonders bei großflächigen Flachdächern mit innenliegender Entwässerung kommt es immer wieder zu Gebäudeschäden durch unzureichende Entwässerung, zu hoch über der Dachfläche eingebaute Abläufe oder Laub, das die Auslässe verstopft.

Bei Steildächern richtet sich die Anzahl der Abläufe nach der Länge der Dachrinne. Besonders im Altbaubereich werden oft mehrere kleinere Dachflächen an ein Fallrohr angeschlossen, was bei starkem Regen unweigerlich dazu führt, dass die Dachrinnen überlaufen. So können enorme Schäden an den Fassaden entstehen.

Tipp !

Lassen Sie lieber zusätzliche Fallrohre installieren, um auch kleine Dachflächen zu entwässern, als nachträglich teure Fassadensanierungen durchführen zu müssen.

Regenwasserleitung

Die Fallrohre der Dachentwässerung sind über eine Regenwasserleitung mit der öffentlichen Kanalisation verbunden. Diese Leitungen sollten wasserdicht sein, wenn sie durch Außenwände von Gebäuden führen. Wichtig ist außerdem, dass sie nicht in tragende Bauteile einbetoniert, sondern grundsätzlich so angeordnet werden, dass sie jederzeit ohne großen Aufwand zugänglich sind. Schließlich müssen die Leitungen auch kontrolliert, instand gehalten, repariert und ggf. ausgetauscht werden. Bei Leitungen, die in Decken verlegt werden, ist konstruktiv besonders sorgfältig vorzugehen.

Im Gebäudeinneren geführte Leitungen müssen druckfest sein, damit sie bei Verstopfungen nicht platzen. Eine Reduzierung des Rohrinnendurchmessers in Fließrichtung ist nicht erlaubt. Zu achten ist außerdem auf die richtige Wärmedämmung der Leitungen, um Schwitzwasserbildung zu verhindern.

Wird über eine Regenwasserleitung das Regenwasser in einen Bodenablauf eingeleitet, muss sie unter dem Bodenablaufgitter bzw. -sieb, aber oberhalb des Geruchsverschlusses enden. Empfehlenswert ist der Anschluss über einem hinteren oder seitlichen Einlauf.

Auslaufformstück

Besteht keine andere Möglichkeit, das Regenwasser auf ein niedrigeres Dach oder eine abgedeckte Fläche abzuleiten, muss ein Auslaufformstück angebracht werden. Damit wird das Wasser vom Gebäude weggeleitet. Im betroffenen Bereich muss die Dachabdeckung des niedrigeren Daches verstärkt werden.

! **Tipp**

In Gebieten mit häufigem Frost empfiehlt es sich, eine Begleitheizung in innenliegende Dachrinnen oder Rohre – eine sogenannte Rinnenheizung – einzubauen. Damit soll verhindert werden, dass Eis die Abläufe blockiert und als Folge Wasser ins Gebäudeinnere eindringt. Durch eine Rinnenheizung wird auch die Bildung von Eiszapfen verhindert, die ein Sicherheitsrisiko für Passanten sind oder Schäden am Gebäude oder an geparkten Autos verursachen, wenn sie abbrechen.

Gefälle der Dachrinne

Dachrinnen dürfen mit oder ohne Gefälle verlegt werden. Bis zu einem Gefälle von 3 mm auf den laufenden Meter gelten sie als gefällelos. Bei vorgehängten Dachrinnen mit halbrunder oder ähnlicher Form, die ohne Gefälle geplant, aber mit Abläufen versehen sind, die einen dauerhaft freien Ablauf garantieren, wird das Abflussvermögen durch Gleichung 3 in DIN EN 12056-3, Abschnitt 5.1.2 bestimmt. Dabei werden der Dachrinnenquerschnitt und die Dachrinnenform berücksichtigt. Bei vorgehängten Dachrinnen mit rechteckiger, trapezförmiger oder ähnlicher Form, die ohne Gefälle geplant, aber mit Abläufen versehen sind, die einen freien Ablauf garantieren, wird das Abflussvermögen durch Gleichung 4 in DIN EN 12056-3, Abschnitt 5.1.4 ff. bestimmt.

Entwässerung beim Umkehrdach

Die Entwässerung von Dränschichten beim Umkehrdach erfolgt über die Dacheinläufe und/oder Dränleitungen, die an die Dachentwässerungsleitungen angeschlossen werden. Dabei sollte die Dachentwässerung so angelegt werden, dass die Dämmstoffplatten nicht ständig mit Stauwasser bedeckt sind. Bei Dachneigungen bis zu drei Grad ist allerdings bereichsweise mit stehendem Wasser zu rechnen. Eine konstruktionsbedingte Pfützenbildung, beispielsweise an Überlappungen der Dachabdichtung oder im Rahmen der Toleranzen von Decken, ist für Umkehrdächer zulässig. Die Dacheinläufe müssen zu Revisionszwecken jederzeit ohne zusätzlichen Aufwand zugänglich sein.

Entwässerung bei Dachbegrünungen

Bei Dachbegrünungen müssen Sie sicherstellen, dass sowohl begrünte als auch nicht begrünte Dachteilflächen einwandfrei entwässert werden. Die Entwässerung muss durch den Schichtaufbau und dessen Oberfläche dauerhaft wirksam sein.

7.5 Mit einer luftdichten Gebäudehülle Wärmeverluste vermeiden

Die technische Ausführung der Luftdichtheit wird aufgrund der ständig steigenden Anforderungen an den Wärmeschutz von Gebäuden entsprechend der EnEV sowie der DIN V 4108-7 »Wärmeschutz und Energie-Einsparung in Gebäuden« immer wichtiger. Energieeffizient geplante und ausgeführte Gebäude verfügen deshalb nicht nur über eine sehr gute Wärmedämmung aller Außenbauteile, sondern auch über eine entsprechend angepasste Luftdichtheit der Gebäudehülle. So soll unnötiger Wärmeverlust über Fugen und Anschlussbereiche vermieden werden. Allerdings funktioniert dann die bei Altgebäuden ursprünglich häufig vorhandene Fugenlüftung, etwa durch undichte Fenster, Türen oder Dachflächen, nicht mehr. Dennoch muss jedes Gebäude je nach Nutzung ausreichend gelüftet werden können. Lüftungsanlagen oder Fenster mit integrierter Raumlüftung werden daher auch in Wohngebäuden immer häufiger eingesetzt.

Fugen- und Fensterlüftung haben Nachteile

Die Fugenlüftung allein kann eine angemessene Raumlüftung nicht gewährleisten, an windarmen und milden Tagen reicht sie nicht aus. An windigen und kalten Tagen dagegen entsteht durch Winddruck Zugluft, zusätzlich trocknet die Raumluft durch den hohen Luftaustausch stärker aus und auch der Heizwärmeverlust steigt. Strömt warme Raumluft über undichte Stellen durch die kältere Baukonstruktion nach außen, kann sich aufgrund der Kondensation im Bauteil Feuchtigkeit anreichern und Schimmel an kalten Bauteilflächen (Fensterglas, Fenster- und Türrahmen, Raumecken usw.) bilden. Luftundichtheiten verringern außerdem den Lärmschutz nach außen sowie zwischen Wohnungen. Dagegen treten bei einer technisch fachgerecht ausgeführten luftdichten Bauweise die aufgezählten Nachteile weitgehend nicht auf, Luftdichtheit ist also auch ein Qualitätsmerkmal für Gebäude.

Zur Raumluftverbesserung und Ableitung von Feuchtigkeit, Gerüchen und CO_2 muss ein Luftaustausch möglich sein. Traditionell geschieht er in den meisten Gebäuden durch geöffnete Fenster. Der Nachteil dieser Lüftungsart ist, dass sich jemand darum kümmern muss und beispielsweise bei Starkregen die Fenster schließt. In der kalten Jahreszeit geht zudem durch häufiges Öffnen der Fenster sehr viel teure Wärme verloren. Andererseits bleiben die Fenster meist geschlossen, wenn niemand anwesend ist, wodurch der Luftaustausch unterbunden wird. Mechanisch wirkende Lüftungsanlagen haben den Vorteil, dass sie einen permanenten Luftaustausch erlauben.

Abluftanlagen

Bei Abluftanlagen führt ein Ventilator Luft aus den Räumen ab, in denen besonders viel Feuchtigkeit und Gerüche erzeugt werden, also Bad, WC, Küche, Hausarbeitsraum und Waschküche. Durch den Ventilator entsteht in der Wohnung ein leichter Unterdruck und Luft strömt von außen durch sogenannte Außenwanddurchlässe, die in die Fenster oder die Außenwand fest eingebaut sind, nach innen. Hier ist eine luftdichte Außenhülle unbedingt erforderlich, damit die Außenluft auch sicher über die Außenwanddurchlässe nachströmt. Dringt Luft dagegen durch undichte Stellen ein, stellt sich der notwendige Unterdruck nicht mehr ein und die Luftzufuhr in anderen Räumen wird gemindert.

Zu- und Abluftanlagen mit Wärmerückgewinnung

Bei Zu- und Abluftanlagen mit Wärmerückgewinnung sorgt ein zweiter Ventilator für eine ausreichende Lüftung der Wohn- und Schlafräume. Dabei werden Zu- und Abluft in einem Wärmetauscher so aneinander vorbeigeleitet, dass die Wärme aus der Abluft die kältere Zuluft erwärmt. Eine solche Wärmerückgewinnung verringert den Wärmeverlust, außerdem wird die Zuluft auf angenehme Temperaturen vorgewärmt.

Aus Gründen der Wirtschaftlichkeit muss bei einer solchen Anlage die Gebäudehülle unbedingt luftdicht sein, denn andernfalls kommt es zu einem unkontrollierten Luftaustausch. Das wirkt sich energetisch besonders negativ aus, weil durch die Fugen kalte Luft, die nicht vorgewärmt ist, einströmt und dann von der Raumheizung aufgeheizt werden muss.

Anforderung der EnEV

Die EnEV fordert, dass die »wärmeübertragende Umfassungsfläche einschließlich der Fugen dauerhaft luftundurchlässig entsprechend den anerkannten Regeln der Technik abgedichtet ist«. Ähnliche Anforderungen findet man auch in Teil 2 der DIN 4108. Im Januar 2011 erschien der Entwurf »Luftdichtheit von Gebäuden, Anforderungen, Planungs- und Ausführungsempfehlungen sowie -beispiele« als Neuausgabe der DIN 4108-7. In diesem Entwurf wird auch auf die besondere Problematik hinsichtlich der Einhaltung von Höchstwerten aufmerksam gemacht: »Selbst bei Einhaltung der genannten Grenzwerte sind lokale Fehlstellen in der Luftdichtheitsschicht möglich, die zu Feuchteschäden durch Konvektion führen können. Die Einhaltung der Grenzwerte ist somit kein hinreichender Nachweis für die sachgemäße Planung und Ausführung eines einzelnen Konstruktionsdetails, beispielsweise eines Anschlusses oder einer Durchdringung.« Deshalb sollten bei der Ausführung am Objekt fehlerhafte Anschlüsse nicht nur grundsätzlich vermieden, sondern sie müssen aufgespürt und nachgebessert werden. So lassen sich einerseits Zugluft im Raum, andererseits der schleichende Verlust an Wärmeenergie und die daraus resultierenden höheren Heizkosten verhindern.

Planung und Koordination überwachen

Die DIN 4108 fordert generell: »Beim Herstellen der Luftdichtheitsschicht ist auf eine sorgfältige Planung, Ausschreibung, Ausführung und Abstimmung der Arbeiten aller am Bau Beteiligten zu achten. Es ist zu beachten, dass die Luftdichtheitsschicht und ihre Anschlüsse während und nach dem Einbau weder durch Witterungseinflüsse noch durch nachfolgende Arbeiten beschädigt werden.« Planer und Bauleiter stehen damit in der Pflicht, eine sorgfältige Koordination der Arbeiten zu überwachen und die fachgerechte Ausführung zu kontrollieren.

!

Tipp

Richten Sie Ihr Augenmerk besonders auf die Ausführung der Trink-, Abwasser- und Elektroinstallation. Vor allem beim Innenausbau werden die Leitungen oft erst nach Ausführung der Luftdichtheit verlegt. Dadurch entstehen Durchdringungen, die sofort luftdicht geschlossen werden müssen, insbesondere bei der Elektroinstallation, etwa wenn Leerrohre verlegt werden. Lassen Sie die gesamte Installation deshalb besser innerhalb der luftdichten Gebäudehülle verlegen. Dabei darf die Installation nicht mehrfach die luftdichte Hülle durchdringen.

Aufgabe des Planers: die lückenlos luftdichte Gebäudehülle

Aufgabe des zuständigen Planers ist es, eine lückenlos luftdichte Gebäudehülle zu konzipieren. Bei Mehrfamilienhäusern ist zusätzlich darauf zu achten, die einzelnen Wohnungen untereinander und gegen das Treppenhaus luftdicht abzuschließen. Für jedes Bauteil wird festgelegt, welche Materialschicht die Funktion der Luftdichtheit übernimmt.

- Betonbauteile, die nach DIN 1045-2 hergestellt werden, gelten als luftdicht.
- Bei Mauerwerk soll eine Putzlage dafür sorgen, dass die Konstruktion luftdicht ist.
- Im Holz- oder Trockenbau gelten Folien aus Kunststoff, Elastomeren, Bitumen und Papierwerkstoffen, die allerdings nicht perforiert werden dürfen, als luftdicht.
- Gipsfaserplatten, Gipskartonbauplatten, Faserzementplatten, Bleche und Holzwerkstoffplatten sind dagegen erst luftdicht, wenn gesonderte Maßnahmen im Bereich der Stöße, Anschlüsse und Durchdringungen ausgeführt wurden.

Nicht luftdicht sind beispielsweise Trapezbleche im Bereich der Überlappungen, Nut-Feder-Schalungen, Platten als raumseitige Bekleidung im Bereich von Anschlüssen und Durchdringungen sowie poröse Weichfaserplatten und Holzwolleleichtbauplatten.

Probleme bei Altbauten

Bei Altbauten mit Wärmedämmung können Probleme auftreten, wenn der vorhandene alte Außenputz als Luftdichtheitsschicht verwendet wird, beispielsweise weil im Mauerwerksbau eine lückenlose Luftdichtheit auf der Raumseite nicht hergestellt werden kann. Denkmalgeschützte Gebäude und Fachwerk- bzw. Leichtbauten haben oft eine raumseitig angeordnete Beplankung aus Gipskarton- oder ähnlichen Platten, die als Luftdichtheitsschicht betrachtet werden. Hier ist besonders bei der Verlegung der Elektroinstallation darauf zu achten, ob Undichtheiten bestehen.

Erstellung eines Lüftungskonzepts

Schon seit Jahren weiß man, dass der ausreichende Luftaustausch in Wohngebäuden problematisch ist. Denn wegen der vorgeschriebenen energiesparenden Bauweise sind die Gebäudehüllen so dicht, dass bei üblichem Lüftungsverhalten nicht ausreichend Luft nachströmt. Bekannte Folgen sind Feuchteschäden und – besonders in sanierten Gebäuden – Schimmelbefall.

Deshalb verlangt die DIN 1946-6, die seit 2009 gilt, ein Lüftungskonzept für Neubauten und renovierte Häuser. Planer und Handwerker müssen also vorab festlegen, wie der notwendige Luftaustausch erfolgen kann. Bei Sanierungen ist ein Lüftungskonzept vorgeschrieben, wenn im Ein- und Mehrfamilienhaus mehr als ein Drittel der vorhandenen Fenster ausgetauscht oder bei Einfamilienhäusern mehr als ein Drittel der Dachfläche abgedichtet wird.

Lüftungsstufen

Wesentlich in der Norm ist die Festlegung von Lüftungsstufen mit unterschiedlicher Intensität. Dient die Lüftung nur dem Feuchteschutz (Stufe 1), ist die Luftwechselrate zu beachten, die bei minimaler Nutzung der Wohnung erfolgen muss, um Feuchteschäden und Schimmelpilzbefall zu vermeiden. Dieser Schutz muss ständig und nutzerunabhängig gewährleistet sein. Die nächste Stufe ist die reduzierte Lüftung bei wenig genutzten Wohneinheiten – die sogenannte Nennleistung bei Normalbetrieb. Die Intensivlüftung schließlich soll für den Abbau von Lastspitzen sorgen.

Lüftungskonzept

Faktoren, die beim vorgeschriebenen Lüftungskonzept zum Feuchteschutz mit in die Berechnung einfließen, sind unter anderem der Dämmstandard, die Bauweise sowie die Lage und Größe des Gebäudes. Daraus ergeben sich Hinweise, mit welchen Undichtheiten in der Gebäudehülle zu rechnen ist. Aus der Wohnfläche ergibt sich die zu erwartende Belastung. Abhängig von der örtlichen Lage des Gebäudes kommt noch die Windbelastung hinzu.

Reicht gemäß der Berechnung die Luftzufuhr über Undichtheiten nicht aus, um die Lüftung zum Feuchteschutz sicherzustellen, müssen lufttechnische Maßnahmen ergriffen werden. Möglich sind zum Beispiel die zusätzliche Lüftung über Luftschächte oder außenwandig angeordnete Luftdurchlässe oder eine technische Lüftungsanlage mit Ventilatoren. In jedem Fall muss die Lüftung nutzerunabhängig erfolgen, das heißt, Sie als Eigentümer dürfen für diese Lüftungsstufe nicht die Fensterlüftung durch die Bewohner einkalkulieren.

Luftdichte erhöhen durch weniger Durchdringungen

Die heute üblichen hohen Anforderungen an den Wärmeschutz von Gebäuden nach EnEV 2014 betreffen auch die Bauwerkskonstruktion. Daher müssen Architekten und vor allem Handwerker ebenfalls auf die Luftdichtheit der Bauteile achten. Durch eine abgestimmte, fachgerechte Planung kann beispielsweise die Anzahl der Durchdringungen gesenkt werden. Die Nähte und Stöße bei An- und Abschlüssen sollten mit großer Sorgfalt absolut luftdicht ausgeführt werden. Lassen Sie als Bauherr sich garantieren, dass die Luftdichtheit dauerhaft ist.

Winddichtheit und Luftdichtheit

Die Begriffe »Winddichtheit« und »Luftdichtheit« werden oft verwechselt oder falsch verstanden.

- Eine winddichte Schicht befindet sich konstruktiv immer unter der Dacheindeckung oder der Fassadenbekleidung. Sie soll verhindern, dass Luft von außen ins Gebäudeinnere eindringt. Im Bereich von Sogströmungen gilt das entsprechend in umgekehrter Richtung. Winddichte Schichten sollten immer dampfdurchlässig sein, damit mögliche Feuchte, die sich in der Konstruktion bildet, diffundieren kann. Eine Ausnahme stellen wasserdicht ausgeführte Unterkonstruktionen bei Dach und Fassade dar, die generell als dampfdicht gelten. Verarbeitungstechnisch lässt sich eine außen angeordnete Winddichtung einfacher einbauen als die innenliegende Luftdichtheitsebene. Die Winddichtheit ist bisher nicht genormt und wird deshalb nicht grundsätzlich gefordert.
- Die Luftdichtheitsschicht soll das Eindringen feuchter Innenraumluft in die Konstruktion verhindern. So werden Bauschäden durch Feuchteansammlung vermindert und gleichzeitig Heizwärmeverluste gesenkt. Eine absolut dichte und dauerhafte Ausführung ist hier sehr wichtig. Wie gut die Luftdichtheit eines Gebäudes wirklich ist, lässt sich mit einem Blower-Door-Test (siehe auch Kapitel 7.1.2) ermitteln.

Luftdichte Folien auf der Raumseite einer Wärmedämmung

Wird die wärmeübertragende Umfassungsfläche eines Gebäudes durch Verschalung oder gestoßene, überlappende bzw. plattenartige Bauteile gebildet, muss über die gesamte Fläche eine ausreichend luftdichte Schicht eingebaut werden. Eine Ausnahme besteht, wenn eine bereits vorhandene Bauteilschicht diese Funktion übernimmt, zum Beispiel eine Betonaußenwand und/oder eine Stahlbetondecke aus Ortbeton.

Bei Dächern und Fassaden mit Wärmedämmung sollte die Luftdichtheitsschicht auf der Raumseite der Wärmedämmung angeordnet werden. Dazu eignen sich beispielsweise luftdichte Folien mit werkstoffgerecht verklebten Nähten und Stößen oder luftdichte Platten mit dauerhaft geschlossenen Fugen und Stößen. Befestigungen für innere Bekleidungen oder die Folien selbst sind unvermeidbar. Allerdings müssen sie werkstoffgerecht überklebt, abgedeckt oder verspachtelt werden. Innere Bekleidungen aus kleinformatigen Platten, Schalungen, Paneelen oder Profilblechen eignen sich ohne zusätzliche konstruktive Maßnahmen nicht als luftdichte Schicht.

Luftdichtheitsschicht als Dampfsperre

Die Luftdichtheitsschicht kann ggf. gleichzeitig als Dampfsperre dienen. Es gibt Dampfsperren mit einem nahezu konstanten Sperrwert (zum Beispiel Polyethylen) und solche mit variablem Sperrwert (zum Beispiel Polyamid). Materialien mit variablem Sperrwert können durch einen entsprechenden Molekularaufbau abhängig von der sie umgebenden Feuchtigkeit und/oder Temperatur ihre Wasserdampfdiffusionswiderstandszahl µ verändern. Der µ-Wert eines Stoffs lässt sich den Herstellerangaben bzw. der DIN V 4108-4 in der Fassung von 2017 entnehmen. Auch Materialien wie PVC-Folien oder Holzplatten können als Dampfbremse dienen, das hängt von ihrem Wasserdampfdiffusionswiderstand, der jeweiligen Materialdicke und der Dampfoffenheit ab. Bei Nähten, Stößen, An- und Abschlüssen sowie Durchdringungen muss auf eine dauerhaft sichere Verbindung zwischen den Dampfsperrbahnen sowie einzelner Dampfsperrbahnen mit dem jeweils angeschlossenen Bauteil geachtet werden.

Materialien, die den »Regeln für Abdichtungen« entsprechen

Gemäß den »Regeln für Abdichtungen« des Deutschen Dachdeckerhandwerks lassen sich luftdichte Schichten im wärmedämmenden Dach mit unterschiedlichen Materialien und Dicken herstellen. Die entsprechende Norm DIN V 4108-7 für Deutschland fordert, dass die verwendeten Materialien für Baukonstruktionen übliche bauliche

Bewegungen aufnehmen können. Andernfalls müssen mögliche Bewegungen konstruktiv berücksichtigt werden. Um eine dauerhafte Luftdichtheit zu gewährleisten, ist beispielsweise eine ausreichende Haftung zwischen den verwendeten Materialien sicherzustellen. Die Schadensanfälligkeit durch unzureichende Haftung, zum Beispiel im Fugenbereich oder bei Anschlüssen, ist leider immer noch sehr hoch.

- Verwendet werden dürfen luftdichte Bahnen, unter anderem aus Kunststoff, Elastomeren, Bitumen und Papierwerkstoffen, die nicht perforiert sind. Perforierungen, die durch Befestigungsmittel wie Nägel, Klammern oder Schrauben herbeigeführt werden, sind zulässig, sie müssen aber luftdicht abgedichtet werden.
- Ebenfalls verwendet werden dürfen Gipsfaserplatten, Gipskartonbauplatten, Faserzementplatten, Bleche und Holzwerkstoffplatten, soweit sie vom Hersteller normgemäß als luftdicht ausgewiesen sind. Mit diesen Plattenmaterialien lässt sich in der Fläche eine Luftdichtheitsschicht herstellen. Gesonderte Maßnahmen müssen im Bereich von Stößen, Anschlüssen und Durchdringungen ergriffen werden (siehe unten und DIN V 4108-7, Absatz 7.3).

Als undicht im Sinne der Norm gelten Trapezbleche im Bereich der Überlappungen, Nut-Feder-Schalungen, poröse Weichfaser- und Holzwolleleichtbauplatten sowie Platten als raumseitige Bekleidung im Bereich von Anschlüssen und Durchdringungen. Nach DIN V 1045-2 hergestellte Betonbauteile und Mauerwerk mit einer Putzlage werden dagegen als luftdicht eingeschätzt.

Dauerhafte und werkstoffgerechte Luftdichtheit an Nähten und Stößen

Luftdichtheit muss besonders an Nähten und Stößen, bei An- und Abschlüssen sowie bei Durchdringungen werkstoffgerecht und dauerhaft gewährleistet sein. Als Dichtungsmaterialien können konfektionierte Schnüre, Streifen, Bänder, Klebebänder und Spezialprofile eingesetzt werden. Bei Dichtungsbändern lässt sich die Luftdichtheit erst durch eine ausreichende Komprimierung erreichen.

Fugenfüllmaterialien wie Montageschäume sind aufgrund ihrer Eigenschaften nicht oder nur eingeschränkt in der Lage, Schwind- und Quellbewegungen sowie andere Bauteilverformungen aufzunehmen. Sie sind deshalb nicht dazu geeignet, die geforderte Luftdichtheit herzustellen. Fugendichtmassen müssen entsprechend ihrer Dehnung und der zu erwartenden Bewegungen der angrenzenden Bauteile ausreichend dimensioniert werden.

8 Fördermittel für erneuerbare Energien und energetische Sanierungsmaßnahmen

Wer einen Altbau erwirbt und ihn modernisieren bzw. sanieren möchte, ist gut beraten, sich mit dem Thema Fördermittel auseinanderzusetzen. Für solche Vorhaben gibt es zahlreiche staatliche Programme in Form von zinsgünstigen Darlehen oder Zuschüssen – sowohl auf Bundes- als auch Länder- und Kommunalebene. Durch sie können sich Hauseigentümer oder -käufer finanziell unterstützen lassen und so einiges an Geld sparen. Aufgrund der Fülle der angebotenen Förderungen können wir an dieser Stelle nur einen Überblick über die wichtigsten Programme geben.

Tipp !

Die Programme und Förderkriterien verändern sich stetig, daher ist es erforderlich, diese aktuell zu recherchieren. Informationen finden Sie zum einen auf den Webseiten der Institutionen, zum Beispiel unter www.bafa.de, www.kfw.de oder www.n-bank.de (Landesförderinstitution Niedersachsen). Es gibt aber auch Portale, die gebündelt Übersichten bieten oder auf denen sich zu der geplanten Modernisierungsmaßnahme die passenden Förderprogramme suchen lassen, beispielsweise www.co2online.de.

Wer als Hauseigentümer Fördermittel beantragen möchte, sollte die folgenden grundlegenden Aspekte berücksichtigen:

- Die Förderanträge müssen in der Regel vor Beginn der Arbeiten gestellt werden. Kredite der KfW werden über die Hausbank beantragt, Zuschüsse direkt bei der KfW. Darlehen und Zuschüsse der Landesförderbanken beantragen Interessenten in der Regel dort bzw. bei den jeweiligen Beratungsstellen.
- Jedes Förderprogramm ist an bestimmte Bedingungen geknüpft, beispielsweise muss das Haus nach der Maßnahme einen bestimmten Dämmstandard erfüllen.
- Der Hauseigentümer bzw. -erwerber muss frühzeitig die technischen Mindestanforderungen recherchieren sowie sich über die Bedingungen zur Antragstellung und späteren Nachweisführung informieren.
- In der Regel benötigt der Antragsteller für die Antragstellung einen Sachverständigen, zum Beispiel einen Energieberater. Maßnahmen werden meist nur gefördert, wenn ein Fachunternehmen sie durchführt.

8.1 Fördermittel des Bundesamtes für Wirtschaft und Ausfuhrkontrolle (BAFA)

Förderung für »Energieberatung für Wohngebäude« (Vor-Ort-Beratung, individueller Sanierungsfahrplan)

Gefördert wird die Beratung von Eigentümern durch Energieberater. Förderfähig ist eine Vor-Ort-Beratung, bei der dem Beratenen die Möglichkeiten der energetischen Gebäudesanierung aufgezeigt werden. Dies ist der Fall, wenn der Berater entweder ein energetisches Sanierungskonzept (Energieberatungsbericht) für die Sanierung zu einem KfW-Effizienzhaus vorlegt oder einen Sanierungsfahrplan erstellt, der aufzeigt, wie das Gebäude umfassend, das heißt unter Einbeziehung der thermischen Hülle und der Anlagentechnik, mit aufeinander abgestimmten Maßnahmen energetisch saniert werden kann.

Das BAFA leistet einen Zuschuss in Höhe von 60 % der förderfähigen Beratungskosten:

- maximal 800 EUR bei Ein- und Zweifamilienhäusern und
- maximal 1.100 EUR bei Wohnhäusern mit mindestens drei Wohneinheiten;
- einen Zuschuss von maximal 500 EUR gibt es für zusätzliche Erläuterungen eines Energieberatungsberichts in einer Wohnungseigentümerversammlung oder Beiratssitzung.

! **Tipp**

Zuschüsse zu Energieberatungen bieten auch die Förderbanken mancher Bundesländer. So unterstützt in Baden-Württemberg das Ministerium für Umwelt, Klima und Energiewirtschaft Immobilieneigentümer mit dem Programm »Energiesparcheck (ESC)« für kleine Wohngebäude. Die Einstiegsberatung beinhaltet die Datenaufnahme, die Berechnung der Einsparpotenziale der vorgeschlagenen Maßnahmen sowie die Erläuterung der Ergebnisse.

Heizungsoptimierung

Im Programm »Heizungsoptimierung« erhalten Eigentümer einen finanziellen Zuschuss von 30 % der Nettoinvestitionskosten (bis maximal 25.000 EUR), wenn sie ihre veralteten ineffizienten Heizungsumwälzpumpen und Warmwasserzirkulationspumpen durch neue hocheffiziente Pumpen ersetzen.

Ebenso förderfähig sind der hydraulische Abgleich der Heizung sowie damit zusammenhängende Investitionen und Optimierungsmaßnahmen. Das gilt unter anderem für neue voreinstellbare Thermostatventile, Einzelraumtemperaturregler, Pufferspeicher oder die Einstellung der Heizkurve, wenn die Gerätschaften professionell angeschafft und fachgerecht installiert wurden.

Zuschuss für KWK-Anlagen

Gefördert wird die Errichtung neuer, besonders energieeffizienter Blockheizkraftwerke im Leistungsbereich bis 20 Kilowatt elektrisch (kW_{el}) an einem bestehenden Gebäude. Antragsteller erhalten einen einmaligen Investitionszuschuss, der nach der elektrischen Leistung der Anlagen gestaffelt ist. Für eine kleine Anlage mit einer Leistung von 1 kW_{el}, die für Ein- und Zweifamilienhäuser besonders geeignet ist, beträgt der Zuschuss 1.900 EUR. Als bestehendes Gebäude gilt ein Gebäude, für das der Bauantrag vor dem 1.1.2009 gestellt bzw. die Bauanzeige vor dem 1.1.2009 vorgenommen wurde.

Für Anlagen mit Kraft-Wärme-Kopplung stehen zwei Förderarten bereit:

- Einmalige Investitionszuschüsse für Mini-KWK-Anlagen mit einer elektrischen Leistung bis 20 kW, deren Höhe nach der elektrischen Leistung der Anlagen gestaffelt ist; die Fördersummen betragen zwischen 1.900 und 3.500 EUR.
- Zusätzlich zur Basisförderung können kombinierbare Bonusförderungen für »Wärmeeffizienz« und für »Stromeffizienz« in Anspruch genommen werden.

Bei der Basisförderung werden abhängig vom kW_{el}-Wert für die jeweiligen Leistungsbereiche folgende Zuschüsse gewährt:

- von > 0 bis ≤ 1 kW_{el} = 1.900 EUR je kW_{el},
- von > 1 bis ≤ 4 kW_{el} = 300 EUR je kW_{el},
- von > 5 bis ≤ 10 kW_{el} = 100 EUR je kW_{el},
- von > 11 bis ≤ 20 kW_{el} = 10 EUR je kW_{el}.

Die maximale Förderung beträgt 3.500 EUR. Besonders energieeffiziente Mini-KWK-Anlagen können zusätzlich einen Wärme- und/oder Stromeffizienzbonus als prozentualen Aufschlag auf die Basisförderung erhalten. Der Wärmeeffizienzbonus wird für Mini-KWK-Anlagen gewährt, die mit einem (zweiten) Abgaswärmetauscher zur Brennwertnutzung ausgestattet und an ein hydraulisch abgeglichenes Heizungssystem angeschlossen sind. Der Wärmeeffizienzbonus beträgt 25 % der Basisförderung. Der Stromeffizienzbonus beträgt 60 % der Basisförderung und wird für Anlagen mit einem besonders hohen elektrischen Wirkungsgrad gewährt.

Beispiel: Zuschuss für eine Mini-KWK-Anlage

Der gesamte Zuschuss für die Mini-KWK-Anlage mit einer Leistung von 7,4 kW_{el} bestehend aus Basisförderung und Wärmeeffizienzbonus beläuft sich auf 3.925 EUR. Zur Basisförderung von 3.140 EUR kommt der Wärmeeffizienzbonus von 785 EUR hinzu.

Stromvergütung für KWK-Anlagen

Betreiber von KWK-Anlagen erhalten nach dem Kraft-Wärme-Kopplungsgesetz (KWKG) zeitlich befristete Zuschlagszahlungen, wenn sie eine Zulassung ihrer Anlage durch das BAFA erwirken. Der Eigentümer erhält als Einmalzahlung den KWK-Zuschlag basierend auf der elektrischen Leistung der Brennstoffzelle für pauschal 60.000 Vollbenutzungsstunden. Die Einspeisevergütung setzt sich insgesamt aus einer Vergütung für den in das öffentliche Netz eingespeisten Strom und einen Zuschlag für jede erzeugte Kilowattstunde – unabhängig von einer Einspeisung in das Stromnetz – zusammen.

Höhe und Dauer des Zuschlags richten sich nach dem Zeitpunkt, zu dem der Dauerbetrieb der KWK-Anlage aufgenommen wurde.

Für ab dem 1.1.2016 in Betrieb genommene fabrikneue Anlagen bis 2 kW_{el} ist eine pauschalierte Einmalzahlung möglich, und zwar 4 Cent/kWh für 60.000 Vollbenutzungsstunden (= 4.800 EUR bei einer Anlage mit 2 kW_{el} Leistung). Ansonsten gelten für Anlagen bis 50 kW_{el} folgende Zuschlagssätze:

- 8 Cent/kWh für den in das allgemeine Stromnetz eingespeisten KWK-Strom,
- 4 Cent/kWh für den im Objekt selbst verbrauchten KWK-Strom.

Förderung Heizen mit erneuerbaren Energien

Über das Marktanreizprogramm (MAP) leistet das BAFA Zuschüsse für die Errichtung von Solarthermie-Anlagen, Biomasseheizungen und Wärmepumpen, zudem fördert es die Optimierung des gesamten Heizungssystems. Die Fördersummen betragen bis 4.500 EUR bei der Basisförderung. Diese Förderung kann mit Mitteln aus anderen Fördertöpfen, zum Beispiel denen der KfW, kombiniert werden.

Förderung für Solarthermie

Das BAFA fördert Solarthermie zur Heizungsunterstützung, Warmwasserbereitung, zur kombinierten Warmwasserbereitung und Raumheizung sowie zur Zuführung der

Wärme in ein Wärmenetz. Bei den Solarkollektoren und beim Pufferspeicher muss eine Mindestgröße eingehalten werden. Dann erhalten Hausbesitzer beispielsweise für eine Solarthermie-Anlage

- ausschließlich zur Warmwasserbereitung eine Basisförderung von 50 EUR je angefangenem Quadratmeter Bruttokollektorfläche, mindestens jedoch 500 EUR je Anlage,
- ausschließlich zur Heizungsunterstützung sowie zur Warmwasserbereitung und Heizungsunterstützung eine Basisförderung von 140 EUR je angefangenem Quadratmeter Bruttokollektorfläche, mindestens jedoch 2.000 EUR je Anlage,
- zur Zuführung ans öffentliche Netz eine Basisförderung (Erstinstallation) von 140 EUR je angefangenem Quadratmeter Bruttokollektorfläche, mindestens jedoch 2.000 EUR je Anlage bzw. eine Basisförderung (Erweiterung einer vorhandenen Solarthermieanlage) von 50 EUR je zusätzlich installiertem Quadratmeter Bruttokollektorfläche.

Zusätzlich sind verschiedene Bonusförderungen möglich.

Förderung für energieeffiziente Wärmepumpen

Förderfähig sind effiziente Wärmepumpen zur kombinierten Warmwasserbereitung und Raumheizung, der hydraulische Abgleich für das Heizsystem ist Bedingung für die Förderung. Außerdem muss je nach Modell eine bestimmte Jahresarbeitszahl nachgewiesen werden. Die pauschale Basisförderung beträgt:

- für gasbetriebene Wärmepumpen pauschal 4.500 EUR bis 45 kW installierte Leistung, darüber hinaus 100 EUR je Kilowatt installierte Leistung,
- für monovalente und/oder leistungsgeregelte Luft-Wasser-Wärmepumpen pauschal 1.500 EUR bis 37,5 kW installierte Leistung, darüber hinaus 40 EUR je Kilowatt installierte Leistung,
- für andere Luft-Wasser-Wärmepumpen pauschal 1.300 EUR bis 32,5 kW installierte Leistung, darüber hinaus 40 EUR je Kilowatt installierte Leistung,
- für Sole-Wasser-Wärmepumpen und Wasser-Wasser-Wärmepumpen pauschal 4.000 EUR bis 40 kW installierte Leistung, darüber hinaus 100 EUR je Kilowatt installierte Leistung,
- für Sole-Wasser-Wärmepumpen mit Erdsonde pauschal 4.500 EUR bis 45 kW installierte Leistung, darüber hinaus 100 EUR je Kilowatt installierte Leistung.

Zusätzlich zu dieser Förderung gibt es Bonusförderungen, beispielsweise bei einer Kombination mit anderen förderfähigen Heizungsanlagen oder für die Errichtung bestimmter Wärmespeicher.

Förderung von Biomasseanlagen
Das BAFA bietet auch für Pelletheizungen, Holzhackschnitzelheizungen und Scheitholzvergaserkessel, die besonders emissionsarm und/oder energieeffizient sind, eine Förderung. Der hydraulische Abgleich ist Pflicht. Antragsteller können je nach Heizungsmodell bei der Basisförderung pauschal einen Zuschuss zwischen 2.000 und 3.500 EUR erhalten. Diese Summe gibt es für die Errichtung der Biomasseanlage, wenn in dem Gebäude ein Heizungssystem vorhanden war, das vor Inbetriebnahme der neuen Anlage bereits seit mindestens zwei Jahren installiert war.

Folgende Anlagen sind förderfähig:
- Hackschnitzelkessel mit Pufferspeicher,
- Pelletkessel,
- Pelletkessel mit neuem Pufferspeicher,
- Pelletofen mit Wassertasche,
- Scheitholzvergaserkessel mit Pufferspeicher.

Darüber hinaus können bei Erfüllung bestimmter Bedingungen Zusatzförderungen beantragt werden.

8.2 Förderprogramme der Kreditanstalt für Wiederaufbau (KfW)

Die Kreditanstalt für Wiederaufbau – kurz KfW (www.kfw.de) – ist die Förderbank der Bundesrepublik Deutschland. Sie bietet neben staatlicher Wirtschaftsförderung Förderungen zur Baufinanzierung, für energetische Sanierungen/energetisches Bauen und für den altersgerechten Umbau von Wohnungen. Die Förderprogramme lassen sich in der Regel kombinieren – wer einen Altbau erwirbt und Sanierungsmaßnahmen durchführt, kann sowohl Fördermittel aus dem »Wohneigentumsprogramm« als auch aus dem Programm »Energieeffizient sanieren« beantragen.

Wohneigentumsprogramm (124)

Privatpersonen, die eine selbst genutzte Immobilie erwerben oder bauen möchten, werden von der KfW mit einem zinsgünstigen Darlehen aus dem KfW-Wohneigentumsprogramm unterstützt. Dies gilt inzwischen auch für Wohneigentümergemeinschaften (WEG) und Baugemeinschaften in Form einer Gesellschaft bürgerlichen Rechts (GbR).

Finanziert werden bis zu 100 % der Gesamtkosten, und zwar bis zu einer Obergrenze von 50.000 EUR pro Wohneinheit. Eigenleistungen – beispielsweise bei der Modernisierung – können in die Kalkulation miteinbezogen werden. Bei Gebrauchtimmobilien können im Einzelnen folgende Kosten mit einer Förderung einhergehen:

- Kaufpreis der Immobilie,
- Kosten für Instandsetzung,
- Kosten für Umbau und Modernisierung,
- Gebühren für Notar oder Makler sowie Grunderwerbsteuer.

Unwichtig ist, ob das Objekt von Privatpersonen, über Immobilienmakler oder bei einer Auktion bzw. Zwangsversteigerung erworben wurde.

Beim Kauf oder Bau eines Eigenheims werden in diesem Programm grundsätzlich nur die Kosten für die selbst genutzte Immobilie finanziert. Weitere Wohnungen im gleichen Objekt können nur einbezogen werden, wenn sie Angehörigen unentgeltlich überlassen werden.

Die Laufzeit des KfW-Kredits aus dem KfW-Wohneigentumsprogramm beträgt maximal 25 Jahre, wovon höchstens die ersten drei Jahre tilgungsfrei sind. Nach Ablauf der tilgungsfreien Anlaufjahre müssen sowohl Zinsen wie Tilgung in gleich hohen monatlichen Raten zurückgezahlt werden. Der Darlehensnehmer kann eine Zinsfestschreibung von fünf bis zehn Jahren vereinbaren.

Es kann auch ein endfälliges Darlehen mit einer Laufzeit von bis zu zehn Jahren vereinbart werden. Die Tilgung erfolgt dann auf einen Schlag zum Ende der Laufzeit. Außerplanmäßige Teilrückzahlungen während der Laufzeit sind nicht möglich, eine vorzeitige Rückzahlung des gesamten ausstehenden Kreditbetrags ist gegen Zahlung einer Vorfälligkeitsentschädigung möglich.

! **Tipp**

Da es sich bei den Krediten des KfW-Wohneigentumsprogramms immer um nachrangige Kredite handelt, eignen sich diese dazu, die Finanzierungslücke, die sich zwischen den Gesamtkosten und dem Eigenkapital sowie dem erstrangigen Darlehen ergibt, zu schließen, zumal für den nachrangigen KfW-Kredit kein Zinszuschlag berechnet wird. Eine Eintragung ins Grundbuch ist erforderlich, daher sollte die Förderung im Rahmen der Finanzierung auch gegenüber der Bank angesprochen werden.

Energieeffizient Sanieren (151, 152)

Das Programm »Energieeffizient Sanieren« teilt sich in zwei wesentliche Bereiche auf – in den Programmteil KfW-Effizienzhaus und den Teil Einzelmaßnahmen. Bei der Umwandlung eines Altbaus zum Effizienzhaus unterstützt die KfW Maßnahmen, die dazu führen, dass die geförderte Immobilie mindestens ein Niveau gemäß KfW-Standard 115 erreicht.

! **Hinweis**

Es gibt zwei wesentliche Förderbedingungen: Das Gebäude muss vor dem 1.2.2002 per Bauanzeige bekannt gemacht oder der Bauantrag dafür eingereicht worden sein. Außerdem muss vor der Sanierung der Immobilie auch ein Energieexperte zu Rate gezogen werden.

Die Aufteilung ermöglicht es dem Eigentümer, in den Genuss der Förderung zu kommen, ob er sich für eine umfassende Sanierung entscheidet oder ob er Einzelmaßnahmen durchführen will. Da die Investitionen im Bereich der energetischen Sanierung sehr hoch sind, lassen sich Sanierungsmaßnahmen also splitten und der Eigentümer kann trotzdem eine Förderung für den Teil bekommen, den er sofort angeht. Das heißt, entschließt er sich später für weitere Maßnahmen an seiner Immobilie, sind auch diese förderfähig.

Die folgenden Maßnahmen werden gefördert:

- Sanierung zum KfW-Effizienzhaus,
- Installation einer neuen Heizungs- und/oder Lüftungsanlage,
- energetische Sanierung eines Hauses unter Denkmalschutz,
- Umbau von Nichtwohngebäuden zu Wohngebäuden,
- Kauf einer sanierten Wohnung oder eines sanierten Hauses sowie
- einzelne energetische Maßnahmen aus dem Sanierungskatalog.

Der Hauseigentümer erhält einen günstigen KfW-Kredit mit bis zu 100.000 EUR pro Wohneinheit und zusätzlich nach Abschluss des Vorhabens einen Tilgungsszuschuss in Höhe von bis zu 27.500 EUR pro Wohnung der förderfähigen Investitionen je nach Energiestandard (KfW-Effizienzhaus 115 bis KfW-Effizienzhaus 55). Dabei gilt: Je kleiner die Zahl, desto besser die Energieeffizienz und desto höher der Tilgungszuschuss. Für Einzelmaßnahmen gibt es maximal einen Zuschuss von 7.500 EUR.

Ein Darlehensnehmer kann einen Kredit in Höhe von bis zu 100.000 EUR pro Wohneinheit erhalten. Für Einzelmaßnahmen – Dämmung des Daches, Einbau neuer Fenster, Erneuerung der Heizung oder die Optimierung bestehender Heizungsanlagen – vergibt die KfW Darlehen bis 50.000 EUR pro Wohneinheit. Der Zinssatz ist in den ersten zehn Jahren der Laufzeit vergünstigt, danach erfolgt die Verzinsung auf Basis der dann aktuellen Marktzinsen.

Je nach Kreditlaufzeit gewährt die KfW bis zu fünf tilgungsfreie Jahre, die maximale Laufzeit beträgt 30 Jahre. Es ist auch ein endfälliges Darlehen zur Finanzierung möglich. Zusätzlich zum Darlehen erhält der Eigentümer – nach Abschluss der Maßnahmen – einen nicht rückzahlbaren Tilgungszuschuss gutgeschrieben. Dieser fällt umso höher aus, je besser der erreichte Effizienzgrad des Gebäudes ist. Anträge können Privatpersonen und sonstige Träger von Investitionsmaßnahmen an selbst genutzten oder vermieteten Objekten sowie an neu erworbenen sanierten Immobilien oder Eigentumswohnungen stellen. Feste Voraussetzung für die Vergabe ist die Einbindung eines Sachverständigen bei der Planung des Vorhabens. Die Beratung kann mit bis zu 4.000 EUR separat gefördert werden.

Energieeffizient Sanieren Investitionszuschuss (430)

Die Rahmenbedingungen sind die gleichen wie beim Programm Energieeffizient Sanieren. Einen Unterschied gibt es allerdings: Es handelt sich hier um einen Zuschuss, nicht um einen Kredit. Dieser beträgt bei Maßnahmen für ein KfW-Effizienzhaus bis zu 30.000 EUR je Wohnung oder bis zu 15 % der Kosten bei Einzelmaßnahmen. Das Heizungs- und Lüftungspaket unterstützt beispielsweise den Einbau einer neuen Heizungsanlage und die Optimierung der Wärmeverteilung mit einem Zuschuss in Höhe von 15 %, begrenzt auf maximal 7.500 EUR. Der Zuschuss kann über das KfW-Zuschussportal beantragt werden.

!

Hinweis

Wenn Sie Ihre Immobilie energieeffizient sanieren und zum Beispiel Ihre Heizungs- oder Lüftungsanlage erneuern oder optimieren wollen, dann ist im Rahmen der Programme 151, 152 und 430 auch eine Smart-Home-Anlage förderfähig. Mit solchen Anlagen lassen sich Heizungssysteme energieeffizient steuern und somit die Temperaturen in allen Räumen individuell und kostensparend regulieren. Förderfähig sind beispielsweise auch die automatische Bedienung von Beleuchtung und Jalousien, der Einbau von Klimatechnik, Sicherheitssystemen und Türkommunikation sowie Ladestationen für Elektrofahrzeuge.

Energieeffizient Bauen und Sanieren – Zuschuss Brennstoffzelle (433)

Mit diesem Programm fördert die KfW den Einbau stationärer Brennstoffzellensysteme mit einer elektrischen Leistung von mindestens P_{el} = 0,25 kW_{el} bis maximal P_{el} = 5,0 kW_{el} in neue oder bestehende Wohn- und Nichtwohngebäude.

Die Förderung von Brennstoffzellenheizungen richtet sich an natürliche Personen als Eigentümer eines Ein- oder Zweifamilienhauses. Bei Einbau erhalten Eigentümer mindestens 7.050 EUR von ihrem Geld zurück. Die Höhe der Förderung hängt von der elektrischen Leistung der Brennstoffzelle ab und setzt sich wie folgt zusammen:

- Grundförderung in Höhe von 5.700 EUR,
- Zusatzförderung von 450 EUR pro angefangener 100 Watt elektrische Leistung.

Gefördert werden sowohl integrierte Brennstoffzellenheizungen als auch Beistellgeräte. Das Gerät muss sowohl zur Wärme- als auch zur Stromversorgung im Haus dienen und eine elektrische Leistung zwischen 0,25 und 5 kW aufweisen. Voraussetzung ist außerdem ein hydraulischer Abgleich des neu eingebauten Heizsystems sowie der Abschluss eines Vollwartungsvertrags mit einer Mindestlaufzeit von zehn Jahren.

Lassen sich KfW-Mittel mit Förderungen der BAFA kombinieren?

Wer eine umfassende Sanierung zum KfW-Effizienzhaus plant und einen zinsgünstigen KfW-Kredit im Programm 151 oder einen Zuschuss im Programm 430 in Anspruch nimmt, kann die Förderung von BAFA und KfW kombinieren. Möglich ist das auch, wenn die Heizung auf erneuerbare Energien umgestellt wird. Dann kann der Eigentümer zusätzlich zu den Zuschüssen des BAFA bei der KfW einen speziellen Ergänzungskredit beantragen (KfW-Programm 167) und so die Erneuerung der Heizung sogar komplett durch Kredit und Zuschuss finanzieren. Allerdings: Die Summe aus BAFA-Zuschuss und KfW-Kredit darf nicht die Kosten der Maßnahme übersteigen.

Ansonsten gilt: Bei allen anderen Heizungserneuerungen als Einzelmaßnahme muss sich der Hauseigentümer entscheiden, da sich die Förderungen im KfW-Programm 152 (Kredit, Einzelmaßnahmen) und 430 (Zuschuss, Einzelmaßnahmen) sowie 433 (Zuschuss Brennstoffzelle) nicht mit der BAFA-Förderung kombinieren lassen.

8.3 Regionale Förderprogramme

Nicht nur auf Bundesebene können Hauseigentümer Fördermittel für Modernisierungen und Sanierungen erhalten. Auch die Förderbanken der Bundesländer halten Mittel bereit, mit denen sie Bauherren und Eigentümern unter die Arme greifen, darunter attraktive Zuschüsse und Kredite für Maßnahmen für mehr Energieeffizienz und Klimaschutz. Ebenso lohnt es sich zu recherchieren, inwieweit auf lokaler Ebene finanzielle Unterstützungen zur Verfügung gestellt werden. Interessenten sollten bei ihrem Landkreis, ihrer Kommune und ihrem lokalen Energieversorger nachfragen – häufig bieten diese Zuschüsse und Kredite zu günstigen Konditionen an.

Tab. 8.1 gibt einen Überblick über die Förderbanken der jeweiligen Bundesländer.

Bundesland	Förderinstitut	Internetadresse	Telefon
Baden-Württemberg	L-Bank Staatsbank für Baden-Württemberg	www.l-bank.de	0800/6645-471 (kostenlos)
Bayern	BayernLabo	www.bayernlabo.de	089/2171-08
Berlin	Investitionsbank Berlin	www.ibb.de	030/2125-0
Brandenburg	Investitionsbank des Landes Brandenburg	www.ilb.de	0331/660-1322
Bremen	BAB Bremer Aufbaubank	www.bab-bremen.de	0421/9600-415
Hamburg	IFB Hamburgische Investitions- und Förderbank	www.ifbhh.de	040/24846-480
Hessen	Wirtschafts- und Infrastrukturbank Hessen (WIBank)	www.wibank.de	069/9132-03
Mecklenburg-Vorpommern	Landesförderinstitut Mecklenburg-Vorpommern	www.lfi-mv.de	0385/6363-0

Bundesland	Förderinstitut	Internetadresse	Telefon
Niedersachsen	Investitions- und Förderbank Niedersachsen –NBank	www.nbank.de	0511/30031-333
Nordrhein-Westfalen	NRW.BANK	www.nrwbank.de	0211/91741-4500
Rheinland-Pfalz	Investitions- und Strukturbank Rheinland-Pfalz (ISB)	www.lsb.rlp.de	06131/6172-1640
Saarland	Saarländische Investitionskreditbank AG (SIKB)	www.sikb.de	0681/3033-0
Sachsen	Sächsische Aufbaubank – Förderbank –	www.sab.sachsen.de	0351/4910-4920
Sachsen-Anhalt	Investitionsbank Sachsen-Anhalt	www.ib-sachsen-anhalt.de	0800/5600757 (kostenlos)
Schleswig-Holstein	Investitionsbank Schleswig-Holstein (IB.SH)	www.ib-sh.de	0431/9905-0
Thüringen	Thüringer Aufbaubank	www.aufbaubank.de	0361/7447-445

Tab. 8.1: Förderbanken der Bundesländer, Quelle: Angaben der Anbieter

9 Wichtige Gesetze

Im Frühjahr 2007 beschloss der Europäische Rat eine integrierte europäische Klima- und Energiepolitik. Diese Vorgaben setzte die Bundesregierung mit zwei Klimapaketen um. Das erste Paket, das am 4.7.2008 vom Bundesrat verabschiedet wurde, enthält neben dem Gesetz zur Förderung der Kraft-Wärme-Kopplung und dem Gesetz zur Öffnung des Messwesens das Erneuerbare-Energien-Wärmegesetz (EEWärmeG) sowie die Neuregelung des Rechts der erneuerbaren Energien im Strombereich. Am 18.6.2008 beschloss die Bundesregierung das zweite Klimaschutzpaket, das die Novellierung der Energieeinsparverordnung 2007 (EnEV 2007) enthielt und im Oktober 2009 in Kraft trat. Mittlerweile gelten nach weiteren Novellierungen das EEWärmeG 2014 und die EnEV 2014.

Im EEWärmeG ist bundesweit die Pflicht zur Verwendung erneuerbarer Energien beim Neubau von Gebäuden festgelegt. Für Altbauten gelten die Auflagen nicht, das Gesetz ermächtigt aber die Bundesländer, eigene, vom EEWärmeG abweichende Regelungen zu erlassen und eine Pflicht zur Nutzung erneuerbarer Energien auch bei bereits errichteten Gebäuden festzulegen. Davon hat bisher lediglich das Bundesland Baden-Württemberg Gebrauch gemacht, dort gilt das Erneuerbare-Wärme-Gesetz (EWärmeG).

Im bundesweiten EEWärmeG ist zudem geregelt, dass Hauseigentümer, wenn sie ihre alte Heizungs- oder Wärmeanlage gegen eine effiziente Solarthermieanlage, Biomasseanlage oder Wärmepumpe austauschen, einen Zuschuss vom Staat erhalten. Auch die Errichtung von Wärmenetzen und -speichern wird gefördert (siehe Kapitel 8).

Die EnEV schreibt auf der rechtlichen Grundlage der Ermächtigung durch das Energieeinsparungsgesetz (EnEG) Bauherren bautechnische Standardanforderungen zum effizienten Betriebsenergiebedarf ihres Gebäudes oder Bauprojekts vor. Die Verordnung soll dazu beitragen, dass die energiepolitischen Ziele der Bundesregierung, insbesondere ein nahezu klimaneutraler Gebäudebestand bis zum Jahr 2050, erreicht werden. Sie enthält Vorgaben für Neu- und Bestandsbauten. Zudem ist in der EnEV die Erstellung des Energieausweises für Wohn- und Nichtwohngebäude vorgeschrieben. Energieausweise für Wohngebäude müssen Mietern, (potenziellen) Käufern, Pächtern, Leasingnehmern usw. generell zugänglich gemacht werden.

Ausblick

Auf Grundlage der sogenannten EU-Gebäuderichtlinie von 2010 wird es gesetzliche Änderungen geben. Die Richtlinie schreibt den Mitgliedstaaten vor, einen Standard für Niedrigstenergiegebäude festzulegen – die Länder müssen dafür Sorge tragen, dass alle neu errichteten Gebäude ab 2021 diesem Standard entsprechen. Mit der Neuerung des EnEG im Jahr 2013 hat die Bundesregierung dieses Ziel auch im nationalen Recht verankert. Gleichzeitig mit der Verschärfung der EnEV im Jahr 2014 legte sie fest, eine grundlegende Vereinfachung und Zusammenführung der Instrumente durchzusetzen, die die Energieeinsparung und die Nutzung erneuerbarer Energien in Gebäude regeln. Weil die EnEV und das EEWärmeG nie aufeinander abgestimmt wurden, wird es eine strukturelle Neukonzeption geben. Die drei Regelungen – EnEG, EEWärmeG und EnEV – werden im Gebäudeenergiegesetz (GeG) zusammengeführt. Seit Ende Mai 2019 liegt ein neuer Gesetzentwurf vor, eine Verabschiedung des Gesetzes stand zum Zeitpunkt der Erstellung dieses Buches noch aus.

Das GeG soll dazu beitragen, das Ordnungsrecht zu entbürokratisieren und zu vereinfachen. Das bisherige energetische Anforderungsniveau an Gebäude wird nicht angehoben, die derzeit in der EnEV geforderten Werte bleiben bestehen. Allerdings wird es für die Errichtung von Wohngebäuden ein alternatives Nachweisverfahren geben: das sogenannte Modellgebäudeverfahren. Dieses ermöglicht es Hausbesitzern, die Einhaltung der GeG-Anforderungen anhand von Mindestqualitäten der Maßnahmen nachzuweisen, ohne dass dafür energetische Berechnungen erforderlich sein werden.

! **Tipp**

Bei Umbauten, Sanierung und Modernisierung ist es Aufgabe des beauftragten Planers, den Bauherrn umfassend zu beraten. Er kann ggf. Sonderfachleute wie Energieberater, Statiker, Elektroingenieure, Bausachverständige, Bauphysiker usw. einschalten, die dann für die beauftragte Arbeit bzw. eine energetische Beratung zuständig und verantwortlich sind.

9.1 Erneuerbare-Energien-Wärmegesetz (EEWärmeG)

Das EEWärmeG ist ein wichtiger Baustein im Fördersystem der Bundesregierung für erneuerbare Energien und seit 2009 in Kraft. Zurzeit gilt das EEWärmeG mit letzten Änderungen zum 24.10.2015.

Ziele des EEWärmeG

Das Gesetz soll den Klimaschutz fördern sowie zur Verringerung des Verbrauchs fossiler Ressourcen und der Abhängigkeit von Energieimporten beitragen. Gleichzeitig hat es eine nachhaltige Entwicklung der Wärme- und Kälteversorgung in Deutschland zum Ziel und soll die Nutzung von Technologien auf Basis regenerativer Energiequellen fördern. Ziel ist, dass der Anteil erneuerbarer Energieträger am gesamten Endenergieverbrauch für Wärme und Kälte bis zum Jahr 2020 mindestens 14 % beträgt.

Hinweis !

Im August 2019 betrug der Anteil der erneuerbaren Energien am gesamten Endenergieverbrauch für Wärme und Kälte nach Angaben des Bundesamtes für Wirtschaft und Energie (BMWI) etwa 13,9 %.

Die Auflagen für Neubauten

Mit seinen Vorgaben nimmt das EEWärmeG Erwerber und Bauherren von Neubauten in die Pflicht. Es schreibt vor, dass öffentliche und private Bauherren den Heizwärmebedarf für neu zu errichtende Gebäude ab einer Nutzfläche von mehr als 50 m^2 zu einem bestimmten Anteil mit ökologischen Brennstoffen decken müssen.

Mindestanforderungen je nach regenerativer Energiequelle

Der Eigentümer kann dabei frei entscheiden, welche alternative Energiequelle er nutzen möchte. Allerdings muss er gewisse Mindestanforderungen in Bezug auf den Gesamtanteil des Wärme- und/oder Kältebedarfs beachten, der aus regenerativen Quellen erzeugt wird. Die Höhe dieses Anteils hängt vom jeweiligen Rohstoff ab, der für die Gebäudebeheizung zum Einsatz kommt. Auch Ersatzmaßnahmen sind möglich.

Es gelten folgende Mindestprozentsätze für den Einsatz regenerativer Brennstoffe am hauseigenen Wärme- und Kälteenergiebedarf:

- solarthermische Anlage: 15 %,
- gasförmige: 30 %,
- feste oder flüssige Biomasse: 50 %,
- Geothermie: 50 %.

Eine Solarthermieanlage muss also beispielsweise mindestens 15 % des gesamten Heizbedarfs im Haus decken.

Maßnahmenkombinationen

Der Eigentümer hält das Gesetz ein, wenn insgesamt durch ein Bündel an Maßnahmen das Ziel der Primärenergieeinsparung in Bezug auf den Bedarf an Wärme und Kälte im Gebäude erreicht wird. In der Praxis können deshalb je nach Gebäude und dessen Nutzung unterschiedliche technische Maßnahmen kombiniert werden.

> **§ 8 EEWärmeG Kombination**
>
> (1) Erneuerbare Energien und Ersatzmaßnahmen nach § 7 können zur Erfüllung der Pflicht nach § 3 Absatz 1 oder 2 untereinander und miteinander kombiniert werden.
>
> (2) Die prozentualen Anteile der tatsächlichen Nutzung der einzelnen Erneuerbaren Energien und Ersatzmaßnahmen im Sinne des Absatzes 1 im Verhältnis zu der jeweils nach diesem Gesetz vorgesehenen Nutzung müssen in der Summe 100 ergeben.

Daneben bestehen weitere Alternativen, um die Vorgaben des EEWärmeG zu erfüllen. Dazu sind in § 7 bestimmte klimaschonende Ersatzmaßnahmen definiert, die sich ebenfalls eignen.

- Nutzen Sie Abwärme. Damit wird die Wärme bezeichnet, die bereits unter Einsatz von Energie gewonnen wurde. Deshalb kann Abwärme keine erneuerbare Energie sein. Trotzdem ist ihre »Weiterverwertung« sinnvoll, da Ressourcen geschont werden. Um als Ersatzmaßnahme anerkannt zu werden, müssen mindestens 50 % des Wärmebedarfs aus Abwärme gewonnen werden.
- Anlagen mit Kraft-Wärme-Kopplung nutzen Ressourcen zur Stromerzeugung und gleichzeitig zur Wärmegewinnung. Auch hier ist ein Mindestanteil von 50 % vorgesehen.
- Wenn Sie Ihr Haus besser dämmen und damit mindestens 15 % über den von der EnEV geforderten Werten liegen, wird erheblich weniger Energie verbraucht und es müssen keine erneuerbaren Energien zusätzlich genutzt werden. Die Abhängigkeit von Verfügbarkeit und Preisentwicklung bei Heizöl und Erdgas bleibt jedoch bestehen. Deshalb sollten auch bei besserer Wärmedämmung erneuerbare Energien unbedingt genutzt werden.
- Das EEWärmeG erleichtert zudem den Ausbau von Wärmenetzen. Es sieht vor, dass Kommunen auch im Interesse des Klimaschutzes den Anschluss und die Nutzung eines solchen Netzes vorschreiben können. Ist Ihr Gebäude an ein Netz

der Nah- und Fernwärmeversorgung angeschlossen, das zu einem wesentlichen Teil mit erneuerbaren Energien bzw. zu mehr als 50 % auf der Basis von Kraft-Wärme-Kopplung oder Abwärme betrieben wird, gilt das als Ersatzmaßnahme.

Ausnahmen von der Nutzungspflicht

Wenn die Nutzung erneuerbarer Energien technisch unmöglich ist, andere öffentlich-rechtliche Pflichten entgegenstehen oder dem Gebäudeeigentümer eine solche Nutzung finanziell nicht zumutbar ist, sind Eigentümer in Ausnahmefällen von der Nutzungspflicht befreit.

> **§ 9 EEWärmeG Ausnahmen**
>
> Die Pflicht nach § 3 Absatz 1 entfällt, wenn
>
> 1. ihre Erfüllung und die Durchführung von Ersatzmaßnahmen nach § 7
>   a) anderen öffentlich-rechtlichen Pflichten widersprechen oder
>   b) im Einzelfall technisch unmöglich sind oder
> 2. die zuständige Behörde den Verpflichteten auf Antrag von ihr befreit. Von der Pflicht nach § 3 Absatz 1 ist zu befreien, soweit ihre Erfüllung und die Durchführung von Ersatzmaßnahmen nach § 7 im Einzelfall wegen besonderer Umstände durch einen unangemessenen Aufwand oder in sonstiger Weise zu einer unbilligen Härte führen.

Liegt eine solche besondere Härte vor, müssen Sie als Eigentümer des Gebäudes einen entsprechenden Antrag bei der zuständigen Behörde stellen, in der Regel ist das die untere Baubehörde. Die Zuständigkeit richtet sich nach dem Landesrecht.

Fördermaßnahmen

Im EEWärmeG Teil 3 sind Fördermaßnahmen festgeschrieben.

> **§ 14 EEWärmeG Geförderte Maßnahmen**
>
> Gefördert werden können Maßnahmen für die Erzeugung von Wärme, insbesondere die Errichtung oder Erweiterung von
>
> 1. solarthermischen Anlagen,
> 2. Anlagen zur Nutzung von Biomasse,

3. Anlagen zur Nutzung von Geothermie und Umweltwärme sowie
4. Nahwärmenetzen, Speichern und Übergabestationen für Wärmenutzer, wenn sie auch aus Anlagen nach den Nummern 1 bis 3 gespeist werden.

Demnach können grundsätzlich alle Maßnahmen gefördert werden, mit denen sich bestimmte klimapolitische Ziele erreichen lassen, allerdings nur dann, wenn sie über die Mindestforderungen hinausgehen oder innovative Technologien beinhalten. Maßgeblich dafür sind immer die Regelungen im EEWärmeG. Die Länderparlamente können für ihr jeweiliges Bundesland andere Bestimmungen zur Förderung erlassen. Fördermittel können Sie zurzeit beim BAFA (www.bafa.de) oder bei der Kreditanstalt für Wiederaufbau KfW (www.kfw.de) beantragen (Näheres siehe Kapitel 8).

Nachweispflichten

Je nach gewählter Option zur Erfüllung der Nutzungspflicht gibt es unterschiedliche Nachweispflichten. Hauseigentümer müssen belegen, dass sie erneuerbare Energien im vorgesehenen Umfang eingesetzt haben, und zwar so, wie es im Gesetz vorgeschrieben ist. Bei flüssigen oder gasförmigen Biomassen beispielsweise müssen sie über 15 Jahre hinweg nachweisen, dass sie den gelieferten Brennstoff im geforderten Umfang nutzen. Die zuständige Landesbehörde kontrolliert die Erfüllung der Nutzungspflicht. Sie ist berechtigt, dazu Stichproben am Gebäude durchzuführen.

Nachweise dürfen in erster Linie nur Sachkundige ausstellen. Das ist jede Person, die nach der EnEV einen Energieausweis ausstellen darf (siehe Kapitel 1.2).

Was gilt für Altbauten?

Das EEWärmeG gilt grundsätzlich nur für Neubauten, bei der Sanierung von Bestandsgebäuden müssen die Vorgaben nicht erfüllt werden. Allerdings: Die Bundesländer haben die Möglichkeit, eigene vom EEWärmeG abweichende Regelungen zu erlassen und eine Pflicht zur Nutzung von erneuerbaren Energien bei bereits errichteten Gebäuden festzulegen. Bis zum jetzigen Zeitpunkt ist in dieser Hinsicht jedoch nur Baden-Württemberg aktiv geworden. Mit dem EWärmeG hat es zum 1.1.2010 ein vom bundeseinheitlich geltenden EEWärmeG abweichendes Landesgesetz für Altbauten erlassen, seit dem 1.7.2015 gilt eine überarbeitete Fassung.

Für Baden-Württemberg

Auch die Eigentümer bestehender Wohngebäude sowie Nichtwohngebäude sind verpflichtet, beim Einbau neuer Heizungsanlagen umweltfreundliche Brennstoffe einzusetzen. Wird der Kessel oder ein anderer zentraler Wärmeerzeuger ausgetauscht oder erstmals eine zentrale Heizanlage ins Haus eingebaut, müssen mindestens 15 % des jährlichen Wärmeenergiebedarfs des Gebäudes durch erneuerbare Energien gedeckt oder entsprechende Ersatzmaßnahmen ergriffen werden. Das Gesetz gilt für alle am 1.1.2009 bereits errichteten Wohn- und Nichtwohngebäude ab einer Fläche von 50 m^2.

Das Gesetz nennt diese möglichen Energiequellen:

- solarthermischen Anlage,
- Wärmepumpe,
- Holzzentralheizung,
- Bioöl/Biogas (maximal zu zwei Drittel),
- in Wohngebäuden auch mit Kachel-/Grund- oder Pelletöfen.

Mögliche Ersatzmaßnahmen sind:

- gute Dämmung (20 % besser als EnEV) von Dach bzw. oberster Geschossdecke, Außenwand, Kellerdecke oder durch Maßnahmen an der gesamten Gebäudehülle,
- Betrieb einer Photovoltaikanlage,
- Maßnahmen des baulichen Wärmeschutzes,
- Einsatz von hocheffizienter Kraft-Wärme-Kopplung,
- Anschluss an ein Wärmenetz,
- Erstellung eines gebäudeindividuellen energetischen Sanierungsfahrplans.

Beispiel: »Sanierungsfahrplan«

Wer in seiner Gasheizung Biogas einsetzt, erfüllt beispielsweise bereits 10 % des gesetzlich vorgeschriebenen Mindestwerts. Um die restlichen 5 % auch noch zu erreichen, bietet sich der »Sanierungsfahrplan« in Baden Württemberg an. Im Rahmen dieser Maßnahmen zeigt ein Energieberater weitere Sparpotenziale in den eigenen vier Wänden auf. Der Hauseigentümer entscheidet dann eigenständig, ob er die empfohlenen Maßnahmen umsetzt oder nicht. Näheres hierzu finden Sie im Internet unter https://um.baden-wuerttemberg.de/fileadmin/redaktion/m-um/intern/Dateien/Dokumente/5_Energie/Energieeffizienz/EWaermeG_BW/Merkblatt_EW%C3%A4rmeG_2015.pdf.

Zur Finanzierung der Maßnahmen stellt die Förderbank Baden-Württembergs, die L-Bank, Förderdarlehen im Rahmen des Programms »Wohnen mit Zukunft« zur Verfügung. Diese lassen sich mit weiteren Förderdarlehen der L-Bank, den Zuschüssen des BAFA und Förderprogrammen der KfW-Bank kombinieren.

9.2 Energieeinsparverordnung (EnEV 2014)

Die EnEV gilt für fast alle Gebäude in Deutschland, die beheizt oder klimatisiert werden. Sie enthält neben den Vorgaben zur Heizungs- und Klimatechnik vor allem Regelungen zum Wärmedämmstandard eines Gebäudes. Zudem legt die EnEV die Pflicht zur Erstellung eines Energieausweises fest, enthält Vorgaben zu Klima- und Lüftungsangaben und bestimmt, inwieweit die Regelungen der EnEV durch Sachverständige und Schornsteinfeger überprüft werden müssen. Die aktuelle Fassung der EnEV ist am 1.5.2014 in Kraft getreten, diese Version enthielt bereits die Anhebung der Neubauanforderungen für Anfang 2016.

Welche Anforderungen stellt die EnEV an bestehende Gebäude?
Die EnEV enthält einige Regelungen zur Sanierungspflicht von Altbauten. Wer ein ungedämmtes Haus besitzt oder erwirbt, muss bestimmte energetische Maßnahmen vornehmen lassen. Verstöße dagegen werden nicht als Bagatelle betrachtet, sondern können mit Bußgeldern von bis zu 50.000 EUR geahndet werden.

Zum einen gibt die EnEV für bestehende Gebäude einige Austausch- und Nachrüstpflichten vor, diese müssen grundsätzlich zu einem bestimmten Termin erfüllt werden. Zum anderen legt sie sogenannte bedingte Anforderungen fest – diese müssen Eigentümer nur berücksichtigen, wenn sie das Gebäude ohnehin modernisieren wollen.

Austausch- und Nachrüstverpflichtungen laut EnEV bei Bestandsbauten
Für alle bestehenden Mehrfamilienhäuser gelten, unabhängig von einer Sanierung, bestimmte Austausch- und Nachrüstpflichten. Von den Regelungen sind Ein- und Zweifamilienhäuser ausgenommen, wenn der Eigentümer oder die Eigentümerin bereits seit Anfang 2002 selbst im Gebäude wohnt. Allerdings: Wurde oder wird das Gebäude verkauft, muss der neue Eigentümer die Pflichten innerhalb von zwei Jahren erfüllen. Folgende Pflichten gelten:

1. Öl- und Gas-Standardheizkessel, die älter als 30 Jahre sind, dürfen nicht mehr betrieben und müssen ausgetauscht werden. Die Austauschpflicht betrifft Konstanttemperaturkessel üblicher Größe, Brennwert- oder Niedertemperaturanlagen mit einem besonders hohen Wirkungsgrad sind ausgenommen.

Tipp !

In der Bedienungsanleitung der Heizungsanlage findet sich meist eine Auskunft über den Kesseltyp. Wenn Sie unsicher sind, ob die Austauschpflicht auch Sie betrifft, fragen Sie Ihren Schornsteinfeger.

2. Heizungs- und Warmwasserrohre in unbeheizten Räumen müssen gedämmt werden. Wie dick die Dämmung zu sein hat, hängt vom Innendurchmesser der Rohre und der Wärmeleitfähigkeit des Dämmstoffs ab.
3. Bereits bis Ende 2015 mussten oberste Geschossdecken zu unbeheizten Dachräumen nachträglich gedämmt werden, wenn sie keinen sogenannten Mindestwärmeschutz aufwiesen. Bei Holzbalkendecken genügte es, die Hohlräume mit Dämmstoff zu füllen. Die Dämmpflicht gilt für alle zugänglichen obersten Geschossdecken, unabhängig davon, ob sie begehbar sind oder nicht – also zum Beispiel für Spitzböden sowie für nicht ausgebaute Aufenthalts- oder Trockenräume. Nach der Dämmung darf der Wärmedurchgangskoeffizient nicht über 0,24 W/m^2K liegen. Alternativ dazu kann das darüberliegende Dach gedämmt werden.

Hinweis !

Nicht alle alten Dächer oder Geschossdecken müssen gedämmt werden. Laut EnEV gilt die Pflicht als erfüllt, wenn das Dach den Anforderungen an den Mindestwärmeschutz nach DIN 4108-2 genügt. Es empfiehlt sich, dies von einem Energieberater überprüfen zu lassen.

Vorgaben bei Erneuerung und Modernisierung

Zwar sind Altbau-Eigentümer nicht gezwungen, ihr Haus umfassend energetisch zu sanieren. Wenn sie jedoch Sanierungsarbeiten beauftragen, müssen diese den Vorgaben der EnEV entsprechen. Das Gleiche gilt für Eigentümer, die eine gebrauchte Immobilie kaufen: Nicht selten schließt sich an einen solchen Kauf eine umfangreiche Sanierung an, beispielsweise in Form von neuen Fenstern, neuer Dacheindeckung, besserer Dämmung oder einer neue Optik für die Fassade. Für solche Fälle regelt die EnEV, wie gut der Wärmeschutz nach der Sanierung sein muss.

Erneuert beispielsweise ein Hauseigentümer mehr als 10 % der Fassadenfläche seines Hauses, muss er diese auch dämmen. Falls also nur ein kleiner Riss ausgebessert wird, ist keine energetische Sanierung nötig, betrifft die Erneuerung aber eine größere Fläche, so muss die komplette Fassade gedämmt werden. Verzichtet ein Immobilienbesitzer in diesem Fall auf die Dämmung, kann ein Bußgeld bis zu 50.000 EUR erhoben werden.

Wird ein Bestandsgebäude erneuert, bestehen zwei Möglichkeiten, die EnEV-Anforderungen zu erfüllen:

- Erfolgt eine umfassenden Modernisierung – vergleichbar mit einem Neubau – wird eine energetische Gesamtbilanzierung durchgeführt. Dabei gilt: Das sanierte Gebäude darf nach der Sanierung einen Primärenergiebedarf aufweisen, der bis zu 87 % höher liegt als der eines entsprechenden Neubaus.
- Nimmt der Eigentümer nur einzelne Sanierungen vor, zum Beispiel die Dämmung der Fassade, oder erneuert er nur Bauteile, etwa die Fenster, gibt die EnEV bestimmte Anforderungswerte an den Wärmedurchgangskoeffizienten (U-Wert) des Bauteils vor.

Tab. 9.1 zeigt die Anforderungen der EnEV 2014 für die Änderung von Außenbauteilen bei bestehenden Gebäuden sowie Orientierungswerte für die Umsetzung.

Bauteile	**Anforderung**[1]	**Umsetzung**[2]
Außenwand	0,24	Dämmung mit 12 bis 16 cm
Fenster **Achtung:** Maßgeblich ist der U-Wert des gesamten Fensters, der als U_w-Wert bezeichnet wird.	1,30	Zweischeiben-Wärmeschutzverglasung
Dachflächenfenster	1,40	Zweischeiben-Wärmeschutzverglasung
Verglasungen Für Sonderverglasungen, zum Beispiel Schallschutzverglasungen, gelten andere Werte.	1,10	Zweischeiben-Wärmeschutzverglasung
Dachschrägen, Steildächer	0,24	Dämmung mit 14 bis 18 cm
Oberste Geschossdecken	0,24	Dämmung mit 14 bis 18 cm

Bauteile	Anforderung[1]	Umsetzung[2]
Flachdächer	0,20	Dämmung mit 16 bis 20 cm
Wände und Decken gegen unbeheizten Keller, Bodenplatte	0,30	Dämmung mit 10 bis 14 cm
Decken gegen unbeheizten Keller, Bodenplatte Das gilt, wenn der Aufbau bzw. die Erneuerung des Fußbodens auf der beheizten Seite erfolgt.	0,50	Dämmung mit 4 bis 5 cm
Decken, die nach unten an Außenluft grenzen	0,24	Dämmung mit 14 bis 18 cm
[1]U-Wert [W/m²K], [2]Orientierungswerte		

Tab. 9.1: Anforderungen der EnEV 2014 bei Änderung von Außenbauteilen und Orientierungswerte, Quelle: www.verbraucherzentrale.de

Die Anforderungen in ausführlicher Form finden sich in Anlage 3 zur EnEV 2014. Die Verordnung steht als Arbeitshilfe online zur Verfügung.

ARBEITSHILFE ONLINE

Tipp

!

Als Eigentümer sollten Sie sich von einem Energieberater oder Architekten beraten lassen, wie Sie die Vorgaben am besten und wirtschaftlichsten umsetzen. Sie können eventuell auch von attraktiven Fördermitteln der KfW in Form von Zuschüssen oder zinsgünstigen Darlehen profitieren. Wenn Sie schon beim Hauskauf einen Sachverständigen hinzuziehen, vermeiden Sie böse Überraschungen hinsichtlich der Vorschriften der EnEV und möglicher Sanierungskosten und können die Sanierung nach eigenen Vorstellungen von Anfang an planen.

Diese Fachleute dürfen bei baulichen Maßnahmen beraten

Als Bauherr können Sie davon ausgehen, dass Sie gemäß dem Stand der Technik informiert werden und Ihr Haus entsprechend umgebaut oder modernisiert wird. Bei einer nachweislichen Falschberatung liegt die Haftung beim Planer und/oder beauftragten Sonderfachmann.

! **Tipp**

In Ihrem Bauauftrag sollten Sie eindeutig schriftlich festhalten, dass alle für Sie tätigen Fachleute (Architekt, Handwerker, Bauunternehmen, Sonderfachleute usw.) eine ausreichende Berufshaftpflichtversicherung nachweisen können. Kontrollieren Sie dies im Zweifelsfall.

In der gültigen EnEV sind die Personengruppen aufgelistet, die dazu berechtigt sind, Energieausweise zu erstellen. Diese Personen dürfen Sie zur Vorbereitung Ihrer baulichen Maßnahmen entsprechend fachlich beraten.

§ 21 EnEV Ausstellungsberechtigung für bestehende Gebäude

(1) Zur Ausstellung von Energieausweisen für bestehende Gebäude nach § 16 Absatz 2 bis 4 sind nur berechtigt

1. Personen mit berufsqualifizierendem Hochschulabschluss in
   a) den Fachrichtungen Architektur, Hochbau, Bauingenieurwesen, Technische Gebäudeausrüstung, Physik, Bauphysik, Maschinenbau oder Elektrotechnik, oder
   b) einer anderen technischen oder naturwissenschaftlichen Fachrichtung mit einem Ausbildungsschwerpunkt auf einem unter Buchstabe a genannten Gebiet,
2. Personen im Sinne der Nummer 1 Buchstabe a im Bereich Architektur der Fachrichtung Innenarchitektur,
3. Personen, die für ein zulassungspflichtiges Bau-, Ausbau- oder anlagentechnisches Gewerbe oder für das Schornsteinfegerwesen die Voraussetzungen zur Eintragung in die Handwerksrolle erfüllen, sowie Handwerksmeister der zulassungsfreien Handwerke dieser Bereiche und Personen, die auf Grund ihrer Ausbildung berechtigt sind, eine solches Handwerk ohne Meistertitel selbständig auszuüben,
4. staatlich anerkannte oder geprüfte Techniker, deren Ausbildungsschwerpunkt auch die Beurteilung der Gebäudehülle, die Beurteilung von Heizungs- und Warmwasserbereitungsanlagen oder die Beurteilung von Lüftungs- und Klimaanlagen umfasst,

5. Personen, die nach bauordnungsrechtlichen Vorschriften der Länder zur Unterzeichnung von bautechnischen Nachweisen des Wärmeschutzes oder der Energieeinsparung bei der Errichtung von Gebäuden berechtigt sind, im Rahmen der jeweiligen Nachweisberechtigung,

wenn sie mit Ausnahme der in Nummer 5 genannten Personen mindestens eine der in Absatz 2 genannten Voraussetzungen erfüllen. Die Ausstellungsberechtigung nach Satz 1 Nr. 2 bis 4 in Verbindung mit Absatz 2 bezieht sich nur auf Energieausweise für bestehende Wohngebäude. Für Personen im Sinne des Satzes 1 Nummer 1 ist die Ausstellungsberechtigung auf bestehende Wohngebäude beschränkt, wenn sich ihre Fortbildung im Sinne des Absatz 2 Nummer 2 Buchstabe b auf Wohngebäude beschränkt hat und keine andere Voraussetzung des Absatzes 2 erfüllt ist.

(2) Voraussetzung für die Ausstellungsberechtigung nach Absatz 1 Satz 1 Nummer 1 bis 4 ist

1. während des Studiums ein Ausbildungsschwerpunkt im Bereich des energiesparenden Bauens oder nach einem Studium ohne einen solchen Schwerpunkt eine mindestens zweijährige Berufserfahrung in wesentlichen bau – oder anlagentechnischen Tätigkeitsbereichen des Hochbaus,
2. eine erfolgreiche Fortbildung im Bereich des energiesparenden Bauens, die
   a) in Fällen des Absatzes 1 Satz 1 Nr. 1 den wesentlichen Inhalten der Anlage 11,
   b) in Fällen des Absatzes 1 Satz 1 Nr. 2 bis 4 den wesentlichen Inhalten der Anlage 11 Nr. 1 und 2

   entspricht, oder
3. eine öffentliche Bestellung als vereidigter Sachverständiger für ein Sachgebiet im Bereich des energiesparenden Bauens oder in wesentlichen bau- oder anlagentechnischen Tätigkeitsbereichen des Hochbaus.

(3) § 12 Abs. 5 Satz 3 ist auf Ausbildungen im Sinne des Absatzes 1 entsprechend anzuwenden.

Sie können sich selbstverständlich auch von Institutionen, Verbänden oder Vereinen beraten lassen, beispielsweise in Deutschland von der Verbraucherzentrale und in

Österreich von der Energieberatung. Die Energieberater beider Verbände beraten produktneutral und unabhängig und sind jeweils in den einzelnen Bundesländern vertreten.

9.3 Energieausweis nach EnEV 2014

Der Energieausweis ist ein rechtliches Dokument über die energetische Qualität des ausgewiesenen Gebäudes. Er gilt grundsätzlich nur für dieses Gebäude und nach der Ausstellung für zehn Jahre. Hinsichtlich der Ausstellung, Verwendung, Grundsätze und Grundlagen von Energieausweisen gilt die EnEV 2014.

Ein Energieausweis enthält allgemeine Angaben zum Haus, zu den verwendeten Heizstoffen (zum Beispiel Gas, Öl oder Strom) und die Energiekennwerte des Gebäudes. Er weist den Energieverbrauch des Hauses auf einer Farbskala von Grün bis Rot aus. Bei ab Mai 2014 ausgestellten Exemplaren ist zusätzlich die Energieeffizienzklasse als Buchstabe verzeichnet: von einem optimalen A+ bis H. Die Effizienzklasse bezieht sich immer aufs ganze Haus, es gibt also keine Energieausweise für einzelne Eigentumswohnungen oder Mietwohnungen. Neben weiteren Angaben enthält der Ausweis Empfehlungen zur kostengünstigen Haussanierung. Seit Mai 2014 ausgestellte Ausweise sind zudem mit einer Registriernummer versehen, die den Behörden die Kontrolle erleichtert.

Die Einteilung in Effizienzklassen ermöglicht es, den Energieverbauch des Gebäudes mit dem anderer Gebäude – Mehrfamilienhäuser bzw. Einfamilienhäuser – zu vergleichen. Zudem lässt der Ausweis Rückschlüsse auf künftig anfallende Energiekosten und Modernisierungsoptionen zu.

! **Hinweis**

Haben Eigentümer sich vor Mai 2014 einen Wärmebedarfsausweis oder Energiepass ausstellen lassen, der nach der EnEV als Energieausweis anerkannt wurde, dürfen sie diese in der damals gültigen Form weiter verwenden. Voraussetzung: Das Dokument darf nicht älter als zehn Jahre sein.

Wann ist der Energieausweis Pflicht?

Einen Energieausweis erstellen zu lassen ist in bestimmten Situationen Pflicht. Folgende Vorgaben gelten:

- Jedes neu gebaute Gebäude benötigt einen Energieausweis. Bauherren oder Eigentümer müssen dafür sorgen, dass sie den Ausweis vom Planer oder Architekten erhalten.
- Auch wenn Eigentümer eine umfassende Sanierung des Gebäudes vornehmen, müssen sie sich unter Umständen einen Energieausweis ausstellen lassen. Und zwar dann, wenn sie dabei eine energetische Gesamtbilanzierung nach EnEV durchführen lassen, wie es beispielsweise eine Sanierung zu einem KfW-Effizienzhaus erfordert. In solchen Fällen ist ein Bedarfsausweis Pflicht.
- Ein Eigentümer, der sein Haus oder seine Wohnung auf dem Immobilienmarkt anbietet (Verkauf oder Neuvermietung), muss den Interessenten spätestens bei der Besichtigung den Energieausweis für das Objekt vorlegen. Mit dem Dokument sollen Kauf- oder Mietinteressenten über die energetischen Kennwerte des Gebäudes informiert werden. Wer Immobilienanzeigen in Zeitungen oder Internetportalen schaltet, muss Angaben aus dem Energieausweis veröffentlichen, wenn er ihn schon vorliegen hat.
- Wer sein vorhandenes Wohneigentum selbst nutzt oder nicht neu vermietet, benötigt keinen Energieausweis.
- Baudenkmäler sowie kleine Gebäude mit einer Nutzfläche von bis zu 50 m^2 sind von der Ausweispflicht freigestellt.

Welche Berechnungsverfahren gibt es?

Um den Energieverbrauch des Gebäudes darzustellen, sind zwei Berechnungsverfahren möglich, die sich grundsätzlich voneinander unterscheiden. Wird der gemessene Energieverbrauch ermittelt, handelt es sich um einen **Verbrauchsausweis**. Dieser zeigt die Effizienz des Gebäudes anhand des gemessenen Energieverbrauchs der Bewohner auf. Dabei werden die Energieverbrauchsdaten für Heizung und ggf. Warmwasser oder andere geeignete Verbrauchsdaten des gesamten Gebäudes der vergangenen drei Jahre berücksichtigt. Um starke Witterungseinflüsse bei der Bewertung auszugleichen, werden die Verbrauchsdaten mittels Klimafaktoren umgerechnet (»klimabereinigt«).

Erfolgt die Ermittlung auf Grundlage des berechneten Energiebedarfs, spricht man von einem **Bedarfsausweis**. Bei diesem ermittelt ein Energieausweisaussteller einen theoretischen Energiebedarf des Hauses. Dazu analysiert er die Bauweise sowie die Dämmqualität der verwendeten Baustoffe bzw. Bauteile, die Heizungsanlage. Ein bestimmtes, vordefiniertes Nutzerverhalten wird bei dieser technischen Analyse einbezogen. Der Eigentümer füllt außerdem einen Fragebogen zur Bauweise des Hauses aus und schickt diesen an einen zugelassenen Experten.

Der jährliche Verbrauch (Endenergiekennwert) wird im Energieausweis in Kilowattstunden pro Quadratmeter Nutzfläche angegeben – kurz: kWh/m^2a. Je höher dieser Kennwert, desto schlechter ist der energetische Zustand des Gebäudes. Zusätzliche Hilfe beim Vergleich der Energieeffizienz bieten die Farben des Bandtachos und die Einteilung der Gebäude in die Energieeffizienzklassen (A+ bis H). Anhand der Farben und der Vergleichswerte kann das jeweilige Gebäude eingestuft und mit anderen verglichen werden.

Zusätzlich wird auf der ersten Seite des Energieausweises meist der Primärenergiekennwert ausgewiesen. Dieser bezieht sich auf die gesamte fossile Energiemenge, die ursprünglich aufgewendet wurde. Er bildet also die komplette Kette der Energiebereitstellung ab, je nach Brennstoff beispielsweise von der Ölquelle oder vom Baum bis zur Heizung. Dieser Wert lässt Rückschlüsse darauf zu, wie klima(un)freundlich die energetische Nutzung des Hauses ist. Bei Häusern, die mit erneuerbaren Energien beheizt werden, fällt der Primärenergiekennwert in der Regel besser aus als der Endenergiekennwert, während bei Brennstoffen wie Öl oder Erdgas der Primärenergiekennwert immer größer ist als der Endenergiekennwert. Das ergibt sich daraus, dass beispielsweise Sonnenenergie ständig und ohne Aufwand für Bohrung, Transport und Aufbereitung genutzt werden kann. Andererseits lässt sich für ein Haus mit einer Pelletheizung zwar leicht ein guter Primärenergiekennwert erreichen, bei schlechter Wärmedämmung weist es aber trotzdem einen schlechten Endenergiekennwert auf.

Wann ist der Bedarfsausweis Pflicht?

Der bedarfsorientierte Ausweis ist für Neubauten seit 2002 grundsätzlich vorgeschrieben. Ansonsten ist er verpflichtend für Gebäude

- mit weniger als fünf Wohneinheiten und
- für die vor der ersten Wärmeschutzverordnung (WSchVO) vom 1.11.1977 der Bauantrag eingereicht wurde und die bisher noch nicht mindestens gemäß Standard der WSchVO 1977 energetisch saniert wurden.

Nach Angaben der Deutschen Energie-Agentur GmbH (dena) fällt unter diese Vorgabe ein Großteil der Gebäude in Deutschland, da im Schnitt drei von vier vor der Wärmeschutzverordnung von 1977 gebaut wurden. Entsprach das Gebäude hingegen bei Baufertigstellung den Auflagen der WSchVO 1977 oder erreichte es durch spätere Änderungen mindestens dieses Anforderungsniveau, kann sowohl der Verbrauchsausweis als auch der Bedarfsausweis gewählt werden.

Bei Gebäuden mit mindestens fünf Wohneinheiten geht der Gesetzgeber davon aus, dass sich das unterschiedliche Verbrauchsverhalten zahlreicher Bewohner gegenseitig nivelliert. Deshalb können Eigentümer wählen, ob sie einen Verbrauchs- oder Bedarfsausweis erstellen lassen.

Was steht auf den Seiten?

Der Energieausweis besteht aus fünf Seiten mit folgenden Inhalten:

- Die erste Seite des Energieausweises enthält allgemeine Angaben zum Gebäude: Adresse, Baujahr des Gebäudes sowie der Anlagentechnik, Anzahl der Wohnungen. Zudem stehen hier Aussagen zur Nutzung erneuerbarer Energien und zum Lüftungskonzept. Ebenso ist vermerkt, welches Verfahren zur Berechnung der energetischen Qualität des Wohngebäudes eingesetzt wurde: bedarfsorientiert oder verbrauchsorientiert.
- Erfolgte die Berechnung bedarfsorientiert, stehen die Kennwerte auf der zweiten Seite des Energieausweises. Wurde dagegen der gemessene Energieverbrauch ermittelt, handelt es sich um einen »Verbrauchsausweis« und die Kennwerte für den Energieverbrauch sehen auf der dritten Seite. Auf beiden Seiten befindet sich außerdem rechts unten der zweite Bandtacho »Vergleichswerte Endenergie«. Die Energiekennziffern in der Mitte des Farbbands zeigen, wie viel Energie »typische« Gebäude benötigen. So braucht ein Neubau je nach Gebäudegröße um die 50 kWh/m^{2}a und liegt damit in der Energieeffizienzklasse A oder B. Anhand dieser Vergleichswerte lässt sich die Energieeffizienz des Gebäudes recht gut einschätzen.
- Auf der vierten Seite des Energieausweises sind in knapper Form kostengünstige Vorschläge zur Verbesserung der energetischen Eigenschaften des Gebäudes aufgeführt. Können keine Empfehlungen zur Sanierung gemacht werden, beispielsweise weil das Gebäude bereits umfassend saniert wurde, muss der Ausweisaussteller dies hier vermerken.
- Auf der fünften Seite stehen abschließend einige Erläuterungen zu den Angaben im Ausweis sowie zu den Berechnungsverfahren.

ENERGIEAUSWEIS für Wohngebäude

gemäß den §§ 16 ff. der Energieeinsparverordnung (EnEV) vom [1]

Gültig bis:

Registriernummer [2]
(oder: „Registriernummer wurde beantragt am...")

1

Gebäude

Gebäudetyp			**Gebäudefoto (freiwillig)**
Adresse			
Gebäudeteil			
Baujahr Gebäude [3]			
Baujahr Wärmeerzeuger [3, 4]			
Anzahl Wohnungen			
Gebäudenutzfläche (A_N)		□ nach § 19 EnEV aus der Wohnfläche ermittelt	
Wesentliche Energieträger für Heizung und Warmwasser [3]			
Erneuerbare Energien	Art:	Verwendung:	
Art der Lüftung/Kühlung	□ Fensterlüftung □ Schachtlüftung	□ Lüftungsanlage mit Wärmerückgewinnung □ Lüftungsanlage ohne Wärmerückgewinnung	□ Anlage zur Kühlung
Anlass der Ausstellung des Energieausweises	□ Neubau □ Vermietung/Verkauf	□ Modernisierung (Änderung/Erweiterung)	□ Sonstiges (freiwillig)

Hinweise zu den Angaben über die energetische Qualität des Gebäudes

Die energetische Qualität eines Gebäudes kann durch die Berechnung des **Energiebedarfs** unter Annahme von standardisierten Randbedingungen oder durch die Auswertung des **Energieverbrauchs** ermittelt werden. Als Bezugsfläche dient die energetische Gebäudenutzfläche nach der EnEV, die sich in der Regel von den allgemeinen Wohnflächenangaben unterscheidet. Die angegebenen Vergleichswerte sollen überschlägige Vergleiche ermöglichen (**Erläuterungen – siehe Seite 5**). Teil des Energieausweises sind die Modernisierungsempfehlungen (Seite 4).

□ Der Energieausweis wurde auf der Grundlage von Berechnungen des **Energiebedarfs** erstellt (Energiebedarfsausweis). Die Ergebnisse sind auf **Seite 2** dargestellt. Zusätzliche Informationen zum Verbrauch sind freiwillig.

□ Der Energieausweis wurde auf der Grundlage von Auswertungen des **Energieverbrauchs** erstellt (Energieverbrauchsausweis). Die Ergebnisse sind auf **Seite 3** dargestellt.

Datenerhebung Bedarf/Verbrauch durch □ Eigentümer □ Aussteller

□ Dem Energieausweis sind zusätzliche Informationen zur energetischen Qualität beigefügt (freiwillige Angabe).

Hinweise zur Verwendung des Energieausweises

Der Energieausweis dient lediglich der Information. Die Angaben im Energieausweis beziehen sich auf das gesamte Wohngebäude oder den oben bezeichneten Gebäudeteil. Der Energieausweis ist lediglich dafür gedacht, einen überschlägigen Vergleich von Gebäuden zu ermöglichen.

Aussteller

Ausstellungsdatum Unterschrift des Ausstellers

[1] Datum der angewendeten EnEV, gegebenenfalls angewendeten Änderungsverordnung zur EnEV [2] Bei nicht rechtzeitiger Zuteilung der Registriernummer (§ 17 Absatz 4 Satz 4 und 5 EnEV) ist das Datum der Antragstellung einzutragen; die Registriernummer ist nach deren Eingang nachträglich einzusetzen. [3] Mehrfachangaben möglich [4] bei Wärmenetzen Baujahr der Übergabestation

ENERGIEAUSWEIS für Wohngebäude

gemäß den §§ 16 ff. der Energieeinsparverordnung (EnEV) vom [1]

Berechneter Energiebedarf des Gebäudes

Registriernummer [2]
(oder: „Registriernummer wurde beantragt am...")

2

Energiebedarf

Bitte markieren Sie mit einem Pfeil den ermittelten Energiebedarf bzw. -verbrauch des Gebäudes.

CO_2-Emissionen [3] kg/(m²·a)

Endenergiebedarf dieses Gebäudes
kWh/(m²·a)

A+	A	B	C	D	E	F	G	H

0 25 50 75 100 125 150 175 200 225 >250

kWh/(m²·a)
Primärenergiebedarf dieses Gebäudes

Anforderungen gemäß EnEV [4]

Primärenergiebedarf
Ist-Wert kWh/(m²·a) Anforderungswert kWh/(m²·a)

Energetische Qualität der Gebäudehülle H_T'
Ist-Wert W/(m²·K) Anforderungswert W/(m²·K)

Sommerlicher Wärmeschutz (bei Neubau) □ eingehalten

Für Energiebedarfsberechnungen verwendetes Verfahren

- □ Verfahren nach DIN V 4108-6 und DIN V 4701-10
- □ Verfahren nach DIN V 18599
- □ Regelung nach § 3 Absatz 5 EnEV
- □ Vereinfachungen nach § 9 Absatz 2 EnEV

Endenergiebedarf dieses Gebäudes

[Pflichtangabe in Immobilienanzeigen] **kWh/(m²·a)**

Angaben zum EEWärmeG [5]

Nutzung erneuerbarer Energien zur Deckung des Wärme- und Kältebedarfs aufgrund des Erneuerbare-Energien-Wärmegesetzes (EEWärmeG)

Art: **Deckungsanteil:** %
%
%

Ersatzmaßnahmen [6]

Die Anforderungen des EEWärmeG werden durch die Ersatzmaßnahme nach § 7 Absatz 1 Nummer 2 EEWärmeG erfüllt.

- □ Die nach § 7 Absatz 1 Nummer 2 EEWärmeG verschärften Anforderungswerte der EnEV sind eingehalten.
- □ Die in Verbindung mit § 8 EEWärmeG um % verschärften Anforderungswerte der EnEV sind eingehalten.

Verschärfter Anforderungswert Primärenergiebedarf: kWh/(m²·a)

Verschärfter Anforderungswert für die energetische Qualität der Gebäudehülle H_T': W/(m²·K)

Vergleichswerte Endenergie

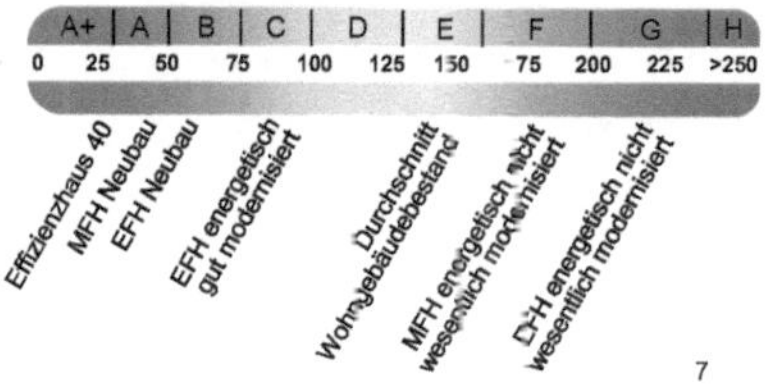

Erläuterungen zum Berechnungsverfahren

Die Energieeinsparverordnung lässt für die Berechnung des Energiebedarfs unterschiedliche Verfahren zu, die im Einzelfall zu unterschiedlichen Ergebnissen führen können. Insbesondere wegen standardisierter Randbedingungen erlauben die angegebenen Werte keine Rückschlüsse auf den tatsächlichen Energieverbrauch. Die ausgewiesenen Bedarfswerte der Skala sind spezifische Werte nach der EnEV pro Quadratmeter Gebäudenutzfläche (A_N), die im Allgemeinen größer ist als die Wohnfläche des Gebäudes.

[1] siehe Fußnote 1 auf Seite 1 des Energieausweises
[2] siehe Fußnote 2 auf Seite 1 des Energieausweises
[3] freiwillige Angabe
[4] nur bei Neubau sowie bei Modernisierung im Fall des § 16 Absatz 1 Satz 3 EnEV
[5] nur bei Neubau
[6] nur bei Neubau im Fall der Anwendung von § 7 Absatz 1 Nummer 2 EEWärmeG
[7] EFH: Einfamilienhaus, MFH: Mehrfamilienhaus

ENERGIEAUSWEIS für Wohngebäude

gemäß den §§ 16 ff. der Energieeinsparverordnung (EnEV) vom [1]

Erfasster Energieverbrauch des Gebäudes

Registriernummer [2]
(oder: „Registriernummer wurde beantragt am...")

3

Energieverbrauch

Bitte markieren Sie mit einem Pfeil den ermittelten Energiebedarf bzw. -verbrauch des Gebäudes.

Endenergieverbrauch dieses Gebäudes

kWh/(m²·a)

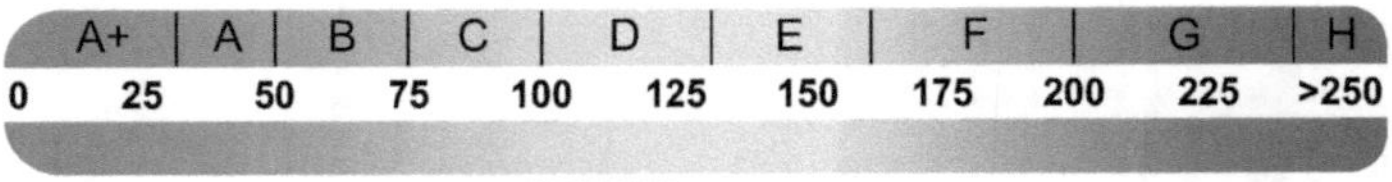

kWh/(m²·a)

Primärenergieverbrauch dieses Gebäudes

Endenergieverbrauch dieses Gebäudes

[Pflichtangabe für Immobilienanzeigen]

kWh/(m²·a)

Verbrauchserfassung – Heizung und Warmwasser

Zeitraum von	Zeitraum bis	Energieträger [3]	Primärenergiefaktor	Energieverbrauch [kWh]	Anteil Warmwasser [kWh]	Anteil Heizung [kWh]	Klimafaktor

Vergleichswerte Endenergie

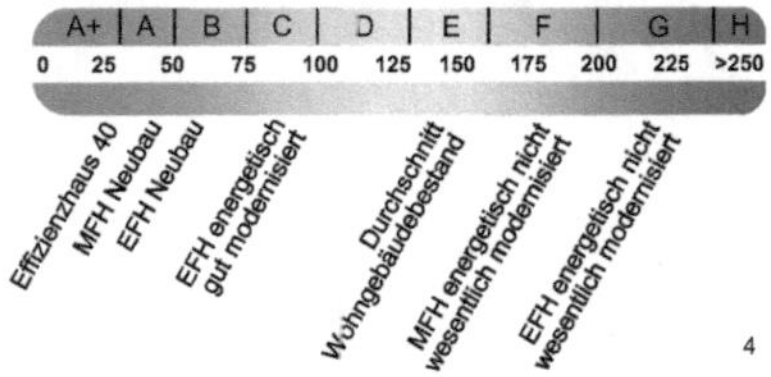

Die modellhaft ermittelten Vergleichswerte beziehen sich auf Gebäude, in denen die Wärme für Heizung und Warmwasser durch Heizkessel im Gebäude bereitgestellt wird.
Soll ein Energieverbrauch eines mit Fern- oder Nahwärme beheizten Gebäudes verglichen werden, ist zu beachten, dass hier normalerweise ein um 15 bis 30 % geringerer Energieverbrauch als bei vergleichbaren Gebäuden mit Kesselheizung zu erwarten ist.

Erläuterungen zum Verfahren

Das Verfahren zur Ermittlung des Energieverbrauchs ist durch die Energieeinsparverordnung vorgegeben. Die Werte der Skala sind spezifische Werte pro Quadratmeter Gebäudenutzfläche (A_N) nach der Energieeinsparverordnung, die im Allgemeinen größer ist als die Wohnfläche des Gebäudes. Der tatsächliche Energieverbrauch einer Wohnung oder eines Gebäudes weicht insbesondere wegen des Witterungseinflusses und sich ändernden Nutzerverhaltens vom angegebenen Energieverbrauch ab.

[1] siehe Fußnote 1 auf Seite 1 des Energieausweises
[2] siehe Fußnote 2 auf Seite 1 des Energieausweises
[3] gegebenenfalls auch Leerstandszuschläge, Warmwasser- oder Kühlpauschale in kWh
[4] EFH: Einfamilienhaus, MFH: Mehrfamilienhaus

ENERGIEAUSWEIS für Wohngebäude

gemäß den §§ 16 ff. der Energieeinsparverordnung (EnEV) vom [1]

Empfehlungen des Ausstellers

Registriernummer [2]
(oder: „Registriernummer wurde beantragt am...")

4

Empfehlungen zur kostengünstigen Modernisierung

Maßnahmen zur kostengünstigen Verbesserung der Energieeffizienz sind ☐ möglich ☐ nicht möglich

Empfohlene Modernisierungsmaßnahmen

Nr.	Bau- oder Anlagenteile	Maßnahmenbeschreibung in einzelnen Schritten	empfohlen: in Zusammenhang mit größerer Modernisierung	empfohlen: als Einzelmaßnahme	(freiwillige Angaben): geschätzte Amortisationszeit	(freiwillige Angaben): geschätzte Kosten pro eingesparte Kilowattstunde Endenergie
			☐	☐		
			☐	☐		
			☐	☐		
			☐	☐		
			☐	☐		
			☐	☐		
			☐	☐		
			☐	☐		
			☐	☐		
			☐	☐		

☐ weitere Empfehlungen auf gesondertem Blatt

Hinweis: Modernisierungsempfehlungen für das Gebäude dienen lediglich der Information.
Sie sind nur kurz gefasste Hinweise und kein Ersatz für eine Energieberatung.

Genauere Angaben zu den Empfehlungen sind erhältlich bei/unter:

Ergänzende Erläuterungen zu den Angaben im Energieausweis (Angaben freiwillig)

[1] siehe Fußnote 1 auf Seite 1 des Energieausweises

[2] siehe Fußnote 2 auf Seite 1 des Energieausweises

ENERGIEAUSWEIS für Wohngebäude

gemäß den §§ 16 ff. der Energieeinsparverordnung (EnEV) vom [1]

Erläuterungen

5

Angabe Gebäudeteil – Seite 1

Bei Wohngebäuden, die zu einem nicht unerheblichen Anteil zu anderen als Wohnzwecken genutzt werden, ist die Ausstellung des Energieausweises gemäß dem Muster nach Anlage 6 auf den Gebäudeteil zu beschränken, der getrennt als Wohngebäude zu behandeln ist (siehe im Einzelnen § 22 EnEV). Dies wird im Energieausweis durch die Angabe „Gebäudeteil" deutlich gemacht.

Erneuerbare Energien – Seite 1

Hier wird darüber informiert, wofür und in welcher Art erneuerbare Energien genutzt werden. Bei Neubauten enthält Seite 2 (Angaben zum EEWärmeG) dazu weitere Angaben.

Energiebedarf – Seite 2

Der Energiebedarf wird hier durch den Jahres-Primärenergiebedarf und den Endenergiebedarf dargestellt. Diese Angaben werden rechnerisch ermittelt. Die angegebenen Werte werden auf der Grundlage der Bauunterlagen bzw. gebäudebezogener Daten und unter Annahme von standardisierten Randbedingungen (z. B. standardisierte Klimadaten, definiertes Nutzerverhalten, standardisierte Innentemperatur und innere Wärmegewinne usw.) berechnet. So lässt sich die energetische Qualität des Gebäudes unabhängig vom Nutzerverhalten und von der Wetterlage beurteilen. Insbesondere wegen der standardisierten Randbedingungen erlauben die angegebenen Werte keine Rückschlüsse auf den tatsächlichen Energieverbrauch.

Primärenergiebedarf – Seite 2

Der Primärenergiebedarf bildet die Energieeffizienz des Gebäudes ab. Er berücksichtigt neben der Endenergie auch die sogenannte „Vorkette" (Erkundung, Gewinnung, Verteilung, Umwandlung) der jeweils eingesetzten Energieträger (z. B. Heizöl, Gas, Strom, erneuerbare Energien etc.). Ein kleiner Wert signalisiert einen geringen Bedarf und damit eine hohe Energieeffizienz sowie eine die Ressourcen und die Umwelt schonende Energienutzung. Zusätzlich können die mit dem Energiebedarf verbundenen CO_2-Emissionen des Gebäudes freiwillig angegeben werden.

Energetische Qualität der Gebäudehülle – Seite 2

Angegeben ist der spezifische, auf die wärmeübertragende Umfassungsfläche bezogene Transmissionswärmeverlust (Formelzeichen in der EnEV: H_T'). Er beschreibt die durchschnittliche energetische Qualität aller wärmeübertragenden Umfassungsflächen (Außenwände, Decken, Fenster etc.) eines Gebäudes. Ein kleiner Wert signalisiert einen guten baulichen Wärmeschutz. Außerdem stellt die EnEV Anforderungen an den sommerlichen Wärmeschutz (Schutz vor Überhitzung) eines Gebäudes.

Endenergiebedarf – Seite 2

Der Endenergiebedarf gibt die nach technischen Regeln berechnete, jährlich benötigte Energiemenge für Heizung, Lüftung und Warmwasserbereitung an. Er wird unter Standardklima- und Standardnutzungsbedingungen errechnet und ist ein Indikator für die Energieeffizienz eines Gebäudes und seiner Anlagentechnik. Der Endenergiebedarf ist die Energiemenge, die dem Gebäude unter der Annahme von standardisierten Bedingungen und unter Berücksichtigung der Energieverluste zugeführt werden muss, damit die standardisierte Innentemperatur, der Warmwasserbedarf und die notwendige Lüftung sichergestellt werden können. Ein kleiner Wert signalisiert einen geringen Bedarf und damit eine hohe Energieeffizienz.

Angaben zum EEWärmeG – Seite 2

Nach dem EEWärmeG müssen Neubauten in bestimmtem Umfang erneuerbare Energien zur Deckung des Wärme- und Kältebedarfs nutzen. In dem Feld „Angaben zum EEWärmeG" sind die Art der eingesetzten erneuerbaren Energien und der prozentuale Anteil der Pflichterfüllung abzulesen. Das Feld „Ersatzmaßnahmen" wird ausgefüllt, wenn die Anforderungen des EEWärmeG teilweise oder vollständig durch Maßnahmen zur Einsparung von Energie erfüllt werden. Die Angaben dienen gegenüber der zuständigen Behörde als Nachweis des Umfangs der Pflichterfüllung durch die Ersatzmaßnahme und der Einhaltung der für das Gebäude geltenden verschärften Anforderungswerte der EnEV.

Endenergieverbrauch – Seite 3

Der Endenergieverbrauch wird für das Gebäude auf der Basis der Abrechnungen von Heiz- und Warmwasserkosten nach der Heizkostenverordnung oder aufgrund anderer geeigneter Verbrauchsdaten ermittelt. Dabei werden die Energieverbrauchsdaten des gesamten Gebäudes und nicht der einzelnen Wohneinheiten zugrunde gelegt. Der erfasste Energieverbrauch für die Heizung wird anhand der konkreten örtlichen Wetterdaten und mithilfe von Klimafaktoren auf einen deutschlandweiten Mittelwert umgerechnet. So führt beispielsweise ein hoher Verbrauch in einem einzelnen harten Winter nicht zu einer schlechteren Beurteilung des Gebäudes. Der Endenergieverbrauch gibt Hinweise auf die energetische Qualität des Gebäudes und seiner Heizungsanlage. Ein kleiner Wert signalisiert einen geringen Verbrauch. Ein Rückschluss auf den künftig zu erwartenden Verbrauch ist jedoch nicht möglich; insbesondere können die Verbrauchsdaten einzelner Wohneinheiten stark differieren, weil sie von der Lage der Wohneinheiten im Gebäude, von der jeweiligen Nutzung und dem individuellen Verhalten der Bewohner abhängen.

Im Fall längerer Leerstände wird hierfür ein pauschaler Zuschlag rechnerisch bestimmt und in die Verbrauchserfassung einbezogen. Im Interesse der Vergleichbarkeit wird bei dezentralen, in der Regel elektrisch betriebenen Warmwasseranlagen der typische Verbrauch über eine Pauschale berücksichtigt: Gleiches gilt für den Verbrauch von eventuell vorhandenen Anlagen zur Raumkühlung. Ob und inwieweit die genannten Pauschalen in die Erfassung eingegangen sind, ist der Tabelle „Verbrauchserfassung" zu entnehmen.

Primärenergieverbrauch – Seite 3

Der Primärenergieverbrauch geht aus dem für das Gebäude ermittelten Endenergieverbrauch hervor. Wie der Primärenergiebedarf wird er mithilfe von Umrechnungsfaktoren ermittelt, die die Vorkette der jeweils eingesetzten Energieträger berücksichtigen.

Pflichtangaben für Immobilienanzeigen – Seite 2 und 3

Nach der EnEV besteht die Pflicht, in Immobilienanzeigen die in § 16a Absatz 1 genannten Angaben zu machen. Die dafür erforderlichen Angaben sind dem Energieausweis zu entnehmen, je nach Ausweisart der Seite 2 oder 3.

Vergleichswerte – Seite 2 und 3

Die Vergleichswerte auf Endenergieebene sind modellhaft ermittelte Werte und sollen lediglich Anhaltspunkte für grobe Vergleiche der Werte dieses Gebäudes mit den Vergleichswerten anderer Gebäude sein. Es sind Bereiche angegeben, innerhalb derer ungefähr die Werte für die einzelnen Vergleichskategorien liegen.

[1] siehe Fußnote 1 auf Seite 1 des Energieausweises

Wie lassen sich die Angaben auf dem Energieausweis beurteilen?
Der Energieausweis soll es ermöglichen, die energetische Beschaffenheit eines Hauses mit der von Gebäuden in ganz Deutschland zu vergleichen. Jedoch gilt: Aus den Angaben im Energieausweis lassen sich keine unmittelbaren Rückschlüsse auf den künftigen Energieverbrauch und die damit verbundenen Kosten ziehen. Hier spielen viele Faktoren hinein. Zudem wurde das Dokument durch die jeweiligen Novellierungen der EnEV stark verändert – dies erschwert einen Vergleich zusätzlich. Welcher Verordnung (ob EnEV 2017, 2014 oder 2009) der Energieausweis entspricht, lässt sich anhand des Ausstellungsdatums erkennen, es steht auf der ersten Ausweisseite.

Wie unterschiedlich die Einordnung des Energieverbrauchs von Gebäuden je nach Verordnung ausfällt, zeigt sich, wenn man die Farbskala näher in Augenschein nimmt. Die Skala bei Ausweisen zwischen 2007 und September 2009 reicht von 0 bis über 400 kWh/m^{2}a. Ergab die Berechnung für ein Gebäude 230 kWh/m^{2}a, so fiel dieses schon in den gelb-grünen Bereich, der ungefähr in der Mitte der Skala liegt. Bei Ausweisen nach der EnEV 2014 würde es weit hinten im roten Abschnitt bei Klasse G eingeordnet sein. Nach der alten Variante der EnEV galt als Vergleichswert für ein »energetisch gut modernisiertes Einfamilienhaus« 200 kWh/m^{2}a – ein aus heutiger Sicht viel zu hoher Wert. Bei Ausweisen von Oktober 2009 bis April 2014 lag ein Kennwert von 215 kWh/m^{2}a in der Mitte des Farbbands. Ein solches Haus wäre beim neuen Ausweis nach EnEV 2014 der viel schlechteren Klasse G zugeordnet.

Wovon hängt der tatsächliche Energieverbrauch ab?
Tatsächlich kann der Energieverbrauch einer einzelnen Wohnung von dem für das ganze Wohngebäude angegebenen Energiewert stark abweichen. Dies hängt zum einen mit der Lage der Wohnung im Haus zusammen. Für Wohnungen im Erdgeschoss, unterm Dach oder mit vielen freien Außenwänden wird oft deutlich mehr Energie benötigt, vor allem bei schlechter Dämmung des Hauses. Zudem wirken sich der reale Standort der Immobilie und die Witterungsverhältnisse stark aus – der Bedarfsausweis legt einen Standort mit den mittleren Klimaverhältnissen in Deutschland zugrunde. Und natürlich spielt das individuelle Heizverhalten der Bewohner eine Rolle. Bei einem Bedarfsausweis wird eine durchschnittliche Raumtemperatur von 19 °C (DIN 4108-6) angenommen, jedes Grad in der Wohnung darüber erhöht den Energieverbrauch um rund 6 %.

Beim Verbrauchsausweis fließt das konkrete Heizverhalten der Bewohner in die Berechnung ein. Da es aber sehr unterschiedlich ausfallen kann, ergibt sich in Mehrfamilienhäusern ein Mittelwert. In Einfamilienhäusern ist jedoch kein Ausgleich gegeben, deshalb kann der Wert im Verbrauchsausweis trügerisch sein. Ein ausgezeichneter Wert kann beispielsweise auf der Tatsache beruhen, dass in dem Haus nur eine Person lebt, die wenige Räume beheizt. Würde das Haus von einer Familie bewohnt, die wesentliche mehr heizt, ergäbe sich ein schlechterer Wert.

Welche Kosten verursachen Bedarfs- und Verbrauchsausweis?

Verbrauchsausweise stellen beispielsweise auch Energieversorger und Energiedienstleister aus, die Heizdaten ablesen. Sie kosten meist weniger als 100 EUR und werden anhand der Heizkostenabrechnung der letzten drei Jahre erstellt. Bedarfsausweise werden von Architekten, Bauingenieuren, Handwerksmeistern oder Energieberatern, zum Beispiel aus der Liste der Architektenkammern, der Deutschen Energie-Agentur oder der Energieeffizienz-Experten für Förderprogramme des Bundes erstellt. Damit der Ausweis erarbeitet werden kann, muss meist ein Termin mit dem Energieberater stattfinden, beim dem vor Ort die Bausubstanz analysiert wird. Deshalb sind Bedarfsausweise mit höheren Kosten als Verbrauchsausweise verbunden, Hauseigentümer müssen mit 400 EUR mindestens rechnen.

Energieausweis bei Sanierung

Vor einer geplanten Modernisierung ist eine Energieberatung sinnvoll. Das gilt vor allem dann, wenn für das Gebäude aktuell nur ein Verbrauchsausweis vorliegt, der anhand der Verbrauchszahlen und ohne Begehung des Gebäudes erstellt wurde. Bedarfsausweise weisen demgegenüber Vorteile auf: Sie enthalten konkretere Hinweise auf die Schwachstellen des Hauses und können als Basis für eine weitergehende Beratung dienen. Nach der Modernisierung lässt sich ein Bedarfsausweis außerdem mit recht geringem Aufwand auf den neuesten Stand bringen, er belegt dann den verbesserten Standard des Gebäudes.

! **Achtung**

Beim Bedarfsausweis werden die Gebäudedaten in der Regel mit einem vereinfachten Verfahren ermittelt. Für den EnEV-Nachweis bei einer Sanierung oder für den Antrag auf Fördermittel, beispielsweise bei Sanierung zu einem KfW-Effizienzhaus, sind die vereinfachten Berechnungen nicht zulässig. Wenn Sie als Eigentümer eine Modernisierung planen, kann es also sinnvoller sein, einen Energieausweis im Rahmen eines Energieberatungsberichts erstellen zu lassen. Das BAFA fördert im Programm »Energieberatung für Wohngebäude« einen solchen Ausweis (siehe Kapitel 8.1).

Informationen und Beratung im Internet

www.bafa.de: Bundesamt für Wirtschaft und Ausfuhrkontrolle, Durchführung des Marktanreizprogramms des Bundesministeriums für Umwelt, Naturschutz und Reaktorsicherheit zur Förderung erneuerbarer Energien sowie aktuelle Informationen zu Förderprogrammen.

www.bingk.de: Bundesingenieurkammer, Informationen für Ingenieure.

www.bmu.de: Bundesministerium für Umwelt, Naturschutz und nukleare Sicherheit.

www.bundesarchitektenkammer.de: Informationen für und über Architekten; Gesetze, Vorschriften usw.

www.baufoerderer.de: Infoportal des Verbraucherzentrale Bundesverbands; Wissenswertes rund um die Themen Bauen, Modernisieren und Wohneigentum kaufen.

www.dena.de: Deutsche Energie-Agentur, Informationen zur Energieeffizienz im Gebäudebereich.

www.deutschland-machts-effizient.de: Informationen zu bundesweiten Förderprogrammen für mehr Energieeffizienz.

www.energieverbraucher.de: Rechner für Energieverbraucher.

www.erneuerbareenergien.de: Hintergrundinformationen, Statistiken, Downloads zu erneuerbaren Energien.

www.kfw.de: KfW-Förderbank, Informationen zu Fördermaßnahmen, Zuschüssen, Finanzierungsformen; aktuelle Merkblätter, Antragsformulare usw.

www.klima-sucht-schutz.de: Informationen und interaktive Checks zu Themen wie Strom- und Heizenergiesparen, Heizungserneuerung, erneuerbare Energien, Fördermittel usw.

www.vbi.de: Verband Beratender Ingenieure.

www.zukunftaltbau.de: »Zukunft Altbau« ist ein Programm des Umweltministeriums Baden-Württemberg, Projektträgerin ist die KEA Klimaschutz- und Energieagentur Baden-Württemberg GmbH.

Glossar

Abwärme: Nebenprodukt beim Betrieb technischer Geräte oder Anlagen (Abwärme muss in der Regel in geeigneter Form abgeleitet werden, um das Überhitzen des Geräts oder der Anlage zu verhindern. Sie birgt ein großes Effizienzpotenzial, das man durch Wärmerückgewinnung gezielt zu nutzen versucht.).

Aquiferspeicher: Wärme- oder Kältespeicher in einer wasserführenden Schicht.

ATV: siehe Vergabe- und Vertragsordnung für Bauleistungen.

Aufschluss: Mittel und Maßnahmen zur Feststellung von Art, Aufbau und Verbreitung des anstehenden Bodens und Fels sowie der Grundwasserverhältnisse.

Aufwandszahl: Verhältnis von Aufwand und erwünschtem Nutzen (Bedarf) bei einem Energiesystem.

Ausnutzungsgrad: Faktor, der den gesamten monatlichen oder jahreszeitlichen inneren und passiv-solaren Wärmegewinn reduziert, um dessen nutzbaren Teil zu erhalten.

Außentemperatur: Außenlufttemperatur.

Baubehörde: Zuständig für die Genehmigung eines Bauantrags.

Baugenehmigung: Prüfung nach dem öffentlichen Baurecht, ob und in welchem Umfang das vorhandene Gebäude geändert werden darf (ohne gültige Baugenehmigung darf nicht mit den baulichen Veränderungen begonnen werden).

Baugesetzbuch: alle baurechtlichen Bestimmungen, die für einen Bauplan gelten.

Baugrund: Boden bzw. Fels einschließlich aller Inhaltsstoffe (zum Beispiel Grundwasser, Kontamination), in und auf dem Bauwerke gegründet bzw. eingebettet werden sollen oder sind oder der durch Baumaßnahmen beeinflusst wird.

Bauleiter: Nach den Landesbauordnungen (LBO) muss ein Bauleiter für genehmigungspflichtige Renovierungs- oder Umbaumaßnahmen benannt werden. Er ist gegenüber seinem Auftraggeber verantwortlich, wenn Gesetze und Vorschriften nicht eingehalten werden.

Baustoffklassen: Baustoffe müssen auf ihr Verhalten bei Brand überprüft und entsprechend in Baustoffklassen eingeteilt sein. Die höchste Klasse ist A (nicht brennbar); alle brennbaren Materialien sind in Klasse B eingeordnet. Geprüft wird nach DIN 4102.

Bauvertrag: Vereinbarung zwischen Auftraggeber (Immobilienbesitzer, Handlungsbevollmächtigter) und Bauunternehmer oder Handwerker zur Erbringung einer vereinbarten Leistung (es gibt den BGB-Vertrag und den VOB-Vertrag, beide werden nach dem Werkvertragsrecht geschlossen).

Beheizte Räume: Im Sinne der EnEV sind das Räume, die aufgrund bestimmungsgemäßer Nutzung direkt oder durch Raumverbund beheizt werden.

Bezugsvolumen (Bruttovolumen): das anhand der Außenmaße eines Gebäudes ermittelte und von der wärmeübertragenden Gebäudehülle (Systemgrenze) umschlossene Volumen.

Biomasse: alle organischen Stoffe pflanzlichen oder tierischen Ursprungs, aus denen sich Energie gewinnen lässt.

Bitumenschweißbahn: Dachbahn aus einem Trägermaterial, zum Beispiel Glasvlies, beidseitig mit Bitumen beschichtet (Mit der offenen Flamme wird das Bitumen verflüssigt. Auf diese Weise werden mehrere Lagen Dachbahnen überlappend miteinander verbunden und wasser- bzw. regendicht verschweißt.).

Bivalenter Betrieb: Betrieb mit zwei Wärmequellen.

Blower-Door-Test: Bei diesem Test wird im Gebäude durch Absaugen der Luft ein Unterdruck erzeugt, dann wird gemessen, wie schnell sich der Unterdruck wieder abbaut. Daraus wird die Luftwechselrate errechnet. Eine Rate von 3,0 pro Stunde gilt für Normalgebäude als zulässig.

Brennwert/Heizwert: Der Brennwert (früher »oberer Heizwert« genannt) gibt an, wie viel Wärmeenergie einschließlich der im Wasserdampf enthaltenen Verdampfungswärme bei der Verbrennung insgesamt frei wird.

Brennwertkessel: im Sinne der EnEV ein Kessel, der für die Kondensation eines Großteils des in den Abgasen enthaltenen Wasserdampfs konstruiert ist.

Brennwerttechnik: Technik, bei der die im Abgas von Heizkesseln enthaltenen Wasserdampfanteile (Kondensationswärme) zusätzlich genutzt werden, besonders bei Gaskesseln.

Brunnen: Schacht oder Bohrloch bis in den Grundwasserleiter, um darüber Grundwasser zu fördern oder zu versickern.

Dachsparren (auch Sparren): Holzbalken, Stahl- oder Stahlbetonträger, die die statisch tragende Basis des Dachstuhls beim Steildach bilden.

Dämmstoffe: dienen je nach Zulassung der Geräuschdämmung (Schallschutz) und verhindern Wärmeverluste (Wärmeschutz), um zum Beispiel die von der EnEV vorgeschriebenen Werte zu erreichen; Unterscheidung zwischen Mineralwolledämmstoffen, geschäumten Dämmstoffen, zum Beispiel aus Polystyrol, Polyurethan oder Glasschaum, sowie »ökologischen« Dämmstoffen wie Schafwolle, Kokos-, Hanf- oder Zellulosefasern.

Dampfdiffusion: physikalische Fähigkeit, Wasserdampf durch das Material (den Baustoff) dringen (diffundieren) zu lassen.

Deckungsanteil: dimensionsloser Energieanteil (0–1), den ein System zur Deckung des Jahresheizwärmebedarfs bzw. Trinkwasserwärmebedarfs eines Gebäudes oder Bereichs beiträgt.

Dezentrale Heizungsanlage: Heizungssystem, bei dem die Wärme in einem Gerät erzeugt und im gleichen Raum übergeben wird; mögliches Wärmeträgermedium: Wasser oder Luft.

Dezentrale Trinkwassererwärmungsanlage: System, bei dem die Wärme zur Trinkwassererwärmung in einem Gerät erzeugt und im gleichen Raum übergeben wird;

auch die Versorgung von zwei Räumen durch ein Gerät über eine gemeinsame Installationswand.

DIN-Normen: Anerkannte Regeln der Bautechnik, die Bauleitung und ausführende Unternehmen bei der Planung, der Ausschreibung und besonders der Ausführung einhalten müssen.

Endenergiebedarf (QE): Energiemenge, die zur Deckung des Jahresheizenergiebedarfs QH und des Trinkwasserwärmebedarfs QW (Bedarf und Aufwand der Anlagentechnik) benötigt wird; ermittelt wird sie an der Systemgrenze des betrachteten Gebäudes (zusätzliche Energiemengen, die durch vorgelagerte Prozessketten bei der Erzeugung des jeweils eingesetzten Brennstoffs entstehen, werden nicht mit einbezogen).

Energiebedarf: Energiemenge, die in die Heizanlage eines Gebäudes hineingeht und als Verbrauch abgerechnet wird.

Energiepfähle: Gründungspfähle, die statisch wie auch thermisch genutzt werden.

EnEV: Die Energieeinsparverordnung definiert Mindeststandards sowohl für neue als auch für bestehende Wohngebäude (Altbauten) hinsichtlich der Isolationseigenschaften und der Qualität von Gebäude- und Anlagentechnik. Die EnEV und die von ihr in Bezug genommenen Normen (DIN und EN DIN) legen fest, wie Primär-, End- und Heizenergiebedarf zu berechnen und welche Grenzwerte einzuhalten sind.

Erneuerbare Energien: Im Sinne der EnEV Energien, die zu Zwecken der Heizung, Warmwasserbereitung, Kühlung oder Lüftung von Gebäuden eingesetzt und im räumlichen Zusammenhang dazu gewonnen werden; zum Beispiel solare Strahlungsenergie, Umweltwärme, Geothermie und Energie aus Biomasse.

Erzeugung: Prozessbereich in der Anlagentechnik, in dem die Energiemenge bereitgestellt wird, die das Gesamtsystem benötigt.

Fachregeln des Deutschen Dachdeckerhandwerks (ZVDH): Fachregeln für Flach- und Steildächer.

Feuchtegehalt (Hygroskopizität): Eigenschaft eines Baustoffs (in Prozent der Masse oder des Volumens), Luftfeuchte aufzunehmen und zu speichern (je nach Feuchtigkeit der Umgebungsluft und Baustoff stellt sich eine bestimmte »Gleichgewichtsfeuchte« ein).

Flachdach: im Gegensatz zum Steildach alle Dachflächen, die weniger als zehn Grad Dachneigung haben.

Flachdachrichtlinien: Regeln für Flachdachabdichtungen nach dem Deutschen Dachdeckerhandwerk (ZVDH) vom Oktober 2008.

Förderbrunnen: Schacht oder Bohrung in den Grundwasserleiter, um Grundwasser an die Oberfläche zu fördern.

Förderprogramme: Bund, Länder und einzelne Kommunen fördern die energetische Sanierung von Wohngebäuden mit Zuschüssen und/oder zinsgünstigen Krediten. Es gibt auch spezielle Förderprogramme für den Einsatz alternativer Energien.

Geothermie: Oberbegriff für die thermische Nutzung von Baugrund und Grundwasser.

Geothermiekollektor: ein in geringer Tiefe üblicherweise horizontal eingebauter Wärmeaustauscher.

Geothermiesonde (Erdwärmesonde): vertikal oder geneigt eingebauter Wärmeaustauscher.

Gewerk: Bezeichnung für die verschiedenen Fachrichtungen aller am Bau tätigen Unternehmen und Handwerker (zum Beispiel Maurer, Maler, Dachdecker, Betonbauer, Schreiner, Zimmerer, Trockenbauer, Stuckateure, Klempner, Installateure usw.).

Grundwasser: unterirdisches Wasser, das Hohlräume der Erde zusammenhängend ausfüllt und dessen Bewegungsmöglichkeit ausschließlich durch die Schwerkraft bestimmt wird.

Grundzyklus: Betriebsphase eines Biomasse-Wärmeerzeugers, beginnend mit dem Verbrennungsstart bei Raumtemperatur über Feuerung bis zum Erreichen des stationären Betriebs, anschließend Abkühlung des Biomasse-Wärmeerzeugers bis auf Raumtemperatur.

Heizenergiebedarf (QH): Energie, die dem Heizsystem zugeführt werden muss, um den Heizwärmebedarf decken zu können.

Heizkessel: im Sinne der EnEV der aus Kessel und Brenner bestehende Wärmeerzeuger, der zur Übertragung der durch Verbrennung freigesetzten Wärme an den Wärmeträger Wasser benötigt wird.

Heizperiode: Zeit der Beheizung eines Gebäudes, während der die mittleren Außenlufttemperaturen niedriger sind als die Heizgrenztemperaturen und die von meteorologischen Größen und den wärmetechnischen Gebäudeeigenschaften abhängt.

Heizwärmebedarf, Jahresheizwärmebedarf (Qh): Wärme, die den beheizten Räumen zugeführt werden muss, um deren innere Solltemperatur einzuhalten (Dies entspricht dem Heizwärmebedarf nach 3.1.4 der DIN V 4108-6, soweit dieser nicht mit einem Lüftungswärmebedarf bestimmt wird, der aufgrund von Wärmerückgewinnung abgemindert ist. Soweit bei der Berechnung nach DIN EN 832 oder DIN V 4108-6 eine Wärmerückgewinnung berücksichtigt wird, entspricht der Heizwärmebedarf nach der vorliegenden Vornorm der Summe aus dem Jahresheizwärmebedarf nach DIN V 4108-6 und QWR nach DIN V 4108-6 Gleichung 49.).

Hilfsenergie (HE): Energie (Strom), die nicht zur unmittelbaren Deckung des Heizwärmebedarfs bzw. der Trinkwassererwärmung eingesetzt wird (zum Beispiel Energie für den Antrieb von Systemkomponenten wie Umwälzpumpen sowie Energie für die Rohrbegleitheizung bei der Trinkwassererwärmung).

Honorarordnung für Architekten und Ingenieure (HOAI): gesetzliche Regelung über die Höhe und den Umfang des Honorars dieser Berufsgruppen.

Hüllfläche: äußere wärmetauschende Oberfläche des Gebäudes, die die Systemgrenze bildet.

Innentemperatur (Raumtemperatur): empfundene, nicht berechnete Temperatur im Inneren eines Gebäudes, die der Ermittlung des Heizwärmebedarfs zugrunde gelegt wird.

Inspektion: Maßnahmen zur Feststellung und Beurteilung des Istzustands von technischen Mitteln eines Systems.

Instandhaltung: Maßnahmen zur Bewahrung und Wiederherstellung des Sollzustands und zur Feststellung des Istzustands von technischen Mitteln eines Systems.

Instandsetzung: Maßnahmen zur Wiederherstellung des Sollzustands von technischen Mitteln eines Systems.

Jahresprimärenergiebedarf: Bedarf an primärer Energie (Öl, Gas, Kohle usw.) zur Beheizung eines Gebäudes innerhalb eines Jahres.

KfW-Effizienzhaus: Gebäude, das einen bestimmten Standard in Sachen Energieeffizienz erfüllt. Diese Standards wurden von der Kreditanstalt für Wiederaufbau (KfW) entwickelt. Wichtigste Bemessungskriterien sind hier der jährliche Primärenergiebedarf und der Transmissionswärmeverlust des Gebäudes.

KWK-Anlage: Anlage mit Kraft-Wärme-Kopplung zur Beheizung von Gebäuden.

Leistungszahl (»coefficient of performance«): Verhältnis von abgegebener Wärmeleistung zur aufgenommenen Antriebsleistung der Wärmepumpe.

Luftdichtheit (Winddichtheit): in der EnEV geforderte Abdichtung eines Gebäudes mit technischen Mitteln gegen innere Druckunterschiede, meist mit speziellen Folien (Thermik wegen der Temperaturdifferenz zwischen innen und außen); kann bei mangelhafter Ausführung zu Bauschäden führen.

Modernisierung: Maßnahmen, die durch eine Erneuerung von Anlagen und Bauteilen, unabhängig von deren gegenwärtigem Zustand, zu einer Verbesserung der Nutzungsqualität oder einer Senkung der Nutzungskosten führen.

Monovalenter Betrieb: Betrieb einer Anlage mit einer Wärmequelle.

Nennleistung: im Sinne der EnEV die vom Hersteller festgelegte und im Dauerbetrieb unter Beachtung des vom Hersteller angegebenen Wirkungsgrads als einhaltbar garantierte größte Wärme- bzw. Kälteleistung in Kilowatt.

Niedertemperatur-Heizkessel: Heizkessel, der kontinuierlich mit einer Eintrittstemperatur von 35 bis 40 °C betrieben werden und in dem es unter bestimmten Umständen zur Kondensation des in den Abgasen enthaltenen Wasserdampfs kommen kann.

Niedrigenergiehausstandard: Standard mit in der EnEV festgelegten Grenzwerten, nach dem heute Neubauten errichtet werden müssen; für Altgebäude bei Nachrüstung empfehlenswert.

Nutzenergiebedarf: Energiemenge, die vom Heizsystem unter normierten Bedingungen abgegeben werden muss, um den Heizwärmebedarf und den Trinkwasserwärmebedarf decken zu können.

Nutzfläche: nach EnEV festgelegt als AN = 0,32 Ve.

Oberflächennahe Geothermie: die geothermische Nutzung des Baugrunds bis 400 m Tiefe.

Perimeterdämmung: Wärmedämmung von erdberührenden Bauteilen mit speziell dafür zugelassenen Wärmedämmstoffen, zum Beispiel bei Kellerwänden, unter Bodenplatten usw.

Photovoltaik: Umwandlung von Strahlungsenergie, hauptsächlich Sonnenenergie, in elektrische Energie über dafür konstruierte Bauelemente auf Dach und Fassade.

Primärenergiebedarf (QP): Energiemenge, die zur Deckung des Jahresheizenergiebedarfs QH und des Trinkwasserwärmebedarfs Q_{tw} (Bedarf und Aufwand der Anlagentechnik) benötigt wird; berücksichtigt wird auch die zusätzliche Energiemenge, die durch vorgelagerte Prozessketten außerhalb der Systemgrenze »Gebäude« bei der Gewinnung, Umwandlung und Verteilung der jeweiligen Brennstoffe eingesetzt wird; Energiebedarf für die gesamte Haustechnik.

Primärenergiefaktor: Faktor, der zur Bereitstellung von Energie aufgewendet werden muss; je höher dieser Wert, desto ungünstiger der Energieträger.

Rohgewicht (Rohdichte): je niedriger das Rohgewicht eines Stoffs, desto besser seine wärmedämmende Eigenschaft und geringer seine Druckfestigkeit und Wärmespeicherfähigkeit.

Sanierung: die komplette Instandsetzung bestimmter beschädigter oder zerstörter Bauteile, aber auch kleinere Reparaturen oder umfassende Modernisierungsmaßnahmen.

Schluckbrunnen (auch Infiltrations- oder Versickerbrunnen): Brunnen zur Versickerung bzw. Infiltration von Wasser in einen Grundwasserleiter (Rückführung des entnommenen Grundwassers).

Sole: eigentlich Lösung eines Salzes im Wasser; oft synonym für Wärmeträgerflüssigkeit.

Speicherung: Prozessbereich der Anlagentechnik, in dem in einem Medium enthaltene Wärme gespeichert wird; bei Heizkreisen der Pufferspeicher (zum Beispiel Wärmepumpenanlage), bei der Trinkwassererwärmung der Warmwasserspeicher.

Spezifischer Wärmeverlust: Wärmestromkoeffizient einer beheizten Zone zur äußeren Umgebung; auf die Differenz zwischen Innen- und Außenlufttemperatur bezogener Wärmeverlust eines Gebäudes infolge von Transmission oder Lüftung.

Steildach: geneigte Dachflächen ab zehn Grad Dachneigung.

Systemgrenze: gesamte Außenoberfläche des Gebäudes bzw. der beheizten Zone eines Gebäudes, über die der Heizwärmebedarf mit einer bestimmten Innentemperatur ermittelt wird (Inbegriffen sind alle Räume, die direkt oder indirekt durch Raumverbund – Diele, Hausflur usw. – beheizt werden. Räume, die bestimmungsgemäß nicht zur Beheizung vorgesehen sind, liegen außerhalb der Systemzone.).

Temperaturzone: Räume, die beheizt werden und im zeitlichen Durchschnitt die gleiche Raumtemperatur aufweisen.

TGA: technische Gebäudeausrüstung, auch Technische Ausrüstung (TA).

Tiefengeothermie: geothermische Nutzung des Untergrunds ab 400 m Tiefe.

Trinkwasserenergiebedarf ($Q_{TW,E}$): Energie, die dem Trinkwassersystem zugeführt werden muss, um den Trinkwasserwärmebedarf decken zu können.

Trinkwasserwärmebedarf (Q_{tw}): Nutzwärme, die zur Erwärmung der gewünschten Menge Trinkwasser zugeführt werden muss.

Übergabe: Prozessbereich in der Anlagentechnik, bei dem Energie unter Einhaltung festgelegter Anforderungen zum Beispiel in den Raum übergeben wird.

Unterspannbahn: Eine unter die Dacheindeckung verlegte Folie, die als zweite wasserführende Ebene zusätzlich vor Regen- und Schneeeintrieb in das Dach schützt.

Verdampfer: Wärmeaustauscher, in dem eine Flüssigkeit verdampft (Die Oberflächentemperatur des Verdampfers muss niedriger sein als die Temperatur des wärmeabgebenden Mediums. Durch Drucksenkung wird das flüssige Medium zum Verdampfen gebracht und entzieht dem anderen Medium die dafür nötige Verdampfungswärme.).

Vergabe- und Vertragsordnung für Bauleistungen (VOB): Die VOB setzt sich aus drei Teilen zusammen: Teil A enthält die allgemeinen Bestimmungen für die Vergabe von Bauleistungen, Teil B die allgemeinen Vertragsbedingungen für die Ausführung von Bauleistungen und Teil C die allgemeinen technischen Vertragsbedingungen für Bauleistungen (ATV). Gültig ist zurzeit die Ausgabe von 2013.

Verteilung: Prozessbereich der Anlagentechnik, in dem die benötigte Energiemenge von der Erzeugung zum Wärmeübergabesystem transportiert wird.

Wärmeaustauscher (Wärmetauscher): Vorrichtung zum Übertragen von Wärmeenergie zwischen den Medien verschiedener Systeme mit stofflicher Trennung.

Wärmedämmverbundsystem (WDVS): aus einem geeigneten Wärmedämmstoff, Armierungsgewebe und einem darauf abgestimmten Kunststoffaußenputz als Witterungsschutz bestehendes System, geeignet für die nachträgliche außenseitige

Wärmedämmung von Altbauten bei festen, tragfähigen Untergründen (Putz, Mauerwerk, Beton usw.).

Wärmedurchgangskoeffizient (U-Wert): Wärmemenge, die durch einen Quadratmeter eines Bauteils hindurchfließt, wenn die Temperaturdifferenz der abgrenzenden Luftschicht ein Kelvin beträgt; je kleiner der U-Wert, desto besser die Wärmedämmung des Bauteils.

Wärmeenergie (WE): Energie, die unmittelbar zur Deckung des Heizwärmebedarfs bzw. zur Trinkwassererwärmung eingesetzt wird; beispielsweise aus Öl, Gas, Holz oder Strom.

Wärmeleitfähigkeit: wird durch den stoffabhängigen Zahlenwert Lambda (λ) beschrieben; je niedriger dieser Wert, desto besser die Wärmedämmfähigkeit des Materials.

Wämeleitfähigkeitsgruppe: Gruppe, in die ein Wärmedämmstoff entsprechend seiner Wärmeleitfähigkeit eingeteilt ist.

Wärmepumpe: Gerät, das der Luft, dem Erdreich oder dem Wasser Wärme entzieht und diese Energie über ein Trägermedium für Heizung und Warmwasserbereitung nutzbar macht.

Wärmeschutzverglasung: Verglasung mit hauchdünner Edelmetallschicht, die auf die Scheibe aufgedampft wurde; dadurch wesentlich bessere Dämmwirkung gegenüber der bisher üblichen Zweischeibenisolierverglasung (Wärme gelangt von außen in den Raum und kann ihn nicht mehr verlassen.).

Wärmespeichervermögen: Je mehr Wärme ein Stoff speichern kann, desto langsamer reagiert er bei Aufheizung oder Abkühlung. Diesen Vorgang bezeichnet man als »Amplitudendämpfung«. Wird der Wärmedämmwert mit der Rohdichte eines Stoffs multipliziert, ergibt sich die Wärmespeicherungszahl.

Wärmestromkoeffizient: Wärmestrom zwischen zwei Zonen, geteilt durch die Temperaturdifferenz zwischen beiden Zonen.

Wartung: Maßnahmen zur Bewahrung des Sollzustands von technischen Mitteln eines Systems.

Wasserdampfdiffusionswiderstandszahl: gibt den Widerstand in µ an, den ein Stoff der Dampfdiffusion entgegensetzt; je niedriger dieser Wert ist, desto weniger Wasserdampf wandert von der warmen zur kalten Seite eines Bauteils.

Wirksame Wärmespeicherfähigkeit: Teilbetrag der Wärmespeicherfähigkeit eines Gebäudes, der einen Einfluss auf den Heizwärmebedarf und auf die sommerliche Raumkonditionierung hat; wird für Sommer und Winter unterschiedlich ermittelt.

Wirkungsgrad: Verhältnis zwischen aufgenommener und abgegebener Leistung bei der Energieumwandlung (Angabe in Prozent); zum Beispiel Photovoltaik: 10 %, Benzinmotoren: 25 %, Kohlekraftwerke: 45 %, Blockheizkraftwerke: 80 %.

Wohngebäude: Gebäude im Sinne der EnEV, die nach ihrer Zweckbestimmung überwiegend dem Wohnen dienen, einschließlich Wohn-, Alten- und Pflegeheime sowie ähnliche Einrichtungen.

Wohnungszentrale Trinkwassererwärmungsanlage: System zur Trinkwassererwärmung, bei dem die Wärme für das Trinkwasser in einem Gerät innerhalb der Wohnung erzeugt und über Verteilleitungen in mehrere Räume transportiert wird, mit Wasser als Wärmeträgermedium (die Verteilleitungen sind in der Regel kürzer als bei zentralen Anlagen zur Trinkwassererwärmung und ohne Zirkulation ausgeführt).

Zentrale Heizungsanlage: Heizungssystem, bei dem die Wärme in einem Gerät erzeugt und über Verteilleitungen in mehrere Räume eines Gebäudes transportiert wird, mit Wasser oder Luft als Wärmeübertragungsmedium.

Zentrale Trinkwassererwärmungsanlage: System zur Trinkwassererwärmung, bei dem die Wärme in einem Gerät erzeugt und über Verteilleitungen in mehrere Räume eines Gebäudes transportiert wird, mit Wasser als Wärmeträgermedium.

Die Autoren

Eike Schulze ist Diplom-Geograf und Betriebswirt. Er ist seit mehreren Jahren als Buchautor und PR-Berater im Themenumfeld Versicherungen, Immobilien, Geldanlage, Recht und Finanzen tätig.

Anette Stein ist Betriebswirtin und arbeitet als freiberufliche Redakteurin und Buchautorin. Sie hat sich vor allem auf den Bereich der privaten Finanzen spezialisiert und zahlreiche Publikationen zu diesem Thema veröffentlicht.

Stefan Möller ist freiberuflicher Redakteur, Lektor und Autor mit Schwerpunkt auf den Themen Immobilien und Immobilienfinanzierung.

Stichwortverzeichnis

HAUFE.
Werden Sie uns weiterempfehlen?
www.haufe.de/feedback-buch
Teilnehmen und eReader gewinnen!
Feedback